U0185037

“十四五”时期国家重点出版物出版专项规划项目

应用数学丛书

郑志明 主编

应用偏微分方程简论

Brief Comment on Applied Partial Differential Equations

张凯军 朱长江

中国教育出版传媒集团
高等教育出版社·北京

内容提要

本书简要概述了偏微分方程的理论内容与知识框架，重点介绍了几个经典的偏微分方程模型和求解方法，并不涉及模型解的适定性问题，使读者能够快速了解偏微分方程的基本知识，激发读者深入学习偏微分方程的兴趣。同时，本书意图向读者渗透应用偏微分方程的数学思想与文化特征，以便读者更好地体会偏微分方程的应用价值，增强将偏微分方程理论基础与交叉学科密切结合的意识。

本书的读者对象为高校数学类专业本科生、非数学类专业的理工科学生以及广大数学爱好者。

图书在版编目（CIP）数据

应用偏微分方程简论 / 张凯军，朱长江主编. -- 北京：高等教育出版社，2024.6

（应用数学丛书 / 郑志明主编）

ISBN 978-7-04-061518-0

Ⅰ. ①应… Ⅱ. ①张… ②朱… Ⅲ. ①偏微分方程－高等学校－教材 Ⅳ. ①O175.2

中国国家版本馆 CIP 数据核字（2024）第 012775 号

Yingyong Pianweifen Fangcheng Jianlun

策划编辑 高 旭　责任编辑 高 旭　封面设计 王 鹏　版式设计 杨 树
责任绘图 于 博　责任校对 张 然　责任印制 赵义民

出版发行 高等教育出版社
社　　址 北京市西城区德外大街 4 号
邮政编码 100120
印　　刷 三河市春园印刷有限公司
开　　本 787mm×1092mm　1/16
印　　张 19.5
字　　数 260 千字
购书热线 010-58581118
咨询电话 400-810-0598
网　　址 http://www.hep.edu.cn
　　　　 http://www.hep.com.cn
网上订购 http://www.hepmall.com.cn
　　　　 http://www.hepmall.com
　　　　 http://www.hepmall.cn
版　　次 2024 年 6 月第 1 版
印　　次 2024 年 6 月第 1 次印刷
定　　价 68.00 元

物 料 号 61518-00

应用数学丛书编委会

总　　序

应用数学通常是指应用目的明确的数学理论和方法，它是数学与其他科学、工程技术、经济金融以及信息处理等领域交叉融合的重要纽带。应用数学不仅要研究具有实际背景或应用前景的基础理论或方法，同时也要研究其他科学，包括信息、经济金融和管理以及工程技术等科学中的关键数学问题，包括建立有效的数学模型和算法、利用数学理论方法解决实际关键问题等。几十年来，在数学自身内在动力和其他学科与技术发展等外在动力推动下，数学各个分支取得突飞猛进的发展，同时也促进了与数学相关的交叉学科和工程技术的长足进步。数学也是许多新兴学科、交叉学科和新技术产生、成长和发展的重要理论和方法的基础。

为了更好地培养数学人才，满足数学学科和国家科技与社会对数学人才的需求，按照教育部关于促进应用理科和新工科建设的规划要求，教育部高等学校数学类专业教学指导委员会在完成制定数学类教学质量国家标准和推动实施"双万计划"的基础上，花费了大量时间重点研讨了应用数学人才培养如何进一步适应国家经济、科技和社会发展需要，并形成以下共识：当代科学的发展和重大科学技术成就的取得，越来越依赖于不同学科之间的交叉与融合，许多有影响的科技成果，都是在学科的交互和交叉点上取得的；交叉学科的重要性不仅体现在基础学科的前沿问题需要多学科的密切合作，人类发展面临的许多重大问题也需要多学科的合作才能真正解决；学科交叉在推动并促进传统学科发展的同时，已经成为新学科生长的主要驱动力之一；数学和其他学科比较，由于其基础性，决定了数学在开展交叉学科研究和教育方面具有先天优势。在向教育部提出创新数学人才培养的相应对策的基础上，教育部高等学校数学类专业教学指导委员会和高等教育出版社经讨论决定，用五年或多一点时间出版一套《应用数学丛书》，邀请在数学若干方向长期从事教学研究并在应用和交叉领域学研有成的著名数学家和教授，撰写该方向基本的理论和方法以及在交叉学科和工程技术方面可能的应用，为高校从事应用数学教学科研和学习以及在交叉学科与工程技术领域研究的广大师生和研究人员，提供一套覆盖面比较全面的教学和研究参考书。

本丛书将从两个角度考虑撰写内容。一是要求内容尽可能精练。传统的数学教材十分关注教材内容逻辑上的严谨性和完备性，本丛书考虑到数学和其他学科交叉应用的关键是融合这一特点，以及广大读者对相关数学知识的实际需求，力求深入浅出、删繁就简，重点关注并准确讲解与应用背景密切相关的数学基本知识、基本概念、基本理论和基本方法，同时又尽可能注入科技发展的新观点和新方法。二是要求知识内容覆盖应用领域尽可能全面。随着不同学科之间的交叉和融合愈来愈迅猛以及大型科学和技术工程快速发展，数学的各个分支和方向知识将会迅速而深刻地融入其中，并成为其重要的理论、方法和创新的基础。为此，丛书内容将尽可能覆盖应用目的明确的相关数学内容，真正成为广大读者的学习参考书、研究参考书。

教育部高等学校数学类专业教学指导委员会全体同仁愿这套丛书的出版，不仅将国内著名数学家和教授的知识和成果奉献给广大读者，同时能够推动不同学科的交叉融合，为国家发展的重大需求贡献力量。

郑志明
2023 年 4 月 30 日
于北京航空航天大学新主楼

本书作者

张凯军，中国科学院数学研究所与法国国家科学研究中心联合培养理学博士，奥地利维也纳大学数学研究所博士后。东北师范大学教授，应用数学与数学教育双方向博士生导师。2009 年教育部中长期教育规划纲要全国征文比赛第一名。2010 年全国优秀博士学位论文提名论文指导教师。2014 年、2018 年国家科学技术奖（数学）会议评审专家。

朱长江，华南理工大学二级教授、博士生导师。享受国务院政府特殊津贴，国家杰出青年科学基金获得者，教育部高等学校数学类专业教学指导委员会委员，全国优秀博士学位论文指导教师。主持完成的研究成果获教育部自然科学奖一等奖、广东省自然科学奖一等奖，两次获国家级教学成果奖二等奖。2012 年被评为全国优秀科技工作者，2020 年获中国教师发展基金会杰出教学奖。

前　　言

本书缘于教育部高等学校数学类专业教学指导委员会推出的《应用数学丛书》。应邀写书，欣然接受。但是一旦面对正式写作工作，却发现也不是一件容易之事。较为关键的问题就是这本书的定位应该如何掌控。好在作者还是有了一个尝试的模式，敬请读者指教。

本书主要是期望对应用偏微分方程的相关内容采取“散射”教育，即把学生的“入射”目光引来，再通过书中内容与模式把学生的目光“反射”到各类偏微分方程著作中去，带着偏微分方程的整体意识去主动和独立形成学习偏微分方程知识的长效教育模式。简言之，作者希望本书能够成为学生有效学习偏微分方程的中枢或驿站。对知识面、前沿教育模式点到为止，培养学生数学上的独立学习能力是本书的主要撰写目标。

依据兼顾多方需要和通俗艰深并重的原则，我们撰写了这本《应用偏微分方程简论》。为了满足大众性、应用性和专业性需求，特别是为了符合教育部提出的应用理科和新工科等建设要求，以及建设世界一流大学和一流学科工作中的人才培养需要，我们打破了撰写偏微分方程书籍的一般模式，运用大应用数学型人才的培养模式，从低到高地再现了建立偏微分方程知识体系的简要过程。所谓大应用数学指的是一种集数学思想、数学技术、数学模型和数学长效教育于一体的综合性应用数学模式。

初端通俗、中端动态、高端有度是本书的一个主要特征。让不同专业的大学生比较轻松地进入偏微分方程的天地，在心理上没有恐惧和厌烦，留下与偏微分方程初识的美好情谊，就是本书的初端内容，也就是通俗的数学物理方程内容。这一部分是应用理科和新工科的学生都可以接受的。

当读者觉得通过初端内容不能深入地了解偏微分方程时，就可以随着本书自然地走进中端部分，同时也就与数学类专业的学生汇合，浏览偏微分方程的进一步理论了。这部分内容需要同学自己动手或查找资料来完成其中的推理与计算，即所谓的“中端内容动态行”。书中前四章的补注一节就是中端内容。多数内容属于本科数学类专业的偏微分方程课程内容，也有少许可能超出本科的范围。

在读者有效地完成中端内容的穿插任务后，出现在眼前的就是现代偏微分方程的部分秀美江山了。此时的读者已经具备了能力来攀登这些偏微分方程的崇山峻岭。这就是本书的高端部分，一般属于数学与应用数学专业研究生阶段的偏微分方程理论，甚至涉及偏微分方程专家和一般数学家的工作范围。书中的第五章到第七章就是这些内容。

偏微分方程的理论分支庞杂，各阶方程、线性与非线性等都可以是一个研究方向。基于作者的人才培养经验，在现代偏微分方程的理论学习中，先主攻偏微分算子理论是具有数学长效教育特色的有效学习途径。掌握偏微分算子方面的理论后再去做偏微分方程各个方向的研究工作，要比直接研究更加具有长效教育性。所以，本书特别撰写了第五章的内容。另外，前四章的各个补注也遵循长效教育原则，较为随机地告诉读者一些相关内容，但不做刻意的教学铺垫，完全非线性地给出可能吸引读者的若干知识点，意在让读者自己走完相关的知识抵达路程。如果读者能够做到自己完成补充证明，独立思考，查阅文献和系统梳理，就会在长效教育模式下，培养出偏微分方程的学习能力，甚至是研究能力。

第六章介绍偏微分方程在生命科学方面的应用背景和模型分析，其中也给出了生物学趋化数学模型的数学分析例子。从这一部分，读者可以了解到非线性偏微分方程的数学分析方法。第七章是偏微分方程在几何学方面的高级应用，也可以说是几何分析的现代内容，这一部分体现应用偏微分方程在数学学科本身中的运用。多数情况下, 应用偏微分方程还是主要给数学以外的学科领域作嫁衣的, 这也正是应用偏微分方程的伟大之处。

在第二章至第四章中, 我们都加入了应用模型问题和有限差分方法的相关内容。应用偏微分方程除了偏微分方程理论之外的主体内容就是应用于各学科的实际问题。所以, 针对不同类型的方程提出相关的应用问题的模型背景是必要的。对实际问题建立了数学模型之后, 最需要的求解手段当然是数值分析技术和计算机程序。有限差分方法是求解偏微分方程数值解的根基所在, 因而我们在书中也给予了简单介绍。除了计算机程序, 应用数学所涉及的其他三个因素——数学模型、模型分析和数值分析的内容在本书中已经有所体现了。

要想挖掘自己的真实数学潜能, 要想用高级数学知识武装自己, 要想了解应用数学的味道, 要想乘应用偏微分方程之舟领略现实问题的奥妙, 那就请研读本书吧。

本书的写作得到了教育部高等学校数学类专业教学指导委员会的大力帮助与支持。东北师范大学李敬宇教授和东北财经大学富宇教授对本书进行了部分校对并提供了若干材料。东北师范大学数学博士黎海彤、孙慧为书稿的录入工作付出了辛勤劳动。加拿大卡普顿大学陈绍华教授也对本书提出了宝贵意见。作者对此表示衷心的感谢!

书中的不足在所难免, 敬请读者批评指正。

作者

2023 年 12 月于长春和广州

目　录

第一章　引论_1

1.1　偏微分方程简介_2

1.2　二阶线性偏微分方程的化简与分类_7

1.3　常系数二阶线性偏微分方程的标准形式_12

1.4　补注_14

第二章　双曲型方程_23

2.1　物理来源、问题的提法_24

2.2　傅里叶方法_30

2.3　行波方法_39

2.4　解的存在性及唯一性_48

2.5　一般波动方程_52

2.6　双曲型方程补注_54

2.7　应用问题模型_64

2.8　有限差分方法_69

第三章　抛物型方程_73

3.1　物理来源、边值问题的提法与简化_74

3.2　傅里叶方法_84

3.3 点源、点源影响函数_95
3.4 空间区域中的热传导_107
3.5 抛物型方程补注_116
3.6 应用问题模型_125
3.7 有限差分方法_127

第四章 椭圆型方程_131

4.1 物理来源、边值问题的提法_132
4.2 调和函数的性质、边值问题的适定性_137
4.3 格林方法_150
4.4 积分方程方法_162
4.5 傅里叶方法_167
4.6 椭圆型方程补注_177
4.7 应用问题模型_188
4.8 有限差分方法_191

第五章 偏微分算子_197

5.1 混合变化率_198
5.2 椭圆偏微分算子_211
5.3 傅里叶积分算子_221

第六章 生物偏微分方程_233

6.1 生物数学简介_234
6.2 趋化模型_235
6.3 其他问题_253

第七章 几何偏微分方程_257

7.1 调和映射_258
7.2 热流方法_262
7.3 萨克斯–乌伦贝克泛函及其应用_266
7.4 能量极小调和映射的部分正则性_276
7.5 里奇流_287

参考文献_291

第一章　引　　论

1.1 偏微分方程简介

物理学和力学中有许多问题可以用偏微分方程来描述, 其中有许多可以归结为二阶线性偏微分方程.

所谓偏微分方程, 就是包含未知函数和未知函数的偏导函数的方程. 设 $u = u(x, y)$ 是未知函数, x, y 是自变量, 二阶偏微分方程的一般形式是

$$F(x, y, u, u_x, u_y, u_{xx}, u_{xy}, u_{yy}) = 0.$$

如果方程中出现的未知函数与未知函数的偏导函数都是一次的, 这种偏微分方程就叫做线性偏微分方程. 二阶线性偏微分方程的一般形式是

$$a_{11}u_{xx} + 2a_{12}u_{xy} + a_{22}u_{yy} + b_1u_x + b_2u_y + cu + f = 0,$$

其中 $a_{11}, 2a_{12}, a_{22}, b_1, b_2, c$ (a_{11}, a_{12}, a_{22} 中至少有一个不恒为零) 叫做方程的系数, 这些系数一般是 x 及 y 的函数, f 叫做方程的自由项, 自由项一般也是 x 及 y 的函数.

如果线性偏微分方程的系数都是常数, 就叫做常系数线性偏微分方程. 如果线性偏微分方程的自由项 f 不恒等于零, 就叫做非齐次线性偏微分方程. 如果自由项 f 恒等于零, 就叫做齐次线性偏微分方程.

现在列举几个由实际物理问题所提出的偏微分方程的典型例子.

例如, 在机械振动和电磁振荡问题中, 提出了波动方程

$$\frac{\partial^2 u}{\partial x^2} - \frac{1}{a^2}\frac{\partial^2 u}{\partial t^2} = 0.$$

在热传导和气体扩散问题中, 提出了热传导方程

$$\frac{\partial^2 u}{\partial x^2} - \frac{1}{a^2}\frac{\partial u}{\partial t} = 0.$$

在电磁场理论和流体力学问题中, 提出了拉普拉斯方程 (又名调和方程)

$$\frac{\partial^2 u}{\partial x^2}+\frac{\partial^2 u}{\partial y^2}=0,$$

在弹性力学问题中, 提出了双调和方程

$$\frac{\partial^4 u}{\partial x^4}+\frac{\partial^2 u}{\partial x\partial y}+\frac{\partial^4 u}{\partial y^4}=0.$$

在原子反应堆理论中, 提出了中子的扩散方程

$$\Delta u+\lambda u=0.$$

在量子力学中, 提出了薛定谔 (Schrödinger) 方程

$$\mathrm{i}\hbar\frac{\partial\psi}{\partial t}=-\frac{\hbar^2}{2\mu}\Delta\psi+V\psi,$$

其中符号 $\Delta\psi$ 表示

$$\frac{\partial^2\psi}{\partial x^2}+\frac{\partial^2\psi}{\partial y^2}+\frac{\partial^2\psi}{\partial z^2},$$

叫做拉普拉斯算子.

以上举出的几个比较典型的偏微分方程,除了最后一个, 都是常系数线性偏微分方程. 线性方程与常系数线性方程通常是对所研究的物理问题作若干简化得出来的, 至于是否能够作这样的一些简化, 要视物理问题对精确性的要求而定. 例如, 在第三章中, 我们会看到一根侧面热绝缘的杆中的热传导问题, 杆上任何一点 x 在任何时刻 t 的温度 $u=u(x,t)$ 所满足的方程是

$$\frac{\partial}{\partial x}\left[K(x,u)\frac{\partial u}{\partial x}\right]=c(x,u)\rho(x)\frac{\partial u}{\partial t},$$

其中 $K(x,u)$ 是杆的导热系数, $c(x,u)$ 是杆的比热容, $\rho(x)$ 是杆的密度, 都是由杆的物理性质决定的.

这是一个非线性偏微分方程, 在一些具体的情况下, 热传导系数 $K(x,u)$ 及比热容 $c(x,u)$ 通常是随温度 u 而缓慢变化的. 如果我们所研究的温度只是在一个小范围内变化, 就可以近似地将 K, c 看作是不随 u 而变动的, 这样, K 和 c 都只是 x 的函数. 于是得到

$$\frac{\partial}{\partial x}\left[K(x)\frac{\partial u}{\partial x}\right]=c(x)\rho(x)\frac{\partial u}{\partial t},$$

这就是一个非常系数线性偏微分方程, 比原来的非线性偏微分方程要简单得多. 如果根据物理问题的要求, 可以近似地把 K, c 及 ρ 看作与杆上点的位置 x 无关, 就是说, 把 K, c 和 ρ 都看作常数, 那么, 我们就得到常系数线性偏微分方程

$$K\frac{\partial^2 u}{\partial x^2}=c\rho\frac{\partial u}{\partial t},$$

可以写作

$$\frac{\partial^2 u}{\partial x^2}=\frac{1}{a^2}\frac{\partial u}{\partial t},$$

其中 $a^2=\dfrac{K}{c\rho}$, 这就是我们在前面提到过的热传导方程的形式. 从这个例子, 我们可以看到怎样从一个物理问题简化到常系数线性偏微分方程的过程. 虽然物理上常常把问题化为常系数线性偏微分方程来求解, 但是由于现代科学技术的发展, 这样把问题线性化来近似表达所给物理问题的方法, 在许多情形下, 已不能满足实际问题对精确性提出的要求 (例如高速、高热、大跨度、远距离等情形), 在近代, 非线性偏微分方程已成为数学家和物理学家所深入研究的问题.

下面我们要说明偏微分方程的定解条件问题.

我们知道, 为了完全确定一个具体的物理过程, 仅仅给出描述这个物理过程的偏微分方程是不够的, 从数学的观点来看, 一个偏微分方程的解有无穷多个, 为了使偏微分方程能唯一地确定一个解, 还必须给出一些附加条件, 这种附加条件可以分为两类: 一类是由所研究的对象的边界状态给出的, 叫做边值条件; 另一类是由所研究的对象在开始一瞬间的初始状态给出的, 叫做初值条件.

边值条件和初值条件统称为定解条件. 研究偏微分方程在定解条件下求解的问题, 叫做一个定解问题.

例如, 在研究一个侧面热绝缘的细杆的热传导问题时, 杆上任一点 x 在任一时刻 t 的温度 $u=u(x,t)$ 满足微分方程

$$\frac{\partial^2 u}{\partial x^2}-\frac{1}{a^2}\frac{\partial u}{\partial t}=0,$$

我们可以这样给出附加条件: 设杆的长度是 l, 放在区间 $0<x<l$ 上, 可以给出杆的两端温度的变化规律

$$u(0,t)=\mu_1(t),$$

$$u(l,t)=\mu_2(t),$$

这就是边值条件. 我们还要给出在初始时刻 $t=0$, 杆上任何点 x 的温度分布

$$u(x,0)=\varphi(x),$$

这就是初值条件.

于是我们给出了一个定解问题

$$\begin{cases}\dfrac{\partial^2 u}{\partial x^2}-\dfrac{1}{a^2}\dfrac{\partial u}{\partial t}=0, \quad 0<x<l,t>0,\\ u(0,t)=\mu_1(t), \quad u(l,t)=\mu_2(t),\\ u(x,0)=\varphi(x).\end{cases}$$

最后, 我们来说明一个定解问题的适定性问题. 如果已经提出了一个偏微分方程的定解问题, 在数学上就需要考虑下面三个基本问题:

第一, 解的存在性. 正如我们在上面所指出的, 偏微分方程是对实际问题作了若干简化后得到的, 为了研究一个具体的物理过程, 还要给出一些附加的定解条件, 很自然我们会提出这样的问题, 就是给出的定解条件能否保证这个定解问题确实有解, 定解条件是不是矛盾的, 如果不考虑解的存在性而任意给出定解条件, 定解条件是矛盾的, 就可能使定解问题没有解. 用它来研究物理过程就失去意义.

第二, 解的唯一性. 即研究要给出怎样的定解条件, 可使定解问题的

解只有一个. 一个偏微分方程可能有无穷多个解, 如果没有给出足够的定解条件, 那么定解问题的解就不唯一, 当然不能用它来描述所给的物理过程. 同时, 如果我们已知一个定解问题的解唯一, 那么求解时就不受方法的限制; 如果我们用任意的方法求出了这个定解问题的一个解, 这个解就必然是定解问题的唯一解, 也就是我们所要求的描述给定物理过程的那个解.

第三, 解的稳定性. 即如果定解条件中的函数有很微小的变动, 是否引起解也只有很微小的变动?

解的稳定性之所以重要, 是因为在物理中所提出的定解条件差不多都是近似的, 例如在无线电技术中研究电磁波沿波导管的传播过程, 我们常常把波导管的内壁看作理想的光滑平面. 如果定解条件的微小变动和偏差会导致定解问题的解有很大的变动和偏差, 那么这样的解实际上是不能使用的. 只有当定解条件有很微小的变动, 导致定解问题的解也只有很微小的变动时, 这样的解才有实际意义.

如果定解问题的解存在、唯一且稳定, 我们就说这个定解问题是适定的.

偏微分方程的求解可以说是数学分析中最艰难的问题之一. 在若干比较简单的情形下, 可以求出准确的解析解, 但在更一般的情况下, 必须研究近似的求解法. 近似求解法常常把偏微分方程定解问题的求解化为求解未知数个数相当多 (甚至几百个) 的一次代数方程组, 为了求解这个一次代数方程组, 常常要做大量惊人的计算.

解的适定性的研究主要是数学家的任务. 对于有志于未来成为工程师的读者, 多介绍偏微分方程的物理意义和求解方法将是我们的关注点之一.

1.2　二阶线性偏微分方程的化简与分类

一个二阶线性偏微分方程的形式是相当复杂的，这就给研究它的求解方法带来极大的困难，很自然我们会提出这样一个问题：是否能用变换把它化为比较简单的形式？

考虑变换

$$\xi=\varphi(x,y),\quad \eta=\psi(x,y), \tag{1.2.1}$$

我们的问题是：如何选取函数 $\varphi(x,y)$ 及 $\psi(x,y)$ 来化简二阶线性偏微分方程

$$a_{11}u_{xx}+2a_{12}u_{xy}+a_{22}u_{yy}+b_1u_x+b_2u_y+cu+f=0, \tag{1.2.2}$$

这里 a_{11},a_{12},a_{22} 中至少有一个不为零.

将变换 (1.2.1) 代入方程 (1.2.2)，为此，我们必须把方程 (1.2.2) 中的各阶偏导函数用对新的变量 ξ, η 的偏导函数表示出来，利用二元函数的复合函数的求导法，我们得到

$$\begin{aligned}
&u_x=u_\xi\xi_x+u_\eta\eta_x,\\
&u_y=u_\xi\xi_y+u_\eta\eta_y,\\
&u_{xx}=u_{\xi\xi}\xi_x^2+2u_{\xi\eta}\xi_x\eta_x+u_{\eta\eta}\eta_x^2+u_\xi\xi_{xx}+u_\eta\eta_{xx},\\
&u_{yy}=u_{\xi\xi}\xi_y^2+2u_{\xi\eta}\xi_y\eta_y+u_{\eta\eta}\eta_y^2+u_\xi\xi_{yy}+u_\eta\eta_{yy},\\
&u_{xy}=u_{\xi\xi}\xi_x\xi_y+u_{\xi\eta}(\xi_x\eta_y+\xi_y\eta_x)+u_{\eta\eta}\eta_x\eta_y+u_\xi\xi_{xy}+u_\eta\eta_{xy},
\end{aligned}$$

代入方程 (1.2.2)，得到一个新的二阶线性偏微分方程

$$\bar a_{11}u_{\xi\xi}+2\bar a_{12}u_{\xi\eta}+\bar a_{22}u_{\eta\eta}+F=0, \tag{1.2.3}$$

其中

$$\begin{aligned}
\bar a_{11}&=a_{11}\xi_x^2+2a_{12}\xi_x\xi_y+a_{22}\xi_y^2,\\
\bar a_{12}&=a_{11}\xi_x\eta_x+a_{12}(\xi_x\eta_y+\xi_y\eta_x)+a_{22}\xi_y\eta_y,\\
\bar a_{22}&=a_{11}\eta_x^2+2a_{12}\eta_x\eta_y+a_{22}\eta_y^2
\end{aligned}$$

是新方程的系数, 而新方程的自由项是

$$\overline{F} = \beta_1 u_\xi + \beta_2 u_\eta + \gamma u + \delta.$$

下面我们来看, 如何选取函数 $\xi = \varphi(x, y), \eta = \psi(x, y)$ 使方程 (1.2.3) 中的系数 $\bar{a}_{11}$, $\bar{a}_{12}$, $\bar{a}_{22}$ 中有一个或有几个等于零, 这样就使新方程比原来的方程 (1.2.2) 变得简单了.

我们注意, 系数 $\bar{a}_{11}$ 及 $\bar{a}_{22}$ 对于所求的函数 $\xi = \varphi(x, y), \eta = \psi(x, y)$ 来说, 有同样的函数关系, 为了使 $\bar{a}_{11} = 0$, 我们考虑下面的一阶二次偏微分方程:

$$a_{11} z_x^2 + 2a_{12} z_x z_y + a_{22} z_y^2 = 0. \tag{1.2.4}$$

求出这个方程的一个解 $z = \varphi(x, y)$ 以后, 令 $\xi = \varphi(x, y)$ 就能使 $\bar{a}_{11} = 0$. 若还需求出它的另一个与 $z = \varphi(x, y)$ 相互独立的解 $z = \psi(x, y)$, 则令 $\eta = \psi(x, y)$ 就能使 $\bar{a}_{22} = 0$.

下面的定理说明求解方程 (1.2.4) 的问题可以化为求解常微分方程的问题.

定理 1.2.1 设 $\varphi(x, y) = C$ 是一阶常微分方程

$$a_{11} \left(\frac{\mathrm{d}y}{\mathrm{d}x} \right)^2 - 2a_{12} \frac{\mathrm{d}y}{\mathrm{d}x} + a_{22} = 0, \quad a_{11}, a_{12}, a_{22} \not\equiv 0 \tag{1.2.5}$$

的通积分, 则函数 $z = \varphi(x, y)$ 就是方程 (1.2.4) 的解.

定理 1.2.1 可以说明如下, 由

$$\varphi(x, y) = C$$

及隐函数的求导法, 可得

$$\frac{\mathrm{d}y}{\mathrm{d}x} = -\frac{\varphi_x}{\varphi_y},$$

代入方程 (1.2.5), 则

$$a_{11} \left(-\frac{\varphi_x}{\varphi_y} \right)^2 - 2a_{12} \left(-\frac{\varphi_x}{\varphi_y} \right) + a_{22} = 0,$$

也就是

$$a_{11}\varphi_x^2 + 2a_{12}\varphi_x\varphi_y + a_{22}\varphi_y^2 = 0,$$

这说明函数 $z = \varphi(x, y)$ 是方程 (1.2.4) 的解.

方程 (1.2.5) 可以写成更对称的形式

$$a_{11}(\mathrm{d}y)^2 - 2a_{12}\mathrm{d}x\mathrm{d}y + a_{22}(\mathrm{d}x)^2 = 0. \tag{1.2.6}$$

方程 (1.2.6) 叫做线性偏微分方程 (1.2.2) 的特征方程, 方程 (1.2.6) 的积分曲线 $\varphi(x, y) = C$ 叫做线性偏微分方程 (1.2.2) 的特征线.

所以, 若能求出特征方程 (1.2.6) 的两族相互独立的通积分 $\varphi(x, y) = C_1$ 及 $\psi(x, y) = C_2$, 则令 $\xi = \varphi(x, y), \eta = \psi(x, y)$ 就能使方程 (1.2.3) 中的系数 $\bar{a}_{11} = 0$ 及 $\bar{a}_{22} = 0$. 下面我们进一步分析, 就会看到, 并不是在任何情况下特征方程 (1.2.6) 都有两族相互独立的通积分.

特征方程 (1.2.6) 一般可以分解成两个一阶的常微分方程

$$\frac{\mathrm{d}y}{\mathrm{d}x} = \frac{a_{12} + \sqrt{a_{12}^2 - a_{11}a_{22}}}{a_{11}} \tag{1.2.7}$$

及

$$\frac{\mathrm{d}y}{\mathrm{d}x} = \frac{a_{12} - \sqrt{a_{12}^2 - a_{11}a_{22}}}{a_{11}}. \tag{1.2.8}$$

当根号内的函数

$$a_{12}^2 - a_{11}a_{22} > 0$$

时, 特征方程 (1.2.6) 有两族相互独立的实通积分. 当

$$a_{12}^2 - a_{11}a_{22} = 0$$

时, 特征方程 (1.2.6) 只有一族通积分, 而当

$$a_{12}^2 - a_{11}a_{22} < 0$$

时, (1.2.7) 式及 (1.2.8) 式的右端是复函数, 特征方程 (1.2.6) 有两族相互共轭的复通积分.

现在, 我们分这三种情形来讨论方程 (1.2.2) 化简以后的形式.

1. 当 $a_{12}^2 - a_{11}a_{22} > 0$ 时, 特征方程 (1.2.6) 有两族相互独立的实通积分

$$\varphi(x,y) = C_1, \quad \psi(x,y) = C_2,$$

令

$$\xi = \varphi(x,y), \quad \eta = \psi(x,y),$$

方程 (1.2.3) 中的系数

$$\bar{a}_{11} = 0, \quad \bar{a}_{22} = 0,$$

于是方程变成

$$u_{\xi\eta} + \bar{\beta}_1 u_\xi + \bar{\beta}_2 u_\eta + \bar{\gamma} u + \bar{\delta} = 0. \tag{1.2.9}$$

这个方程还可以引入新的变量化为另一形式, 为此, 令

$$\alpha = \frac{\xi + \eta}{2}, \quad \beta = \frac{\xi - \eta}{2},$$

方程 (1.2.9) 就可变成

$$u_{\alpha\alpha} - u_{\beta\beta} + \bar{\bar{\beta}}_1 u_\alpha + \bar{\bar{\beta}}_2 u_\beta + \bar{\bar{\gamma}} u + \bar{\bar{\delta}} = 0. \tag{1.2.10}$$

2. 当 $a_{12}^2 - a_{11}a_{22} = 0$ 时, 特征方程 (1.2.6) 只有一族通积分

$$\varphi(x,y) = C.$$

为了能作出我们所需要的变换, 任意取一个与 $\varphi(x,y)$ 独立的函数 $\psi(x,y)$. 令

$$\xi = \varphi(x,y), \quad \eta = \psi(x,y),$$

这时

$$\bar{a}_{11} = 0,$$

但

$$\bar{a}_{11} = (\sqrt{a_{11}}\xi_x + \sqrt{a_{22}}\xi_y)^2,$$

所以

$$\sqrt{a_{11}}\xi_x + \sqrt{a_{22}}\xi_y = 0,$$

于是

$$\begin{aligned}\bar{a}_{12} &= a_{11}\xi_x\eta_x + a_{12}(\xi_x\eta_y + \xi_y\eta_x) + a_{22}\xi_y\eta_y \\ &= (\sqrt{a_{11}}\xi_x + \sqrt{a_{22}}\xi_y)(\sqrt{a_{11}}\eta_x + \sqrt{a_{22}}\eta_y) \\ &= 0,\end{aligned}$$

这是因为第一个因子等于零.

这样, 方程 (1.2.3) 就变成

$$u_{\eta\eta} + B_1 u_\xi + B_2 u_\eta + Cu + D = 0. \tag{1.2.11}$$

3. 当 $a_{12}^2 - a_{11}a_{22} < 0$ 时, 特征方程 (1.2.6) 有两族共轭的复通积分

$$\alpha(x,y) + \mathrm{i}\beta(x,y) = C_1, \quad \alpha(x,y) - \mathrm{i}\beta(x,y) = C_2.$$

为了使得我们的变换都限于实数范围, 令

$$\xi = \alpha(x,y), \quad \eta = \beta(x,y),$$

可以证明这时方程 (1.2.3) 的系数

$$\bar{a}_{11} = \bar{a}_{22}, \quad \bar{a}_{12} = 0,$$

于是, 方程 (1.2.3) 变成

$$u_{\xi\xi} + u_{\eta\eta} + \overline{B}_1 u_\xi + \overline{B}_2 u_\eta + \overline{C}u + \overline{D} = 0. \tag{1.2.12}$$

按照以上三种情形, 我们对二阶线性偏微分方程 (1.2.2) 加以分类: 如果在某一个区域 D 上,

(1) $a_{12}^2 - a_{11}a_{22} > 0$, 就说方程 (1.2.2) 在 D 上是双曲型的, 标准形式为 (1.2.9) 式或 (1.2.10) 式;

(2) $a_{12}^2 - a_{11}a_{22} = 0$, 就说方程 (1.2.2) 在 D 上是抛物型的, 标准形式为 (1.2.11) 式;

(3) $a_{12}^2 - a_{11}a_{22} < 0$, 就说方程 (1.2.2) 在 D 上是椭圆型的, 标准形式为 (1.2.12) 式.

$a_{12}^2 - a_{11}a_{22}$ 叫做方程 (1.2.2) 的判别式.

也存在这样的情形, 就是一个偏微分方程可能在 D 的一部分上是一

种类型，而在 D 的另一部分上是另一种类型，这时我们就说方程在 D 上是混合型的. 例如考虑方程

$$y\frac{\partial^2 u}{\partial x^2}+\frac{\partial^2 u}{\partial y^2}=0,$$

判别式

$$a_{12}^2-a_{11}a_{22}=-y,$$

所以，在半平面 $y>0$ 中，方程是椭圆型的；在半平面 $y<0$ 中，方程是双曲型的. 这说明方程在全平面是混合型的.

1.3 常系数二阶线性偏微分方程的标准形式

对于常系数线性偏微分方程来说，它的标准形式可以化为更加简单的情形，考虑常系数二阶线性偏微分方程

$$a_{11}u_{xx}+2a_{12}u_{xy}+a_{22}u_{yy}+b_1u_x+b_2u_y+cu+f(x,y)=0,$$

其中 $a_{11},a_{12},a_{22},b_1,b_2,c$ 都是常数且 a_{11},a_{12},a_{22} 中至少有一个不为零.

如果判别式

$$a_{12}^2-a_{11}a_{22}<0,$$

那么方程是椭圆型的，标准形式为

$$u_{\xi\xi}+u_{\eta\eta}+\overline{B}_1u_\xi+\overline{B}_2u_\eta+\overline{C}u+F(x,y)=0, \tag{1.3.1}$$

其中 $\overline{B}_1,\overline{B}_2,\overline{C}$ 都是常数.

再令

$$u=\mathrm{e}^{\lambda\xi+\mu\eta}\cdot v, \tag{1.3.2}$$

其中 $\lambda=-\dfrac{\bar{B}_1}{2},\mu=-\dfrac{\bar{B}_2}{2}$，而 v 是新的未知函数，不难证明方程 (1.3.1) 变成

$$v_{\xi\xi}+v_{\eta\eta}+Ev+\overline{F}(x,y)=0,$$

其中 E 是常数，$\overline{F}=F\mathrm{e}^{-(\lambda\xi+\mu\eta)}$，也就是说在方程 (1.3.1) 中消去了含 u_ξ

与 u_η 的两项.

如果判别式

$$a_{12}^2 - a_{11}a_{22} = 0$$

或

$$a_{12}^2 - a_{11}a_{22} > 0,$$

也就是, 如果方程是抛物型或双曲型的, 那么可以用类似的变换把它变成

$$v_{\eta\eta} + Bv_\xi + E_1 v + F_1(x, y) = 0 \quad (\text{抛物型})$$

或

$$v_{\xi\eta} + E_2 v + F_2(x, y) = 0 \quad (\text{双曲型})$$
$$(v_{\xi\xi} - v_{\eta\eta} + E_3 v + F_3(x, y) = 0).$$

由这些讨论可知, 前面提到的波动方程 $u_{xx} - \dfrac{1}{a^2}u_{tt} = 0$ 是双曲型的, 热传导方程 $u_{xx} - \dfrac{1}{a^2}u_t = 0$ 是抛物型的, 拉普拉斯方程 $u_{xx} + u_{yy} = 0$ 是椭圆型的.

关于含有两个自变量的二阶线性偏微分方程所作的分类, 对于含有多个自变量的二阶线性偏微分方程来说也有类似的分类 (详细情形不作介绍). 比如, 空间波动方程

$$\frac{\partial^2 u}{\partial x^2} + \frac{\partial^2 u}{\partial y^2} + \frac{\partial^2 u}{\partial z^2} - \frac{1}{a^2}\frac{\partial^2 u}{\partial t^2} = 0$$

是双曲型的; 空间热传导方程

$$\frac{\partial^2 u}{\partial x^2} + \frac{\partial^2 u}{\partial y^2} + \frac{\partial^2 u}{\partial z^2} - \frac{1}{a^2}\frac{\partial u}{\partial t} = 0$$

是抛物型的; 空间拉普拉斯方程

$$\frac{\partial^2 u}{\partial x^2} + \frac{\partial^2 u}{\partial y^2} + \frac{\partial^2 u}{\partial z^2} = 0$$

及亥姆霍兹方程

$$\frac{\partial^2 u}{\partial x^2}+\frac{\partial^2 u}{\partial y^2}+\frac{\partial^2 u}{\partial z^2}+\lambda u=0$$

是椭圆型的.

1.4 补注

前面几节尽可能简单地让大家了解偏微分方程, 目的在于不至于留下偏微分方程复杂的印象.

简单的形式看完之后, 最好再看一下复杂的形式, 以至于对偏微分方程符号在心理学上实现平衡效应.

偏微分方程的一般形式通常可以表示如下:

$$F\left(x_1,x_2,\cdots,x_n,u(x_1,x_2,\cdots,x_n),\frac{\partial u}{\partial x_1},\frac{\partial u}{\partial x_2},\cdots,\frac{\partial u}{\partial x_n},\cdots,\right.$$
$$\left.\frac{\partial^{\alpha_1+\alpha_2+\cdots+\alpha_n}u}{\partial x_1^{\alpha_1}\partial x_2^{\alpha_2}\cdots\partial x_n^{\alpha_n}}\right)=0,\quad (x_1,x_2,\cdots,x_n)\in\Omega,\tag{1.4.1}$$

其中 Ω 是 n 维实数空间 $\mathbb{R}^n$ 中的一个区域, 非负整数 $\alpha_1,\alpha_2,\cdots,\alpha_n$ 的和 $\alpha_1+\alpha_2+\cdots+\alpha_n$ 称为方程 (1.4.1) 的阶数, 即方程中出现的未知函数的偏导数的最高阶数. 方程 (1.4.1) 的古典解 $u=u(x_1,x_2,\cdots,x_n)$ 的含义是其直到 $\alpha_1+\alpha_2+\cdots+\alpha_n$ 阶的偏导数都连续且使得方程 (1.4.1) 在 Ω 中是一个恒等式.

方程 (1.4.1) 的古典解 $u=u(x_1,x_2,\cdots,x_n)$ 是 $n+1$ 维实数空间 $\mathbb{R}^{n+1}$ 中的一个超曲面, 我们称之为解曲面或积分曲面.

另外, 多个相关的偏微分方程可以构成一个偏微分方程组. 偏微分方程组中出现的未知函数组的最高阶偏导数的阶数, 称为偏微分方程组的阶数.

如果一个偏微分方程关于未知函数和它的各阶相应的偏导数都是线性的, 那么称之为线性偏微分方程.

方程

$$\sum_{\alpha_1+\alpha_2+\cdots+\alpha_n\leqslant m} a_{\alpha_1,\alpha_2,\cdots,\alpha_n}(x_1,x_2,\cdots,x_n)\frac{\partial^{\alpha_1+\alpha_2+\cdots+\alpha_n}u}{\partial x_1^{\alpha_1}\partial x_2^{\alpha_2}\cdots\partial x_n^{\alpha_n}}$$
$$=f(x_1,x_2,\cdots,x_n), \tag{1.4.2}$$

其中至少有一个 $a_{\alpha_1,\alpha_2,\cdots,\alpha_n}\neq 0$ $(\alpha_1+\alpha_2+\cdots+\alpha_n=m)$ 可以视为 m 阶线性偏微分方程的一般形式.

拟线性偏微分方程是指一个偏微分方程中的未知函数的最高阶偏导数项都是线性的. 如果拟线性偏微分方程中的所有最高阶偏导数项的系数函数只依赖于自变量而与未知函数及其偏导数无关, 就称之为半线性偏微分方程.

下面的两个方程分别是拟线性偏微分方程和半线性偏微分方程:

$$(1+u_y^2)u_{xx}-2u_xu_yu_{xy}+(1+u_x^2)u_{yy}=0, \tag{1.4.3}$$

$$\sum_{i,j=1}^{n} a_{ij}(x_1,x_2,\cdots,x_n)\frac{\partial^2 u}{\partial x_i\partial x_j}+\sum_{i=1}^{n} b_i(u,x_1,x_2,\cdots,x_n)\frac{\partial u}{\partial x_i}+$$
$$c(u,x_1,x_2,\cdots,x_n)u=f(u,x_1,x_2,\cdots,x_n), \text{其中至少有一个 } a_{ij}\neq 0. \tag{1.4.4}$$

显然, 不是线性偏微分方程的就是非线性偏微分方程. 非线性偏微分方程的应用价值是巨大的.

偏微分方程的研究经常要考虑理论意义和应用意义兼备的定解问题. 偏微分方程定解问题就是除了方程本身还要考虑一些相应的关于解的附加条件. 求解在一些特定附加条件下偏微分方程的解就是求解偏微分方程的定解问题. 定解问题的解的存在性、唯一性和稳定性问题统称为定解问题的适定性问题. 对偏微分方程而言, 定解问题的适定性问题是最主要的内容.

本书中, 我们会陆续接触到一些偏微分方程的定解问题.

下面我们简单介绍一下二阶偏微分方程的分类与标准形式问题.

考虑以下半线性二阶偏微分方程

$$\sum_{i,j=1}^{n} a_{ij}(x_1,x_2,\cdots,x_n)\frac{\partial^2 u}{\partial x_i \partial x_j}+ F\left(x_1,x_2,\cdots,x_n,u(x_1,x_2,\cdots,x_n),\frac{\partial u}{\partial x_1},\frac{\partial u}{\partial x_2},\cdots,\frac{\partial u}{\partial x_n}\right)=0, \tag{1.4.5}$$

其中 $a_{ij}(x_1,x_2,\cdots,x_n)=a_{ji}(x_1,x_2,\cdots,x_n)$ 是已知的 n 元函数且至少有一个 $a_{ij}\not\equiv 0$.

对矩阵 $A=\left(a_{ij}(x_1^0,x_2^0,\cdots,x_n^0)\right)_{n\times n}$ 的特征值, 我们有

(i) 若特征值同号, 都不为零, 则称方程 (1.4.5) 在点 $(x_1^0,x_2^0,\cdots,x_n^0)$ 是椭圆型的.

(ii) 若特征值都不为零, 有 $n-1$ 个具有相同符号, 余下一个反号, 则称方程 (1.4.5) 在点 $(x_1^0,x_2^0,\cdots,x_n^0)$ 是双曲型的.

(iii) 若特征值都不为零, 有 $n-m$ 个具有相同符号 $(n>m>1)$, 而 m 个为相反符号, 则称方程 (1.4.5) 在点 $(x_1^0,x_2^0,\cdots,x_n^0)$ 是超双曲型的.

(iv) 若特征值至少有一个为零, 则称方程 (1.4.5) 在点 $(x_1^0,x_2^0,\cdots,x_n^0)$ 是抛物型的.

在点 $(x_1^0,x_2^0,\cdots,x_n^0)$ 作自变量的线性变换可将方程 (1.4.5) 化为标准形式.

椭圆型:

$$\sum_{i=1}^{n}\frac{\partial^2 u}{\partial x_i^2}+\varPhi\left(x_1,x_2,\cdots,x_n,u,\frac{\partial u}{\partial x_1},\frac{\partial u}{\partial x_2},\cdots,\frac{\partial u}{\partial x_n}\right)=0.$$

双曲型:

$$\frac{\partial^2 u}{\partial x_1^2}-\sum_{i=2}^{n}\frac{\partial^2 u}{\partial x_i^2}+\varPhi\left(x_1,x_2,\cdots,x_n,u,\frac{\partial u}{\partial x_1},\frac{\partial u}{\partial x_2},\cdots,\frac{\partial u}{\partial x_n}\right)=0.$$

超双曲型:

$$\sum_{i=1}^{m}\frac{\partial^2 u}{\partial x_i^2}-\sum_{i=m+1}^{n}\frac{\partial^2 u}{\partial x_i^2}+$$

$$\Phi\left(x_1,x_2,\cdots,x_n,u,\frac{\partial u}{\partial x_1},\frac{\partial u}{\partial x_2},\cdots,\frac{\partial u}{\partial x_n}\right)=0,\quad n>m>1.$$

抛物型:

$$\sum_{i=1}^{n-m}\frac{\partial^2 u}{\partial x_i^2}+\Phi\left(x_1,x_2,\cdots,x_n,u,\frac{\partial u}{\partial x_1},\frac{\partial u}{\partial x_2},\cdots,\frac{\partial u}{\partial x_n}\right)=0,\quad m>0.$$

把 m 阶线性偏微分方程 (1.4.2) 改写为

$$\sum_{|\alpha|\leqslant m}a_\alpha(x)\partial_x^\alpha u=f(x),\tag{1.4.6}$$

其中 $\alpha=(\alpha_1,\alpha_2,\cdots,\alpha_n)$ 是多重指标, $\alpha_i\geqslant 0\ (i=1,2,\cdots,n)$ 为整数, $|\alpha|=\sum\limits_{i=1}^{n}\alpha_i$, $m\geqslant 1$ 为整数, $\partial_x^\alpha=\dfrac{\partial^{|\alpha|}}{\partial x_1^{\alpha_1}\partial x_2^{\alpha_2}\cdots\partial x_n^{\alpha_n}}$, $a_\alpha(x)$ 和 $f(x)$ 是 $x=(x_1,x_2,\cdots,x_n)\in\mathbb{R}^n$ 的已知函数.

方程 (1.4.6) 对应于一个多项式

$$L(\xi)=\sum_{|\alpha|=m}a_\alpha(x)\xi^\alpha,\tag{1.4.7}$$

其中 $\xi=(\xi_1,\xi_2,\cdots,\xi_n)\in\mathbb{R}^n$, $\xi^\alpha=\xi_1^{\alpha_1}\xi_2^{\alpha_2}\cdots\xi_n^{\alpha_n}$.

我们称 (1.4.7) 式是方程 (1.4.6) 的特征方程.

若非零向量 $\xi=(\xi_1,\xi_2,\cdots,\xi_n)\in\mathbb{R}^n$ 在已知点 $x=(x_1,x_2,\cdots,x_n)$ 满足特征方程

$$\sum_{|\alpha|=m}a_\alpha(x)\xi^\alpha=0,$$

则称向量 ξ 在点 x 具有特征方向.

若 $n+1$ 维空间 $\mathbb{R}^{n+1}$ 中一个曲面 Σ 的每一点 x 处法向量都是特征方向, 则称这个曲面 Σ 为方程 (1.4.6) 的特征曲面.

线性方程 (1.4.6) 的分类可依据特征方程 (1.4.7) 的性质进行.

若对一切 $\xi \in \mathbb{R}^n$, $|\xi| = \sqrt{\sum_{i=1}^{n} \xi_i^2} > 0$, 有

$$\sum_{|\alpha|=m} a_\alpha(x)\xi^\alpha \neq 0, \tag{1.4.8}$$

则称方程 (1.4.6) 在点 $x \in \mathbb{R}^n$ 是椭圆型方程. 若 (1.4.8) 式对所有 $x \in \Omega$ 成立, 则称方程 (1.4.6) 为区域 Ω ($\subset \mathbb{R}^n$) 上的椭圆型方程.

显然, 椭圆型方程 (1.4.6) 没有特征方向.

若代数方程

$$\sum_{|\alpha|=m} a_\alpha(x)\xi^\alpha = 0 \tag{1.4.9}$$

当 $|\xi'| \neq 0$, $\xi' = (\xi_1, \xi_2, \cdots, \xi_{n-1})$, 有关于 ξ_n 的 m 个相异实根, 则称方程 (1.4.6) 在点 x 处沿 x_n 轴方向是双曲型的. 如果方程 (1.4.6) 对任意点 $x \in \Omega$ ($\mathbb{R}^n$ 中的一个区域) 沿 x_n 轴方向都是双曲型的, 就称这个方程在 Ω 中沿 x_n 轴方向是双曲型的.

此外, 如果方程 (1.4.9) 在点 x 处, 当 $|\xi'| \neq 0$ 时, 关于 ξ_n 的所有根都是实根, 但实根个数小于 m, 就称方程 (1.4.6) 在点 x 处沿 x_n 轴方向为弱双曲型的.

拉普拉斯方程

$$\sum_{i=1}^{n} \frac{\partial^2 u}{\partial x_i^2} = 0$$

显然是椭圆型方程.

波动方程

$$\frac{\partial^2 u}{\partial t^2} = \sum_{i=1}^{n-1} \frac{\partial^2 u}{\partial x_i^2}$$

沿 t 轴方向是双曲型方程.

现将方程 (1.4.6) 改成以下形式:

$$\sum_{|\alpha|\leqslant m} a_\alpha(x)\,\partial_{x'}^{\alpha'}\partial_t^{\alpha_n}u=f(x),\tag{1.4.10}$$

其中多重指标 $\alpha=(\alpha',\alpha_n)$, $\alpha'=(\alpha_1,\alpha_2,\cdots,\alpha_{n-1})$, $x=(x',t)$, $x'=(x_1,x_2,\cdots,x_{n-1})$, $\partial_{x'}^{\alpha'}=\dfrac{\partial^{|\alpha'|}}{\partial x_1^{\alpha_1}\partial x_2^{\alpha_2}\cdots\partial x_{n-1}^{\alpha_{n-1}}}$, $\partial_t^{\alpha_n}=\dfrac{\partial^{\alpha_n}}{\partial_t^{\alpha_n}}$.

于是, 方程 (1.4.10) 在点 x 处具有权 l (正整数) 的广义特征多项式为

$$\sum_{|\alpha'|+l\alpha_n=m} a_\alpha(x)(\xi')^{\alpha'}\xi_n^{\alpha_n}.\tag{1.4.11}$$

若对某一正整数 l, 对任意的 $\xi'=(\xi_1,\xi_2,\cdots,\xi_{n-1})\in\mathbb{R}^{n-1}$, 且 $|\xi'|=1$, 关于 ξ_n 的方程

$$\sum_{|\alpha'|+l\alpha_n=m} a_\alpha(x)(\mathrm{i}\xi')^{\alpha'}\xi_n^{\alpha_n}=0\tag{1.4.12}$$

的所有根的实部满足不等式

$$\mathrm{Re}\,\xi_n\leqslant-\delta,$$

其中 $\delta>0$ 为常数, $\mathrm{i}^2=-1$, $(\mathrm{i}\xi')^{\alpha'}=\mathrm{i}^{|\alpha'|}\xi_1^{\alpha_1}\xi_2^{\alpha_2}\cdots\xi_{n-1}^{\alpha_{n-1}}$, 则称方程 (1.4.10) 在点 $x=(x_1,x_2,\cdots,x_{n-1},t)$ 处是 P 抛物型的. 若方程 (1.4.10) 在区域 Ω 中的每一点 x 处都是 P 抛物型的, 则称这个方程在 Ω 中是 P 抛物型的.

热传导方程

$$\frac{\partial u}{\partial t}-\sum_{j=1}^{n-1}\frac{\partial^2 u}{\partial x_j^2}=0$$

是 P 抛物型的. 事实上, 权 $l=2$ 的广义特征多项式为

$$\xi_n-\sum_{j=1}^{n-1}\xi_j^2,$$

于是, 相应的方程 (1.4.12) 为

$$\xi_n - \sum_{k=1}^{n-1} (\mathrm{i}\xi_k)^2 = 0,$$

当 $|\xi'| = 1$ 时有唯一的根 $\xi_n = -\sum_{j=1}^{n-1} \xi_j^2 = -1$.

偏微分方程可以顾名思义地理解为含有未知函数及其若干偏导数的数量关系式. 未知函数就是人类对神秘未知的自然现象的数学模型, 称为目标函数. 导数就是目标函数随着时间变化的快慢程度. 由于自然界中影响因素的多元化, 偏导数刻画目标函数对其中部分因素的变化率, 从因果关系出发, 偏微分方程可以被认为是自然界一切因果现象的数学模型, 于是其数学之外的应用价值的巨大程度是可想而知的.

偏微分方程在数学中的地位也是极其重要的. 美国克雷 (Clay) 数学研究所于 2000 年 5 月 24 日在法国法兰西学院宣布了一件轰动媒体的大事: 对以下七个“千年数学难题”的每一个悬赏一百万美元寻求解答: NP 完全问题、霍奇猜想、庞加莱猜想、黎曼假设、杨–米尔斯理论、纳维–斯托克斯方程、BSD 猜想. 这七个世界级的数学难题中, 至少有两个半问题是与偏微分方程有关的. 此外, 中国科学院数学物理学部的所有院士中, 大约有四分之三的院士熟悉偏微分方程, 而且所有数学院士中有接近一半院士的数学研究工作与偏微分方程有关. 偏微分方程的吸引力之所以如此之大, 其中一个主要的原因就是偏微分方程的理论价值与应用价值皆为“无穷大”. 如果把整个数学比喻为宇宙, 地球外 (包括大气层) 的宇宙部分比喻为数学外的应用领域和数学内的应用数学, 地球比喻为核心数学, 那么偏微分方程就是可以自由往返于地球和外部空间的“空天航天器”. 千年数学难题中的庞加莱猜想最近已经被解决, 而这一看似与偏微分方程知识无关的拓扑问题却通过借用偏微分方程的理论和思想方法所解决. 从硬分析到软分析, 再到现代分析, 甚至是其他核心数学领域, 偏微分方程的身影几乎处处存在.

我国数学家的偏微分方程研究已经达到世界级水平, 以中国科学院和一些著名大学的偏微分方程学派为主的科研成果早已在世界一流数学杂志上频频出现，并且中国偏微分方程团队与世界级的众多国际偏微分方程团队的学术交流与影响已经处于互利双赢的境界.

偏微分方程可以分为线性与非线性的，也可以分为一阶方程、二阶方程和高阶方程，或者椭圆型、抛物型、双曲型，等等. 每一种情形都有庞大的理论体系和研究成果. 与常微分方程不同，绝大多数的偏微分方程不能求出通解或解的解析表达式，甚至线性偏微分方程也可能没有解. 物理与工程技术的问题需要把方程与定解条件 (初值条件、边值条件等) 一起考虑. 所以，定解问题是偏微分方程的主要研究对象. 当然极少数的非线性偏微分方程的解也是有精确解表达式的.

大学本科阶段的偏微分方程课程主要讲授线性的一阶方程和二阶方程，特别是相应方程定解问题的适定性：解的存在性、唯一性与稳定性，其中存在性部分多数限于具体的解法. 研究生阶段的偏微分方程课程主要研究解的定性理论和不同意义下解的适定性问题. 首选的讲授内容就是广义函数、索伯列夫 (Sobolev) 空间、泛函分析高级课程和偏微分方程的现代方法. 偏微分方程领域有“四大法宝”：微局部分析理论、先验估计技术、调和分析方法与弱收敛方法. 微局部分析理论起源于一般线性偏微分方程的研究，善用诸如广义函数的波前集、拟微分算子，傅里叶 (Fourier) 积分算子、仿微分算子、超函数等一系列现代分析工具. 在非线性偏微分方程的最新研究中，已经发现微局部分析的应用. 先验估计是假设解存在的前提下所建立的解的有效信息估计，在解决解的存在性问题时至关重要，特别是对非线性偏微分方程的研究弥足珍贵. 最为有名的先验估计当属二阶椭圆型与抛物型方程的绍德尔 (Schauder) 估计、L^P 估计、德乔治–纳什 (De Giorgi-Nash) 估计与克雷洛夫–萨法诺夫 (Krylov-Safanov) 估计等. 对于一般的非线性偏微分方程而言，对解本身及其各阶导数的可能范数模估计是非常本质的可解性因素. 调和分析方法与弱收敛方法在一些著名偏微分方程的研究中已经显示了勃勃生机.

菲尔兹 (Fields) 奖与沃尔夫 (Wolf) 奖获得者中的著名数学家布尔盖恩 (J. Bourgain), 德乔治, 赫尔曼德尔 (L. V. Hörmander), 拉克斯 (P. D. Lax), 勒雷 (J. Leray), 卢伊 (H. Lewy), 利翁斯 (P. L. Lions), 陶哲轩 (T. Tao), 维拉尼 (C. Villani) 等对偏微分方程的研究都做出了杰出贡献.

第二章　双曲型方程

2.1 物理来源、问题的提法

1. 弦的振动

一根拉紧的弦, 两端固定在 $x=0$ 及 $x=l$ (图 2.1). 现在讨论它的振动. 对这个问题作一般的讨论相当困难, 我们假定弦只在 xu 平面内振动, 而且就弦上每一个质点来说只在与 x 轴垂直的方向振动. 除此之外, 我们再假定弦是柔软的、有弹性的, 同时我们只讨论微小振动, 就是说 u 及 $\dfrac{\partial u}{\partial x}$ 与单位值 1 比较可以忽略不计. 这样一来, 弦的张力 T 就沿着切线方向, 而且大小不变. 在这一系列假定下, 我们来建立弦的振动方程. 设弦上有外力 $f_1(x,t)$ 作用, $f_1(x,t)$ 代表单位长弦上的作用力. 我们看一小段弦 MN. 这一小段弦的质量近似为 $\rho\Delta x$ (ρ 代表弦的线密度). 根据牛顿第二定律

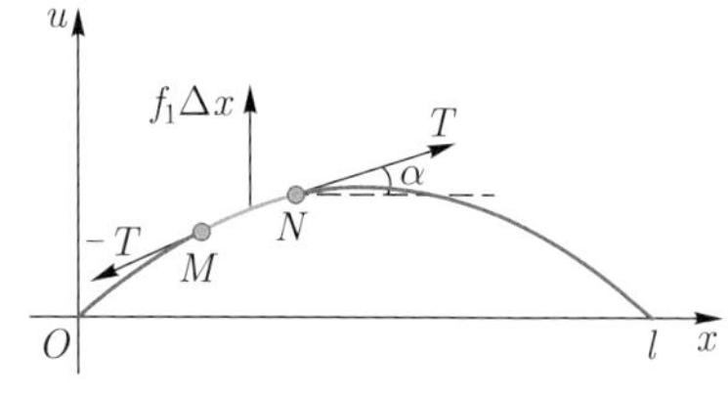

图 2.1

$$\rho\Delta x\frac{\partial^2 u}{\partial t^2}=F,$$

其中 F 代表作用在 MN 上的力 (垂直于 x 轴方向). 我们来求张力 T 的垂直分量, 显然在点 N 的张力的垂直分量是

$$T\sin\alpha\approx T\tan\alpha=T\frac{\partial u}{\partial x}\Big|_N,$$

在点 M 的垂直分量是 $-T\dfrac{\partial u}{\partial x}\Big|_M$. 因此

$$\begin{aligned}\rho\Delta x\frac{\partial^2 u}{\partial t^2}&=T\left(\frac{\partial u}{\partial x}\Big|_N-\frac{\partial u}{\partial x}\Big|_M\right)+f_1(x,t)\Delta x\\&=T\frac{\partial^2 u}{\partial x^2}\Delta x+f_1(x,t)\Delta x.\end{aligned}$$

这样, 我们就找到弦振动的微分方程是

$$\frac{\partial^2 u}{\partial t^2}=\frac{T}{\rho}\frac{\partial^2 u}{\partial x^2}+\frac{f_1(x,t)}{\rho}$$

或

$$\frac{\partial^2 u}{\partial t^2}=a^2\frac{\partial^2 u}{\partial x^2}+f(x,t),$$

其中 $a=\sqrt{\frac{T}{\rho}}$, 而 $f(x,t)=\frac{f_1(x,t)}{\rho}$ 代表弦上单位质量所受的外力.

要求出某一根弦的具体振动情况, 只知道一个微分方程是不够的. 譬如前面说弦两端固定, 若不固定, 那么振动情形就会不一样. 同样还跟弦在开始振动时的情况有关系, 因此为了刻画一个具体的振动, 除了微分方程以外要说明两端的情况, 叫做边值条件. 若两端固定, 用式子表示就是 $u\big|_{x=0}=0$ 及 $u\big|_{x=l}=0$. 还要说明起始的情况, 叫做初值条件. 所谓起始情况是指起始时弦的位移及速度, 用式子表示就是 $u\big|_{t=0}=\varphi(x)$, $\frac{\partial u}{\partial t}\Big|_{t=0}=\psi(x)$, 其中 $\varphi(x)$, $\psi(x)$ 是已知函数. 知道这两类条件是不是就能确定弦在任何时刻的振动情形呢? 从直观来看这是够了的. 但是, 要严格地回答这个问题等价于回答下列问题: 在这些条件之下, 微分方程的解是不是只有一个? 若只有一个, 那么, 所给的条件的确是足够了. 因此, 条件够不够就是所谓唯一性问题, 后面我们将在解存在时证明唯一性定理, 这个问题当然就解决了.

所以, 总体来说, 我们研究两端固定的弦的振动, 要求出 $u(x,t)$, 就要解微分方程

$$\frac{\partial^2 u}{\partial t^2}=a^2\frac{\partial^2 u}{\partial x^2}+f(x,t),$$

并附有边值条件

$$u\big|_{x=0}=0,\quad u\big|_{x=l}=0$$

及初值条件

$$u\big|_{t=0}=\varphi(x),\quad \frac{\partial u}{\partial t}\Big|_{t=0}=\psi(x).$$

在这里, 我们先求一下弦的能量, 这在下边要用到. 一小段弦 Δx 的动能是

$$\frac{1}{2}\rho\Delta x\left(\frac{\partial u}{\partial t}\right)^2,$$

因此, 弦的总动能是

$$\frac{1}{2}\int_0^l \rho\left(\frac{\partial u}{\partial t}\right)^2 \mathrm{d}x.$$

而弦的势能等于张力与弦的伸长的乘积, 所以势能是

$$T\left[\int_0^l \sqrt{1+\left(\frac{\partial u}{\partial x}\right)^2}\mathrm{d}x - l\right] \approx T\int_0^l \frac{1}{2}\left(\frac{\partial u}{\partial x}\right)^2 \mathrm{d}x.$$

(这里我们利用了近似公式: $\sqrt{1+\alpha}\approx 1+\dfrac{1}{2}\alpha$). 因此, 弦的总能量是

$$\frac{1}{2}\int_0^l \left[\rho\left(\frac{\partial u}{\partial t}\right)^2 + T\left(\frac{\partial u}{\partial x}\right)^2\right]\mathrm{d}x.$$

2. 杆的纵振动

设一根杆的两端位于 $x=0$ 及 $x=l$, 如图 2.2 所示, 沿 x 轴方向振动, 即纵振动. 用 $u(x,t)$ 表示杆上点 x 在时刻 t 的位移, 先来解释一下 $u(x,t)$ 的意思: 设杆上一个质点 P_0 在静止时的坐标是 x, 那么在时刻 t 的坐标就是 $x+u(x,t)$; 同样, 另外一个质点 P_1 在静止时的坐标若是 $x+\Delta x$, 则在时刻 t 的坐标是 $(x+\Delta x)+u(x+\Delta x,t)$. 注意, 不要把 $u(x,t)$ 同 Δx 混淆起来. 设杆的横截面积是 A, 密度是 ρ, 弹性模量是 E. 现在我们来建立振动方程. 考虑杆上长度是 Δx 的一段 MN, 其质量可看作 $\rho\Delta xA$, 这一段上作用

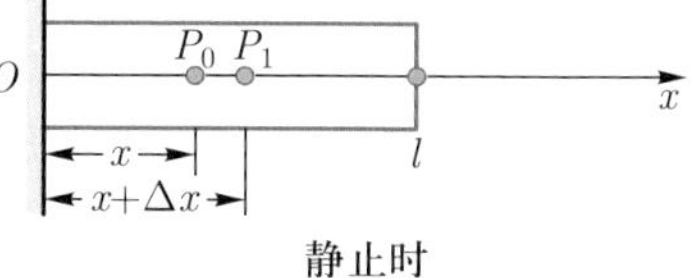

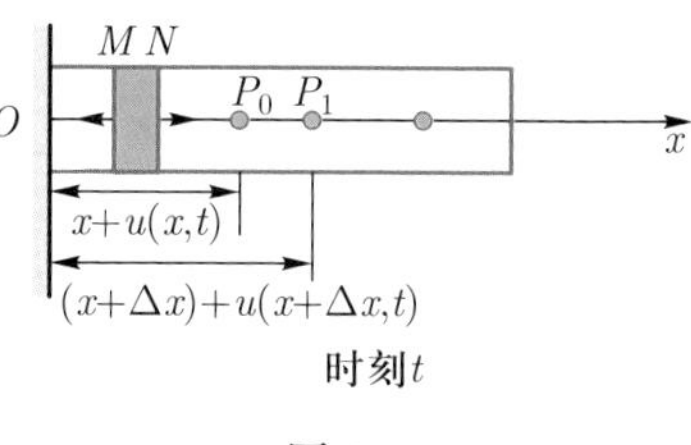

图 2.2

力有外力 $f_1(x,t)$ (以单位体积计算) 及张力. 当变形微小时, 张力与单位伸长量 $\frac{\partial u}{\partial x}$ 成正比, 在点 x 处截面张力就是 $EA\frac{\partial u}{\partial x}$.

因此, 利用牛顿第二定律可以得到

$$\begin{aligned}\rho\Delta xA\frac{\partial^2 u}{\partial t^2} &= EA\left(\left.\frac{\partial u}{\partial x}\right|_N - \left.\frac{\partial u}{\partial x}\right|_M\right) + A\Delta xf_1(x,t)\\ &= EA\frac{\partial^2 u}{\partial x^2}\Delta x + A\Delta xf_1(x,t).\end{aligned}$$

这样, 我们就得到杆纵振动的微分方程

$$\rho\frac{\partial^2 u}{\partial t^2} = E\frac{\partial^2 u}{\partial x^2} + f_1(x,t)$$

或

$$\frac{\partial^2 u}{\partial t^2} = a^2\frac{\partial^2 u}{\partial x^2} + f(x,t),$$

其中, $a^2 = \frac{E}{\rho}$, $f = \frac{f_1}{\rho}$ 代表单位质量杆所受的力.

像弦振动问题一样, 光知道杆纵振动的方程是不够的, 还要知道边值条件及初值条件. 初值条件同前面一样, 就是起始时杆上各点的位移 u 及速度 $\frac{\partial u}{\partial t}$, 但边值条件通常有下面三类:

第一类边值条件. 设已经知道端点位移的规律, 如 $u\big|_{x=0} = \alpha(t)$, 这里 $\alpha(t)$ 是一个已知函数. 若 $\alpha(t) = 0$, 就称条件是齐次的, 否则称为非齐次的. 抽象地说, 第一类边值条件就是未知函数在端点的值已知.

第二类边值条件. 设已经知道端点处的张力大小, 如 $\left.\frac{\partial u}{\partial x}\right|_{x=0} = \beta(t)$. 这里 $\beta(t)$ 是已知函数. 若 $\beta = 0$, 则称条件是齐次的, 这就相当于自由端的情形. 抽象地说, 第二类边值条件就是未知函数在端点的导数值已知.

第三类边值条件. $\left.\frac{\partial u}{\partial x}\right|_{x=0} = k\big(u\big|_{x=0} - \gamma_1(t)\big)$, 或写成

$$\left.\left(\frac{\partial u}{\partial x} - ku\right)\right|_{x=0} = \gamma(t),$$

这里 $\gamma_1(t)$ 或 $\gamma(t)$ 是已知函数, 这相当于杆端点上是弹性支撑. 当 $\gamma=0$ 时, 称条件是齐次的. 抽象地说, 第三类边值条件就是未知函数及其导数的一个线性组合在端点的值已知.

这三类是最基本的情形, 当然还可以有其他情形. 当具体讨论一个杆的振动时, 可根据两个端点的情况写出两个边值条件.

3. 长线方程、电报方程

设长线的电阻、电感及导线间的电漏、电容是沿线路均匀分布的, 用 R, L 表示一条导线线路的单位长度内的电阻与电感, 而用 g, c 代表单位长度内的电漏与电容, 它们都是常数. 导线间的电压用 u 表示, 导线内的电流用 i 表示, 当然 u 及 i 都是 x, t 的函数. 考虑长度为 Δx 的一段导线两端的电压、电流差, 可以得到下面两个方程:

$$\begin{cases} u-\left(u+\dfrac{\partial u}{\partial x}\Delta x\right)=R\Delta x i+L\Delta x\dfrac{\partial i}{\partial t}, \\ i-\left(i+\dfrac{\partial i}{\partial x}\Delta x\right)=g\Delta x u+c\Delta x\dfrac{\partial u}{\partial t} \end{cases}$$

或

$$\begin{cases} -\dfrac{\partial u}{\partial x}=Ri+L\dfrac{\partial i}{\partial t}, \\ -\dfrac{\partial i}{\partial x}=gu+c\dfrac{\partial u}{\partial t}, \end{cases}$$

叫做长线方程或电报方程组.

前面得到的是一个一阶偏微分方程组, 利用消元法可以化为二阶偏微分方程. 例如消去 i, 我们可以得到

$$\frac{\partial^2 u}{\partial x^2}=Lc\frac{\partial^2 u}{\partial t^2}+(Lg+Rc)\frac{\partial u}{\partial t}+Rgu.$$

同样, 若消去 u, 我们可以得到

$$\frac{\partial^2 i}{\partial x^2}=Lc\frac{\partial^2 i}{\partial t^2}+(Lg+Rc)\frac{\partial i}{\partial t}+Rgi.$$

这说明 u 及 i 是满足同一个二阶偏微分方程的, 这个方程就叫做电报方程.

若 R, g 很小可以忽略不计, 那么方程就变为振动方程

$$\frac{\partial^2 u}{\partial t^2}=a^2\frac{\partial^2 u}{\partial x^2},$$

其中 $a=\sqrt{\frac{1}{Lc}}$.

利用前一章讲过的方法可以简化一般的电报方程, 引入一个新的函数 $\omega(x,t)$:

$$u(x,t)=\mathrm{e}^{-\mu t}\omega(x,t)\quad\left(\mu=\frac{Lg+Rc}{2Lc}\right),$$

我们可以得到 $\omega(x,t)$ 所满足的方程

$$\frac{\partial^2\omega}{\partial t^2}=a^2\frac{\partial^2\omega}{\partial x^2}+\delta^2\omega,$$

其中 $a=\sqrt{\frac{1}{Lc}}, \delta=\frac{Lg-Rc}{2Lc}$.

当解决一个具体的问题时, 同样也要知道边值条件及初值条件, 这同前面讲的振动问题类似.

4. 双曲型方程的定解问题

前面三段讲到三个不同的物理问题, 但都是要解一个双曲型方程, 而且都在两类附加条件下求解: 边值条件和初值条件. 这种既有边值条件又有初值条件的定解问题叫做混合问题. 可是我们有时候不给边值条件, 而只有一组初值条件. 只有初值条件的定解问题叫做柯西问题.

怎么可以不给边值条件呢? 这是因为有的情况下边界情形无关紧要. 譬如一根相当长的弦, 我们研究中间某一点在开始后不久的振动, 这情况下边界情形关系不大, 因为刚开始后不久边界的影响还达不到这一点. 总之, 在距离边界比较远的地方, 边界的影响有时可以忽略不计, 而主要看起始条件, 于是, 我们的问题就是在初值条件下求解, 也就是柯西

问题. 在这时候, 我们常常把物体看作无穷长的.

当然也可能只有边值条件而没有初值条件, 例如当时间过得比较久了, 初值条件的影响可以忽略不计, 因此定解条件就只有边值条件. 还有其他形式的定解问题.

我们下面只讨论混合问题及柯西问题, 这是双曲型方程的两类最重要的定解问题. 对抛物型方程来说, 主要也是这样两类问题.

2.2 傅里叶方法

1. 弦的自由振动

我们现在来考虑两端固定的弦的自由振动问题, 用的方法是傅里叶方法, 或叫分离变量方法. 注意我们的目的不只是要解决弦的振动问题, 而因为这个物理问题比较简单, 所以用它作例子. 我们主要是要学会这个方法, 因为不管物理问题是什么, 只要问题归结到同弦振动一样的定解问题, 那么这个方法都适用, 而且对其他类型的定解问题, 有时也可以用同样的方法来解决.

讨论两端固定的弦的自由振动就是要解微分方程

$$\frac{\partial^2 u}{\partial t^2} = a^2 \frac{\partial^2 u}{\partial x^2},$$

所给边值条件是

$$u\big|_{x=0} = 0, \quad u\big|_{x=l} = 0,$$

初值条件是

$$u\big|_{t=0} = \varphi(x), \quad \left.\frac{\partial u}{\partial t}\right|_{t=0} = \psi(x).$$

就是说, 我们要找一个函数 $u(x,t)$, 它既满足微分方程, 又满足这四个条件, 找这个函数的方法可以分成三步:

第一步. 先找出微分方程的所有分离变量的解, 也就是满足微分方

程的形式为 $X(x)T(t)$ 的解.

把 $u(x,t)=X(x)T(t)$ 代入方程, 我们得到

$$X(x)T''(t)=a^2X''(x)T(t)$$

或

$$\frac{T''(t)}{a^2T(t)}=\frac{X''(x)}{X(x)},$$

这个式子的左边是 t 的函数, 右边是 x 的函数. 因为 x 和 t 是独立变量, 所以左右两边一定都等于一个常数 λ:

$$\frac{T''(t)}{a^2T(t)}=\frac{X''(x)}{X(x)}=\lambda.$$

这样我们得到两个常微分方程:

$$T''(t)-\lambda a^2T(t)=0,$$
$$X''(x)-\lambda X(x)=0.$$

解这两个方程得到很多的 $T(t)$ 及 $X(x)$, 把它们乘起来就是偏微分方程的所有分离变量形式的解.

第二步. 找出满足边值条件的分离变量的解. 因为 $u(x,t)=X(x)T(t)$, 所以边值条件可写为

$$X(0)T(t)=0,\quad X(l)T(t)=0.$$

但是 $T(t)$ 不恒等于 0. 若 $T(t)=0$, 那么 $u=XT=0$, 不考虑这种特殊情形. 所以 $X(0)=0$, $X(l)=0$.

因此, 要找方程的满足边值条件的分离变量解, 就是要求出 $X(x)$ 及 $T(t)$. $X(x)$ 满足方程

$$X''(x)-\lambda X(x)=0$$

并带有条件

$$X(0)=0,\quad X(l)=0.$$

而 $T(t)$ 满足方程

$$T''(t) - \lambda a^2 T(t) = 0.$$

$T(t)$ 只需要满足一个微分方程, 所以是不能确定的, 它可以含两个任意常数. $X(x)$ 怎么样呢? 我们注意, 找 $X(x)$ 并不是一个简单的解常微分方程的问题, 因为这时方程里还包含一个未知常数 λ. 所以, 我们的任务是求出 $X(x)$, 同时求出 λ. 这种常微分方程问题叫做固有值问题 (或特征值问题), 求得的函数 $X(x)$ 叫做固有函数或特征函数, 同时, 得到的 λ 叫做固有值或特征值. 在解决这个固有值问题之前, 我们先看两个明显的事实. 首先, $X \equiv 0$ 既满足方程又满足两个条件. 但是这个函数没有用处, 所以我们不考虑, 以后我们说固有函数指不恒等于 0 的. 其次, 设 $X(x)$ 是一个固有函数, 那么 $CX(x)$ 也是固有函数, 其中 C 是任意常数. 所以, 固有函数并不是一个完全确定的函数, 它可以包含一个任意常数.

现在, 我们来求 $X(x)$.

设 $\lambda > 0$, 这时方程的一般解是

$$X(x) = C_1 \mathrm{e}^{\sqrt{\lambda}x} + C_2 \mathrm{e}^{-\sqrt{\lambda}x},$$

因为满足条件: 当 $x = 0, x = l$ 时 $X = 0$, 显然 $C_1 = C_2 = 0$. 此时 $X \equiv 0$, 这不是固有函数, 所以 λ 不可能大于 0.

设 $\lambda = 0$, 这时方程的一般解是

$$X(x) = C_1 + C_2 x,$$

要满足边值条件, 也只有 $C_1 = C_2 = 0$. 所以 λ 不可能等于 0.

设 $\lambda < 0$, 令 $\lambda = -k^2$. 这时方程的一般解是

$$X(x) = A \sin kx + B \cos kx.$$

由第一个边值条件, 得到 $B = 0$. 由第二个边值条件, 得到

$$A \sin kl = 0.$$

A 不能等于 0, 所以一定有 $\sin kl = 0$. 这表示

$$k = \frac{n\pi}{l}, \quad n = \pm 1, \pm 2, \cdots.$$

因此, 我们找到

$$X = A\sin\frac{n\pi}{l}x, \quad n = \pm 1, \pm 2, \cdots.$$

因为解中含有任意常数 A, n 是正或负没有本质区别, 所以我们只取正数. 这样一来, 我们最后找到了一系列固有值及对应的固有函数:

$$\lambda_n = -\left(\frac{n\pi}{l}\right)^2, \quad n = 1, 2, \cdots,$$
$$X_n = A\sin\frac{n\pi}{l}x.$$

有了 λ_n, 就可以求出

$$T_n(t) = C_n\cos\frac{n\pi a}{l}t + D_n\sin\frac{n\pi a}{l}t, \quad n = 1, 2, \cdots,$$

于是, 所有满足方程及边值条件的分离变量解为

$$u_n(x,t) = \left(C_n\cos\frac{n\pi a}{l}t + D_n\sin\frac{n\pi a}{l}t\right)\sin\frac{n\pi}{l}x, \quad n = 1, 2, \cdots.$$

第三步. 前面求得的 $u_n(x,t)$ 一般说来不满足初值条件, 因此不是弦振动问题的解. 可是, 把这些函数叠加起来, 就可能得到我们的解.

令

$$u(x,t) = \sum_{n=1}^{\infty}\left(C_n\cos\frac{n\pi a}{l}t + D_n\sin\frac{n\pi a}{l}t\right)\sin\frac{n\pi}{l}x.$$

这个函数满足振动方程及边值条件, 其中 C_n, D_n 是任意常数. 现在我们看能不能适当地选择 C_n, D_n 使得这个函数满足初值条件. 将函数代入初值条件, 得到

$$u\Big|_{t=0} = \sum_{n=1}^{\infty} C_n\sin\frac{n\pi}{l}x = \varphi(x),$$
$$\frac{\partial u}{\partial t}\Big|_{t=0} = \sum_{n=1}^{\infty}\frac{an\pi}{l}D_n\sin\frac{n\pi}{l}x = \psi(x).$$

因为 $\varphi(x)$, $\psi(x)$ 是定义在 $[0,l]$ 上的函数, 根据傅里叶级数理论, 它们一定可以按 $\left\{\sin\frac{n\pi}{l}x\right\}$ 展开, 因为 $\left\{\sin\frac{n\pi}{l}x\right\}$ 是区间 $[0,l]$ 上的一个完备

的正交函数族. 所以, 只要选取 C_n 为 $\varphi(x)$ 的傅里叶系数, $\frac{an\pi}{l}D_n$ 为 $\psi(x)$ 的傅里叶系数, 初值条件就能满足. 因此

$$C_n = \frac{2}{l}\int_0^l \varphi(x)\sin\frac{n\pi}{l}x\mathrm{d}x,$$

$$D_n = \frac{2}{n\pi a}\int_0^l \psi(x)\sin\frac{n\pi}{l}x\mathrm{d}x.$$

把这些系数代入 $u(x,t)$ 的表达式中, 就得到弦振动问题的解.

注 2.2.1 我们把解法各步骤的基本内容说明一下: 第一步是把问题化为常微分方程. 第二步的基本内容是解决一个固有值问题, 这个固有值问题是利用边值条件得出来的, 解决这个固有值问题可以得到固有值 $\lambda_1,\lambda_2,\cdots$ 及相应的固有函数 $X_1(x),X_2(x),\cdots$. 同时, 知道了 λ, 可以求出 $T(t)$. 第三步的基本内容是把已知函数按固有函数 $\{X_n(x)\}$ 展开的问题. 这个弦振动问题中 $X_n=\sin\frac{n\pi}{l}x$, 但是在别的定解问题中固有函数可能不是这样的函数, 有时可能根本不是三角函数, 这时就不能像前面那样利用傅里叶级数展开了, 但是可以用性质差不多的级数进行展开, 叫做广义傅里叶级数. 关于解数理方程时用到广义傅里叶级数的例子可以参考下一章, 那里有好几个这类例子.

注 2.2.2 上面的分离变量方法只能解决齐次边值条件下的齐次方程问题. 假定边值条件或方程是非齐次的, 这个方法不再适用. 大家举一个简单的例子算一下, 就知道这个方法的各个步骤都行不通. 至于非齐次方程或非齐次边值条件的问题, 将在后面解决. 一定要注意一个方法在什么样的定解问题上能用, 也就是说要注意各个方法的适用范围.

2. 驻波

现在来仔细看一看前面所得到的解.

$$u(x,t)=\sum_{n=1}^{\infty}u_n(x,t),$$

$$u_n(x,t)=\left(C_n\cos\frac{n\pi a}{l}t+D_n\sin\frac{n\pi a}{l}t\right)\sin\frac{n\pi}{l}x,$$

$u_n(x,t)$ 可以改写成下列形式:

$$u_n(x,t)=A_n\sin\left(\frac{n\pi a}{l}t+\varphi_n\right)\sin\frac{n\pi}{l}x.$$

当 t 任意固定时, 这是一个正弦曲线. 在 $x=m\frac{l}{n}$ (其中 $m=1,2,\cdots$) 处 $u_n=0$, 而在 $x=\frac{2m+1}{2n}l$ (其中 $m=0,1,2,\cdots$) 处 u_n 的值最大或最小, 这个最大值或最小值的大小是随时间 t 改变的; 但是 $u_n=0$ 及 u_n 取最大最小的位置是不随时间改变的, 因此 $u_n(x,t)$ 代表一个驻波, $x=m\frac{l}{n}$ $(m=1,2,\cdots)$ 是它的节点, $x=\frac{2m+1}{2n}l$ $(m=0,1,2,\cdots)$ 是它的波腹.

当 x 任意固定时, $u_n(x,t)$ 代表一个简谐振动. 这就是说每一点都在做简谐振动, 只是各点的振幅各不相同, 但是频率是一样的, 等于

$$\omega_n=\frac{n\pi a}{l}.$$

因此, 傅里叶方法得到的解说明弦的振动是由不同频率的驻波叠加而成的, 而解法第三步的物理背景也就是如此. $u_n(x,t)$ 也叫第 n 谐波. 各谐波的频率 ω_n 叫做弦振动的固有频率. 现在我们看到固有值 λ_n 与固有频率有关, 求出 λ_n 也就等于求出 ω_n. 在很多实际问题里, 如共振问题, 需要的就是 ω_n, 而 $u_n(x,t)$ 或 $u(x,t)$ 倒在其次, 求出固有值 λ_n 就是主要的任务, 所以, λ 并不是求解过程中引进来的一个无关紧要的常数.

3. 弦的强迫振动

设弦的两端固定, 振动方程是

$$\frac{\partial^2u}{\partial t^2}=a^2\frac{\partial^2u}{\partial x^2}+f(x,t),$$

边值条件是

$$u\big|_{x=0}=0,\quad u\big|_{x=l}=0,$$

初值条件是

$$u\big|_{t=0}=\varphi(x),\quad \frac{\partial u}{\partial t}\bigg|_{t=0}=\psi(x),$$

这是齐次边值条件下的非齐次方程问题. 现在来介绍怎样求 $u(x,t)$.

前面在解对应的自由振动 (即齐次方程) 问题的过程中, 得到过一族固有函数 $\left\{\sin\dfrac{n\pi}{l}x\right\}$, 这个函数族在区间 $[0,l]$ 中是完备的, 也就是说任何一个定义在 $[0,l]$ 中的函数都可以按它们来展开. 现在我们要找的解 $u(x,t)$ 作为 x 的函数是在 $[0,l]$ 中定义的, 因此一定可以按这族函数展开. 当然, 这时傅里叶系数是 t 的函数

$$u(x,t)=\sum_{n=1}^{\infty}T_n(t)\sin\frac{n\pi}{l}x.$$

因为固有函数族是在齐次边值条件下得到的, 所以 $u(x,t)$ 当然满足齐次边值条件. $u(x,t)$ 还要满足微分方程和初值条件, 因为可以确定 $T_n(t)$, 代入方程

$$\sum_{n=1}^{\infty}T_n''(t)\sin\frac{n\pi}{l}x=-a^2\sum_{n=1}^{\infty}\left(\frac{n\pi}{l}\right)^2T_n(t)\sin\frac{n\pi}{l}x+f(x,t)$$

或

$$\sum_{n=1}^{\infty}\left[T_n''(t)+a^2\left(\frac{n\pi}{l}\right)^2T_n(t)\right]\sin\frac{n\pi}{l}x=f(x,t).$$

可以把 $f(x,t)$ 按 $\left\{\sin\dfrac{n\pi}{l}x\right\}$ 展开:

$$f(x,t)=\sum_{n=1}^{\infty}f_n(t)\sin\frac{n\pi}{l}x.$$

所以要求 $u(x,t)$ 满足振动方程, 就要求

$$T_n''(t)+a^2\left(\frac{n\pi}{l}\right)^2T_n(t)=f_n(t),\quad n=1,2,\cdots,$$

这就是 $T_n(t)$ 所应该满足的微分方程.

现在来看初值条件, 代入条件

$$\sum_{n=1}^{\infty} T_n(0)\sin\frac{n\pi}{l}x=\varphi(x),$$

$$\sum_{n=1}^{\infty} T_n'(0)\sin\frac{n\pi}{l}x=\psi(x).$$

所以我们要求 $T_n(t)$ 满足下列条件:

$$T_n(0)=\varphi_n,\quad T_n'(0)=\psi_n,\quad n=1,2,\cdots.$$

其中 φ_n 及 ψ_n 分别代表 $\varphi(x)$ 及 $\psi(x)$ 按 $\left\{\sin\dfrac{n\pi}{l}x\right\}$ 展开的傅里叶系数.

利用前面得到的二阶常微分方程及这两个条件立刻可以写出 $T_n(t)$, 把这些 $T_n(t)$ 代入 $u(x,t)$ 的展开式中就得到所求的解.

总的说来, 解强迫振动问题主要是利用解相应的自由振动问题时得到的一族固有函数. 因此, 这里所讲的方法也叫固有函数方法.

4. 一般的弦振动问题

前面讲了齐次边值条件下齐次方程的解法, 也讲了齐次边值条件下非齐次方程的解法, 若是边值条件非齐次, 怎么解呢?

譬如, 我们讨论微分方程

$$\frac{\partial^2 u}{\partial t^2}=a^2\frac{\partial^2 u}{\partial x^2}+f(x,t),$$

边值条件是

$$u\Big|_{x=0}=\alpha(t),\quad u\Big|_{x=l}=\beta(t),$$

初值条件是

$$u\Big|_{t=0}=\varphi(x),\quad \frac{\partial u}{\partial t}\Big|_{t=0}=\psi(x).$$

先找一个函数 $v(x,t)$ 满足边值条件, 如

$$v(x,t)=\alpha(t)\frac{l-x}{l}+\beta(t)\frac{x}{l}.$$

设所求解 $u(x,t)=v(x,t)+\omega(x,t)$, 那么就只需找 $\omega(x,t)$ 了.

把 $u(x,t)$ 代入方程

$$\frac{\partial^2(v+\omega)}{\partial t^2}=a^2\frac{\partial^2(v+\omega)}{\partial x^2}+f(x,t),$$

即

$$\frac{\partial^2\omega}{\partial t^2}=a^2\frac{\partial^2\omega}{\partial x^2}+f(x,t)-\left[\alpha''(t)\frac{l-x}{l}+\beta''(t)\frac{x}{l}\right],$$

所以 $\omega(x,t)$ 满足一个非齐次方程, 其非齐次项是

$$f(x,t)-\left[\alpha''(t)\frac{l-x}{l}+\beta''(t)\frac{x}{l}\right],$$

再把 $u(x,t)$ 代入边值条件, 得到

$$(v+\omega)\big|_{x=0}=\alpha(t),\quad (v+\omega)\big|_{x=l}=\beta(t),$$

即

$$\omega\big|_{x=0}=0,\quad \omega\big|_{x=l}=0.$$

所以 $\omega(x,t)$ 满足齐次的边值条件.

同样, 代入初值条件, 可以得到

$$\omega\big|_{t=0}=\varphi(x)-\left[\alpha(0)\frac{l-x}{l}+\beta(0)\frac{x}{l}\right],$$

$$\left.\frac{\partial\omega}{\partial t}\right|_{t=0}=\psi(x)-\left[\alpha'(0)\frac{l-x}{l}+\beta'(0)\frac{x}{l}\right].$$

所以 $\omega(x,t)$ 是满足齐次边值条件的, 而方程是非齐次的, 因此转化为上一段所讨论的问题, 可以解出来. 找到 $\omega(x,t)$ 以后, $u(x,t)$ 当然就知道了.

一般说来, 碰到非齐次边值条件的问题, 通常总是先把边值条件齐次化, 所以基本问题只有两个: 齐次边值条件下的齐次方程问题以及非齐次方程问题 (初值条件无所谓), 而这两个问题前面已经分别用分离变量方法以及固有函数方法解决. 当然前面只讨论第一类边值条件, 若是

第二类或第三类, 解法也一样. 方程若是电报方程, 也可以同样求解, 所以傅里叶方法可以解答各种常系数双曲型方程的混合问题, 事实上, 热传导方程的混合问题也可以一样地解决, 甚至在椭圆型方程的边值问题中也能应用. 至于柯西问题, 经过适当的改变也可以应用, 这将在下一章中介绍. 总之, 傅里叶方法在数理方程的各种问题里几乎都能应用. 可是要注意, 这只是在线性方程及线性定解条件的范围内说的. 若方程或定解条件是非线性的, 前面讲的所有步骤可以说全行不通.

2.3　行波方法

1. 无界弦的振动

现在考虑无界弦的振动, 也就是振动方程的柯西问题. 微分方程是

$$\frac{\partial^2 u}{\partial t^2}=a^2\frac{\partial^2 u}{\partial x^2},$$

初值条件是

$$u\big|_{t=0}=\varphi(t),\quad \frac{\partial u}{\partial t}\Big|_{t=0}=\psi(x),\quad -\infty<x<+\infty,$$

没有边值条件.

先把微分方程变换成含有混合偏导数的标准形式. 根据第一章所讲的, 特征线方程是

$$\mathrm{d}x^2-a^2\mathrm{d}t^2=0.$$

分解为两个方程

$$\mathrm{d}x-a\mathrm{d}t=0,\quad \mathrm{d}x+a\mathrm{d}t=0.$$

它们的积分是

$$x-at=c_1,\quad x+at=c_2.$$

因此我们作下列变量替换:

$$\xi=x-at,\quad \eta=x+at.$$

利用复合函数微分法, 可以求得

$$\frac{\partial u}{\partial x}=\frac{\partial u}{\partial \xi}+\frac{\partial u}{\partial \eta},\quad \frac{\partial u}{\partial t}=\frac{\partial u}{\partial \xi}(-a)+\frac{\partial u}{\partial \eta}a.$$

$$\frac{\partial^2 u}{\partial x^2}=\frac{\partial^2 u}{\partial \xi^2}+2\frac{\partial^2 u}{\partial \xi\partial \eta}+\frac{\partial^2 u}{\partial \eta^2},$$

$$\frac{\partial^2 u}{\partial t^2}=a^2\left(\frac{\partial^2 u}{\partial \xi^2}-2\frac{\partial^2 u}{\partial \xi\partial \eta}+\frac{\partial^2 u}{\partial \eta^2}\right).$$

因此, 微分方程变成

$$\frac{\partial^2 u}{\partial \xi\partial \eta}=0,$$

这个方程的通解可以立刻求出来.

方程可以改写为

$$\frac{\partial}{\partial \eta}\left(\frac{\partial u}{\partial \xi}\right)=0,$$

这说明 $\dfrac{\partial u}{\partial \xi}$ 不依赖 η, 而只是 ξ 的函数. 设

$$\frac{\partial u}{\partial \xi}=\theta(\xi),$$

再对 ξ 积分, 就得到

$$u=\int\theta(\xi)\mathrm{d}\xi+c(\eta),$$

其中 $c(\eta)$ 是 η 的一个任意函数. 总之, u 是一个 ξ 的函数加上一个 η 的函数. 所以原方程的解可以写成下列形式:

$$u(x,t)=f(x-at)+g(x+at).$$

反过来, 直接求微分就可以知道上述形式的函数 u 一定是振动方程的解. 因此, 上式表示 (自由) 振动方程的通解, f 及 g 是任意函数.

有了通解, 再根据初值条件求出特解, 即确定任意函数 f 及 g. 由初值条件我们得到

$$u\Big|_{t=0}=f(x)+g(x)=\varphi(x),$$
$$\frac{\partial u}{\partial t}\Big|_{t=0}=-af'(x)+ag'(x)=\psi(x).$$

对第二个式子积分, 再稍微整理一下得

$$f(x)-g(x)=-\frac{1}{a}\int_{x_0}^{x}\psi(x)\mathrm{d}x+c.$$

因此, 与上面第一个式子联立, 可以得到 f 及 g:

$$f(x)=\frac{1}{2}\varphi(x)-\frac{1}{2a}\int_{x_0}^{x}\psi(x)\mathrm{d}x+\frac{c}{2},$$
$$g(x)=\frac{1}{2}\varphi(x)+\frac{1}{2a}\int_{x_0}^{x}\psi(x)\mathrm{d}x-\frac{c}{2}.$$

这样一来, 柯西问题的解就是

$$\begin{aligned}u(x,t)&=f(x-at)+g(x+at)\\&=\frac{\varphi(x-at)+\varphi(x+at)}{2}-\frac{1}{2a}\int_{x_0}^{x-at}\psi(x)\mathrm{d}x+\frac{1}{2a}\int_{x_0}^{x+at}\psi(x)\mathrm{d}x\\&=\frac{\varphi(x-at)+\varphi(x+at)}{2}+\frac{1}{2a}\int_{x-at}^{x+at}\psi(x)\mathrm{d}x,\end{aligned}$$

称为达朗贝尔解.

这里介绍的解法是先求出通解, 再根据附加条件求出特解. 在常微分方程中这种求解的步骤是通用的, 但在数学物理方程中却不然. 在数学物理方程中通常总是像傅里叶方法那样, 先考虑附加条件, 因此求得的只是特解.

2. 波

设一无界弦的初速度是 0, 起始位移是 $\varphi(x)$, 那么它的解是

$$u(x,t)=\frac{1}{2}\big[\varphi(x-at)+\varphi(x+at)\big].$$

这表示 $u(x,t)$ 是由两部分叠加起来的: 第一部分记作 $u_1(x,t)=\dfrac{1}{2}\varphi(x-at)$;

第二部分记作 $u_2(x,t)=\dfrac{1}{2}\varphi(x+at)$. 假定开始时弦的形状如图 2.3 所示 (这就是 $\varphi(x)$ 的图形). 那么在 $t=0$ 时, $u_1=\dfrac{1}{2}\varphi(x)$; 在 $t=\dfrac{1}{2}$ 时, $u_1=\dfrac{1}{2}\varphi\left(x-\dfrac{a}{2}\right)$; 在 $t=1$ 时, $u_1=\dfrac{1}{2}\varphi(x-a)$; 在 $t=2$ 时, $u_1=\dfrac{1}{2}\varphi(x-2a)\cdots\cdots$ 各图所画的就是在不同时刻 u_1 的图形. 一样也可以画出在不同时刻 u_2 的图形 (请大家自己画画看). 有了 u_1 及 u_2 的图形以后, 叠加即得不同时刻 u 的图形, 也就是不同时刻弦的形状.

从这些图形里我们看到了什么现象呢? $u_1(x,t)$ 代表一个向右传播的波, 传播的速度是 a. 而 $u_2(x,t)$ 代表一个向左传播的波, 传播的速度也是 a. 因此弦的振动是由两个波叠加起来的, 它们的传播速度一样, 但方向相反.

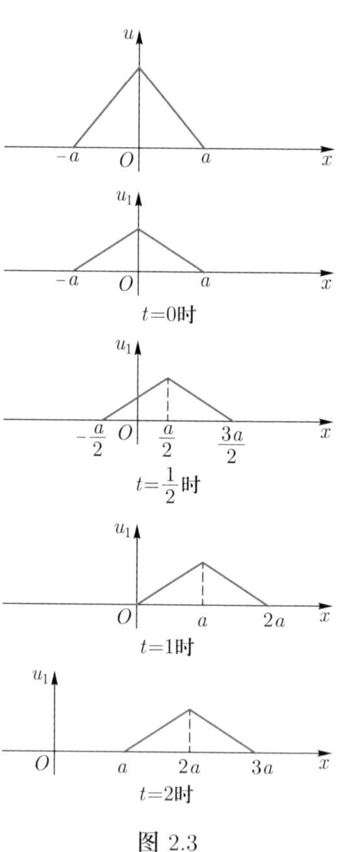

图 2.3

实际上, 在一般情况下, 情形也是这样. 因为弦振动方程的一般解是

$$u(x,t)=f(x-at)+g(x+at),$$

这说明 u 总是两部分叠加起来的. 第一部分 $u_1=f(x-at)$ 是一个向右传播的波, 速度是 a. 而另一部分 $u_2=g(x+at)$ 是一个向左传播的波, 速度也是 a, 当然这两个波的形状一般是不一样的. 前面说的例子只是一个特殊情况.

因此, 达朗贝尔解很明显地表示出在弦振动问题中, 初始扰动是以速度 a 向左右传播的, 就是说振动中有传播波的现象. 同时振动方程中的常数 a 的物理意义现在也很清楚了.

3. 特征线

上一小节为了表示不同时刻弦的形状, 我们画了一系列的曲线. 的确, $u(x,t)$ 是一个二元函数, 当 t 是不同的数值时代表不同的曲线. 二元函数也可以用等高线来表示, 现在我们就来这样做. 如图 2.4 所示, 作一个 xt 平面, 这个平面上每一个点代表某地点、某时刻. 而弦的形状在图上不能画出来. 因为 $u=u_1+u_2$, 而 $u_1=f(x-at)$, $u_2=g(x+at)$. 所以 $x-at=c_1$ 是 u_1 的"等高线", 即在 $x-at=c_1$ 这条直线上各点所对应的 u_1 值相同. 这一事实可以不用式子, 只从上一小节所讲的一系列图形中看出来. 同样, $x+at=c_2$ 是 u_2 的"等高线". 这两族直线就是振动方程的特征线.

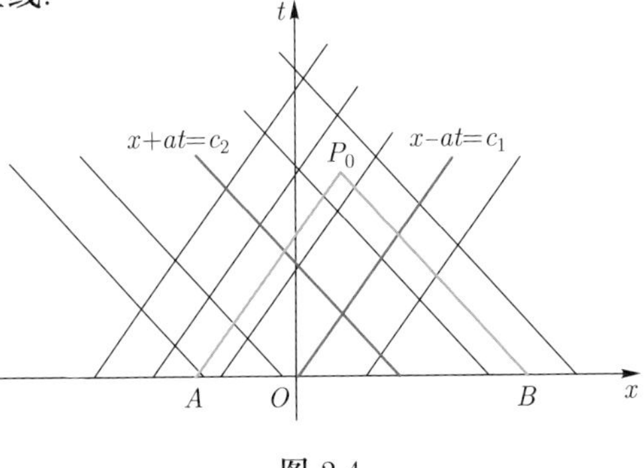

图 2.4

xt 平面上每个点都对应一个 u 的值, 也对应一个 u_1 值、一个 u_2 值. 通过任意点 $P_0(x_0,t_0)$ 可以作两条特征线:

$$P_0A: x-at=x_0-at_0,$$

$$P_0B: x+at=x_0+at_0.$$

在前一条线上各点的 u_1 值一样 (u_2 值可能不同), 而在后一条线上各点的 u_2 值一样 (u_1 值可能不同), 点 P_0 的 u 值等于点 A 的 u_1 值加上点 B 的 u_2 值.

现在看一下怎样利用特征线讨论弦的振动情形. 回头来看第 2 小节中的例子, 这个例子说明在 $t=0$ 时, 只在区间 $(-a,a)$ 中有扰动, 区间外

各点的 u_1 及 u_2 都等于 0. 如图 2.5 所示, 作四条特征线: $x \pm at = \pm a$, 这样把 xt 平面分成六个区域. 设 P_0 在区域 Ⅱ 中, 则该点的 u_1 值等于点 A 的 u_1 值, 故不等于 0, 而 u_2 的值是 0, 因此在点 P_0 处 $u \neq 0$. 同样在区域 Ⅳ 中的任意点, $u_1 = u_2 = 0$, 因而 $u = 0$.

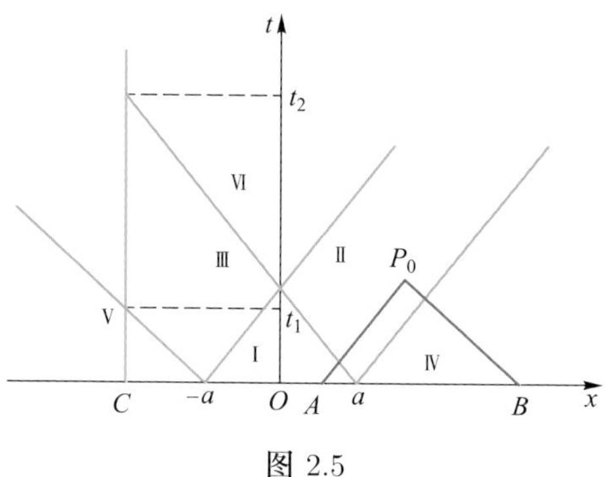

图 2.5

现在讨论弦上某一个固定点在不同时刻的振动情形. 如开始时在点 C, 那么, 我们可以看到在 $t = t_1$ 时刻之前弦是静止的, 从 t_1 时起有向左传播的波影响, 则 $u_2 \neq 0$, 到 $t = t_2$ 时刻之后弦又静止了. 因此通过特征线, 我们可以说明弦振动的一些情况.

利用特征线还可以说明一个很重要的事实. 利用达朗贝尔解, 我们可以得到

$$u(x_0, t_0) = \frac{\varphi(x_0 - at_0) + \varphi(x_0 + at_0)}{2} + \frac{1}{2a}\int_{x_0 - at_0}^{x_0 + at_0} \psi(x)\mathrm{d}x.$$

这说明 P_0 的函数值只与 $[x_0 - at_0, x_0 + at_0]$ 中的 φ 值及 ψ 值有关. 通过 P_0 的特征线与 x 轴的交点 A, B 的横坐标就是 $x_0 - at_0$ 及 $x_0 + at_0$. 因此, 点 P_0 的函数值由区间 AB 上的起始值 φ, ψ 确定, 与区间 AB 外的起始值没有关系. 其实三角形 AP_0B 内部各点的 u 值都可以由区间 AB 内的起始值确定. 这个事实在双曲型方程的理论问题中以及近似计算上都很重要. 直观上这个事实可以理解, 因为各点的起始扰动是以速度 a 向外传播的, 这样在短时间内, 远处的扰动不会产生什么影响. 精确地说

就是三角形区域 AP_0B 中各点的振动由区间 AB 的起始情形确定, 与区间 AB 外的起始情形没有关系.

4. 半无界弦的振动

一根半无界弦, 一端固定在 $x=0$, 一端在 $x=+\infty$, 做自由振动. 这个问题的微分方程是

$$\frac{\partial^2 u}{\partial t^2}=a^2\frac{\partial^2 u}{\partial x^2},$$

有一个边值条件是

$$u\Big|_{x=0}=0,$$

初值条件是

$$u\Big|_{t=0}=\varphi(x),\quad \frac{\partial u}{\partial t}\Big|_{t=0}=\psi(x).$$

解决这个问题的方法如下: 找一根无界弦, 使它在 $(0,+\infty)$ 中的振动与这里提出的半无界弦的振动一样. 因为无界弦的解已经找到, 所以半无界弦的振动问题也就解决了.

无界弦的振动由它的初值条件决定, 假定我们要找的无界弦的初值条件是

$$u\Big|_{t=0}=\varphi^*(x),\quad \frac{\partial u}{\partial t}\Big|_{t=0}=\psi^*(x).$$

现在就看一下怎样的 φ^* 及 ψ^* 可以满足前面提出的要求.

显然, 在 $0\leqslant x<+\infty$ 中,

$$\varphi^*(x)=\varphi(x),\quad \psi^*(x)=\psi(x).$$

根据前面的要求, 这根无界弦在 $x=0$ 的位移应该永远是 0. 可是无界弦振动问题的解是

$$u(x,t)=\frac{\varphi^*(x-at)+\varphi^*(x+at)}{2}+\frac{1}{2a}\int_{x-at}^{x+at}\psi^*(x)\mathrm{d}x.$$

所以, 对任何 t, 下列式子必成立:

$$\frac{\varphi^*(-at)+\varphi^*(at)}{2}+\frac{1}{2a}\int_{-at}^{at}\psi^*(x)\mathrm{d}x\equiv 0.$$

如果 $\varphi^*(x)$ 及 $\psi^*(x)$ 都是奇函数, 那么这个恒等式成立. 结合前面讲的, 我们知道所要找的无界弦的初值条件应该是

$$u\Big|_{t=0}=\varphi^*(x)=\begin{cases}\varphi(x), & 0<x<+\infty,\\ -\varphi(-x), & -\infty<x<0;\end{cases}$$

$$\frac{\partial u}{\partial t}\Big|_{t=0}=\psi^*(x)=\begin{cases}\psi(x), & 0<x<+\infty,\\ -\psi(-x), & -\infty<x<0.\end{cases}$$

这时无界弦在 $(0,+\infty)$ 中的振动问题与前面要解的半无界弦的振动问题一样, 因此, 要解一端固定的半无界弦的振动问题, 只需对初值条件作一个奇延拓, 以这个延拓函数作为初值条件的无界弦振动就是我们所求的解 (当然是指 $0\leqslant x<+\infty$ 中的一段). 同样, 若讨论一根半无界弦, 它的边值条件是

$$\frac{\partial u}{\partial x}\Big|_{x=0}=0,$$

那么把初值条件作一个偶延拓, 以这个延拓函数作为初值条件的无界弦振动就是我们所求的解 (当然也是指 $0\leqslant x<+\infty$ 中的一段). 这一点大家可以自己推证一下.

前面得到的结果可以用传播波来说明. 设半无界弦上一个波峰向左右两边传播 (如图 2.6 所示). 我们知道, 任何振动都可以看作初始扰动以速度 a 向左右两边的传播. 在半有界弦上, 当初始扰动传播到 $x=0$ 这一端时就会有反射波产生, 反射波是什么样的呢? 设端点固定, 反射波就像一根无界弦上在左侧有一个向右传的波一样, 这个波如图 2.6(b) 所示, 前面说的奇延拓就是这个意思. 若端点条件不一样, 则反射波不一样, 但情况是类似的.

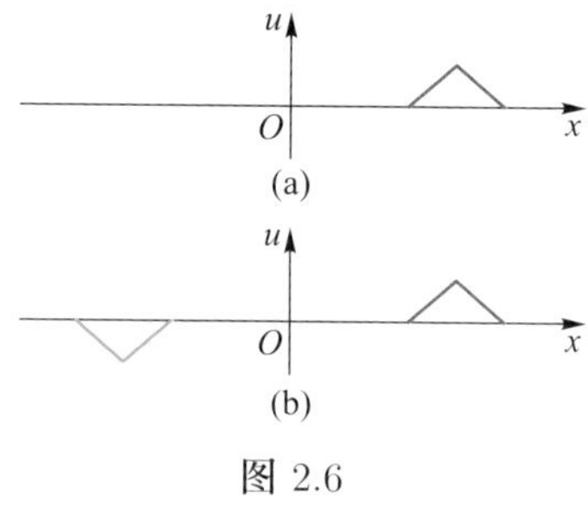

图 2.6

5. 电报方程的几个问题、波的弥散

弦振动方程的达朗贝尔解说明了振动中的传播波现象, 其他双曲型方程的问题是不是有类似的现象呢? 现在讨论一下电报方程.

电报方程是

$$\frac{\partial^2 u}{\partial x^2}=Lc\frac{\partial^2 u}{\partial t^2}+(Lg+Rc)\frac{\partial u}{\partial t}+Rgu.$$

经过变换 $u(x,t)=\mathrm{e}^{-\mu t}\omega(x,t)$, 可得

$$\frac{\partial^2 \omega}{\partial t^2}=a^2\frac{\partial^2 \omega}{\partial x^2}+\delta^2\omega,$$

其中 $\mu=\dfrac{Lg+Rc}{2Lc}$, $\delta=\dfrac{Lg-Rc}{2Lc}$, $a^2=\dfrac{1}{Lc}$.

分两种情况: 设 $Lg=Rc$, 则 $\delta=0$. 所以

$$\omega(x,t)=f(x-at)+g(x+at),$$

而

$$u=\mathrm{e}^{-\mu t}[f(x-at)+g(x+at)],$$

这说明现在跟振动问题有一些不一样, 解是阻尼波, μ 是阻尼的缩减量.

若 $Lg\neq Rc$, 这时 $\delta\neq 0$. 问题就复杂了. 不考虑阻尼情况, 只看 $\omega(x,t)$. 现在 $\omega(x,t)$ 不再能由传播波表示了, 发生了波的弥散现象, 也就是波沿线路传播时发生畸变. 下面先解释一下什么叫波的弥散.

我们知道, 所谓谐波就是

$$A\sin\left[\frac{2\pi}{\lambda}(x-vt)+\varphi\right]=A\sin\left[(kx-\omega t)+\varphi\right],$$

其中 λ 是波长, v 是传播速度 (也就是相速度), k 是波数, 而 ω 是频率.

可以这样来看: 在不同的时刻 (当 t 是任意定值时) 它们都是一个正弦曲线, 当 t 改变的时候, 曲线的形状不变但以速度 v 向右移动, 也就是说这是一个传播波. 假定一个波是由几个谐波叠加起来的, 结果还是不是传播波呢? 只要各谐波的相速度一样, 那么在传播过程中波的形状不会改

变, 还是一个传播波. 假定各谐波的相速度不同, 那么在传播过程中各个谐波会产生相对位移, 因此波形就会改变, 这种现象就叫做波的弥散.

现在回到电报方程上来. 因为任何一个信号都可以用谐波叠加表示(即傅里叶级数表示), 所以如果在一个线路中各谐波的相速度不同 (通常是随频率改变), 那么就有波的弥散现象产生, 也就是在传播过程中信号发生畸变. 什么样的线路中会有畸变呢? 若没有畸变, 就是在线路中传播时波形不改变, 则可以用 $f(x \pm at)$ 来表示, $f(x \pm at)$ 就是微分方程的解. 把 $\omega = f(x \pm at)$ 代入前面的方程, 我们得到

$$a^2 f'' = a^2 f'' + \delta^2 f,$$

所以, 必有 $\delta = 0$. 这说明, 当 $\delta \neq 0$ 时, 就会有畸变现象. 所以总体来说, 电报方程同振动方程不一样, 它的解是阻尼波, 同时还可能有波的弥散现象发生.

2.4 解的存在性及唯一性

1. 存在定理

数学物理方程总是在一定的边值条件或初值条件之下求解, 这就是所谓定解问题. 有很多很多的定解问题, 譬如双曲型方程常见的柯西问题、混合问题. 而混合问题中由于域的有界或半无界情形又不一样, 在同一个域中又因边值条件的不同而有不同的定解问题. 其他类型的方程也都有很多的定解问题, 对每一个定解问题都要考虑这个问题提得是否正确. 首先, 满足这些条件的解是不是存在, 这就是所谓存在定理. 每一个定解问题都有一个存在定理, 所以存在定理的数目是很多的.

我们在前面几节中有没有解决存在性问题呢? 譬如下列有界域的混合问题:

$$\frac{\partial^2 u}{\partial t^2} = a^2 \frac{\partial^2 u}{\partial x^2},$$

边值条件是

$$u\Big|_{x=0}=0,\quad u\Big|_{x=l}=0,$$

初值条件是

$$u\Big|_{t=0}=\varphi(x),\quad \frac{\partial u}{\partial t}\Big|_{t=0}=\psi(x).$$

这个问题的解的存在性是否已经解决了? 也许有人觉得在 §2.2 中解已经找出来了, 那当然是存在了. 其实, 这个问题还没有解决, 因为那里找出来的是一个级数, 这个级数是不是收敛? 若要满足微分方程, 还得微分两次, 可不可以微分呢? 这些问题前面都没有回答, 所以前面只是讲了一个解法, 至于找到的函数是不是合乎要求, 还需要进一步考察. 因此并没有说明解一定存在. 其他的地方也一样, 如达朗贝尔解

$$u(x,t)=\frac{\varphi(x-at)+\varphi(x+at)}{2}+\frac{1}{2a}\int_{x-at}^{x+at}\psi(x)\mathrm{d}x,$$

假定 $\varphi(x)$ 有二阶导数, $\psi(x)$ 有一阶导数, 那么直接验证可以知道这个 $u(x,t)$ 的确满足方程及条件, 因此解存在. 可是如果 $\varphi(x)$, $\psi(x)$ 不满足前面讲的条件, 这在实际上是很可能的, 那么, 解是否存在呢? 前面写出来的 $u(x,t)$ 是不是解呢? 这些问题前面也没有回答, 现在也不准备进一步去讲它, 只是提醒大家注意我们前面只是讲了一些解法, 至于解的存在性还没有讲.

2. 唯一性定理

唯一性定理就是说一个定解问题的解只有一个, 证明唯一性最常用的有两种方法: 一种是下面要用的, 另一种在证明椭圆型及抛物型方程定解问题时用. 如同存在定理一样, 唯一性定理也有很多很多. 现在只证明下列问题的唯一性定理. 考虑微分方程

$$\frac{\partial^2 u}{\partial t^2}=a^2\frac{\partial^2 u}{\partial x^2}+f(x,t),\quad 0<x<l,0<t<\infty,$$

边值条件是

$$u\big|_{x=0}=\alpha(t),\quad u\big|_{x=l}=\beta(t),$$

初值条件是

$$u\big|_{t=0}=\varphi(x),\quad \frac{\partial u}{\partial t}\bigg|_{t=0}=\psi(x).$$

证明 设 $u_1(x,t)$ 及 $u_2(x,t)$ 都是上述问题的解, 我们证明 $u_1\equiv u_2$. 令 $v(x,t)=u_1(x,t)-u_2(x,t)$. 因为 u_1,u_2 都满足上述方程及条件, 所以不难得到下列结果:

$$\frac{\partial^2 v}{\partial t^2}=a^2\frac{\partial^2 v}{\partial x^2},$$
$$v\big|_{x=0}=0,\quad v\big|_{x=l}=0,$$
$$v\big|_{t=0}=0,\quad \frac{\partial v}{\partial t}\bigg|_{t=0}=0.$$

所以, $v(x,t)$ 是满足齐次振动方程及齐次条件的.

要证明唯一性定理只需证明 $v(x,t)\equiv 0$. 也就是说要证明一个非齐次方程非齐次条件的问题解的唯一性, 只需证明相应的齐次方程齐次条件的问题的解恒等于 0 (这个事实在后面各章证明唯一性定理时都会用到). 从物理直观上看, $v(x,t)$ 代表这样一根弦的振动: 它没有外力作用, 两端固定, 初始位移及初始速度都等于 0. 显然这个弦是永远静止的, 即 $v\equiv 0$. 现在来严格证明. 考虑函数

$$E(t)=\frac{1}{2}\int_0^l\left[T\left(\frac{\partial v}{\partial x}\right)^2+\rho\left(\frac{\partial v}{\partial t}\right)^2\right]\mathrm{d}x,\quad \frac{T}{\rho}=a^2,$$

这个函数的物理意义就是弦的总能量满足

$$\frac{\mathrm{d}E}{\mathrm{d}t}=\int_0^l\left[T\frac{\partial v}{\partial x}\frac{\partial^2 v}{\partial x\partial t}+\rho\frac{\partial v}{\partial t}\frac{\partial^2 v}{\partial t^2}\right]\mathrm{d}x.$$

假定 $u_1(x,t)$, $u_2(x,t)$ 的二阶导数连续, 因而 $v(x,t)$ 的二阶导数连续, 所以像这样在积分号下微分是可以的, 再用分部积分法得

$$\frac{\mathrm{d}E}{\mathrm{d}t}=T\frac{\partial v}{\partial x}\frac{\partial v}{\partial t}\bigg|_0^l+\int_0^l\left[\rho\frac{\partial v}{\partial t}\frac{\partial^2 v}{\partial t^2}-T\frac{\partial^2 v}{\partial x^2}\frac{\partial v}{\partial t}\right]\mathrm{d}x.$$

因为 $v(x,t)$ 满足齐次方程, 所以第二项积分等于 0. 又因为 $v(x,t)$ 满足齐次边值条件

$$v(0,t)=0,\quad v(l,t)=0,$$

所以

$$\frac{\partial v}{\partial t}\bigg|_{x=0}=0,\quad \frac{\partial v}{\partial t}\bigg|_{x=l}=0,$$

所以第一项也等于 0. 因此

$$\frac{\mathrm{d}E}{\mathrm{d}t}=0,$$

这说明 $E(t)$ 为常数, 就是说, 弦的总能量不随时间改变. 但当 $t=0$ 时,

$$E(0)=\int_0^l\left[T\left(\frac{\partial v}{\partial x}\right)^2\bigg|_{t=0}+\rho\left(\frac{\partial v}{\partial t}\right)^2\bigg|_{t=0}\right]\mathrm{d}x.$$

因为 $v(x,t)$ 满足齐次初值条件, 所以 $\frac{\partial v}{\partial x}\Big|_{t=0}=0$, $\frac{\partial v}{\partial t}\Big|_{t=0}=0$, 所以 $E(0)=0$,

$$E(t)=\int_0^l\left[T\left(\frac{\partial v}{\partial x}\right)^2+\rho\left(\frac{\partial v}{\partial t}\right)^2\right]\mathrm{d}x\equiv 0,$$

因此

$$\frac{\partial v}{\partial x}\equiv 0,\quad \frac{\partial v}{\partial t}\equiv 0,$$

就是说

$$v(x,t)=c,\ \text{其中 } c \text{ 为常数}.$$

但在 $x=0$ 时, $v=0$. 所以必有 $v(x,t)=0$. 这就是我们所要证明的.

在第一章中讲到, 一个定解问题的提法是否正确, 除了存在性、唯一性以外, 还要讨论解的稳定性, 不过这里暂不介绍.

2.5 一般波动方程

1. 波动方程

弦的振动方程是

$$\frac{\partial^2 u}{\partial t^2} = a^2 \frac{\partial^2 u}{\partial x^2},$$

因为弦是一维物体, 所以方程里只有一个空间变量 x. 在讨论二维物体的振动时, 如薄膜的振动, 振动方程是

$$\frac{\partial^2 u}{\partial t^2} = a^2 \left(\frac{\partial^2 u}{\partial x^2} + \frac{\partial^2 u}{\partial y^2}\right),$$

这里有两个空间变量 x 及 y, 这时候位移 $u = u(x, y, t)$ 是一个三元函数, 在讨论弹性体的振动, 电磁场、声的传播等问题时, 我们会碰到下列方程:

$$\frac{\partial^2 u}{\partial t^2} = a^2 \left(\frac{\partial^2 u}{\partial x^2} + \frac{\partial^2 u}{\partial y^2} + \frac{\partial^2 u}{\partial z^2}\right),$$

叫做波动方程. 弦振动方程可以叫做一维波动方程. 当然, 方程

$$\frac{\partial^2 u}{\partial t^2} = a^2 \frac{\partial^2 u}{\partial x^2},$$

不只是解决一维物体的振动问题, 在一些空间问题中, u 可能不依赖于 y 及 z, 就是说在垂直于 x 轴的平面上各点的 u 值都一样, 也就是平面波的情形, 这时问题也化为上述简单的方程.

对于波动方程, 通常也讨论两类定解问题: 混合问题及柯西问题. 混合问题是给出边值条件及初值条件, 而柯西问题只给出初值条件. 譬如考虑边界固定的圆形膜的自由振动, 设膜的边界为 $x^2 + y^2 = R^2$, 振动方程是

$$\frac{\partial^2 u}{\partial t^2} = a^2 \left(\frac{\partial^2 u}{\partial x^2} + \frac{\partial^2 u}{\partial y^2}\right),$$

边值条件是

$$u\big|_{x^2+y^2=R^2}=0,$$

初值条件是

$$u\big|_{t=0}=\varphi(x,y),\quad \frac{\partial u}{\partial t}\Big|_{t=0}=\psi(x,t),$$

这就是一个混合问题.

2. 解法

在解波动方程的混合问题时, 可以用傅里叶方法, 步骤同 §2.2 所讲的类似, 下面以圆膜自由振动为例简单说明.

第一步. 设 $u=U(x,y)T(t)$, 代入方程可以得到

$$\frac{\partial^2 U}{\partial x^2}+\frac{\partial^2 U}{\partial y^2}-\lambda U=0,$$
$$\frac{\mathrm{d}^2 T}{\mathrm{d}t^2}-\lambda a^2 T=0.$$

这里还有一个偏微分方程, 但它的自变量只有 x, y 两个, 比原先的方程少一个, 所以问题也比较简单了.

第二步. 由边值条件可以得到

$$U\big|_{x^2+y^2=R^2}=0,$$

因此, 求 $U(x,y)$ 就是要解决下列微分方程问题:

$$\frac{\partial^2 U}{\partial x^2}+\frac{\partial^2 U}{\partial y^2}-\lambda U=0,$$
$$U\big|_{x^2+y^2=R^2}=0.$$

就是解一个偏微分方程 (注意是椭圆型方程), 方程中还含有未知常数 λ, 这也叫做固有值问题. 解决这个固有值问题, 可以找到固有值 $\lambda_1,\lambda_2,\cdots$

及相应的固有函数 $U_1(x,y),U_2(x,y),\cdots$. 因为有了 λ, 便可以求出相应的 $T(t)$. 所以, 第二步的基本内容, 还是一个固有值问题.

第三步. 设

$$u(x,y,t)=\sum_{n=1}^{\infty}U_n(x,y)T_n(t),$$

这里 $T_n(t)$ 中含有两个任意常数. 利用初值条件确定这些常数, 当然这个问题相当复杂. 首先这是一个二元函数的傅里叶级数展开的问题, 其次固有函数 $U_n(x,y)$ 常常是一些特殊函数如贝塞尔函数、勒让德多项式等.

对于波动方程的柯西问题也有一个方法, 得到的结果类似达朗贝尔解, 就是基尔霍夫公式及泊松公式. 正如达朗贝尔解涉及特征线一样, 在空间问题中涉及所谓特征曲面.

2.6 双曲型方程补注

先谈一下波动方程的能量积分与解的唯一性.

对波动方程

$$\frac{\partial^2 u}{\partial t^2}-a^2\Delta u=f(x,t), \tag{2.6.1}$$

其中 $\Delta u=\sum\limits_{i=1}^{n}\dfrac{\partial^2 u}{\partial x_i^2}$, 相关的定解条件如下:

初值条件:

$$u(x,0)=\varphi(x),\quad \frac{\partial u}{\partial t}(x,0)=\psi(x),\quad x\in\mathbb{R}^n. \tag{2.6.2}$$

第一初边值条件:

$$\begin{aligned}&u(x,0)=\varphi(x),\quad \frac{\partial u}{\partial t}(x,0)=\psi(x),\quad x\in\Omega\subset\mathbb{R}^n,\\&u(x,t)=h(x,t),\quad x\in\partial\Omega,\ 0<t<T.\end{aligned} \tag{2.6.3}$$

第二初边值条件:

$$\begin{aligned} &u(x,0)=\varphi(x), \quad \frac{\partial u}{\partial t}(x,0)=\psi(x), \quad x\in\Omega\subset\mathbb{R}^n, \\ &\frac{\partial u}{\partial \nu}(x,t)=h(x,t), \quad x\in\partial\Omega,\ 0<t<T. \end{aligned} \tag{2.6.4}$$

第三初边值条件:

$$\begin{aligned} &u(x,0)=\varphi(x), \quad \frac{\partial u}{\partial t}(x,0)=\psi(x), \quad x\in\Omega\subset\mathbb{R}^n, \\ &\left(\frac{\partial u}{\partial \nu}+\sigma u\right)(x,t)=h(x,t), \quad x\in\partial\Omega,\ 0<t<T, \end{aligned} \tag{2.6.5}$$

其中 $\partial\Omega$ 是有界区域 Ω 的边界, ν 是 $\partial\Omega$ 的单位外法向量, $\varphi(x)$, $\psi(x)$, $f(x,t)$, $h(x,t)$, $\sigma(x,t)$ 为已知函数且 $\sigma(x,t)\neq 0$.

波动方程的能量积分定义如下:

$$E(t)=\int_\Omega\left[\left(\frac{\partial u}{\partial t}(x,t)\right)^2+a^2\sum_{i=1}^n\left(\frac{\partial u}{\partial x_i}(x,t)\right)^2\right]\mathrm{d}x, \tag{2.6.6}$$

其中积分是 n 重积分.

对满足齐次波动方程 ($f(x,t)\equiv 0$) 及齐次边值条件 $\varphi(x)\equiv 0$, $\psi(x)\equiv 0$, $h(x,t)\equiv 0$ 的第一初边值问题或第二初边值问题的波动方程的解 $u(x,t)$ 有

能量守恒原理:

$$E(t)=E(0). \tag{2.6.7}$$

能量不等式:

$$E_0(t)\leqslant \mathrm{e}^t E_0(0)+\mathrm{e}^t\int_0^t \mathrm{e}^{-\tau}E(\tau)\mathrm{d}\tau, \tag{2.6.8}$$

其中 $E_0(t)=\displaystyle\int_\Omega u^2(x,t)\mathrm{d}x$.

对波动方程的第三初边值问题 (2.6.1), (2.6.5), 当 $f(x,t)\equiv 0$, $h(x,t)\equiv 0$ 时也有类似的能量不等式成立.

对于波动方程的柯西问题, 在特征锥

$$\sum_{i=1}^{n}(x_i - x_i^0)^2 \leqslant a^2(R-t)^2, \quad R>0 \text{ 为常数} \tag{2.6.9}$$

中考虑齐次波动方程的解 $u(x,t)$, 记特征锥与平面 $t=t_0$ 的截面为 Ω_{t_0}, 那么关于能量积分

$$E(\Omega_t) = \int_{\Omega_t}\left[\left(\frac{\partial u}{\partial t}(x,t)\right)^2 + a^2\sum_{i=1}^{n}\left(\frac{\partial u}{\partial x_i}(x,t)\right)^2\right]\mathrm{d}x, \tag{2.6.10}$$

也有能量不等式成立.

由能量不等式可以证明波动方程的混合问题 (初边值问题) 与柯西问题 (初值问题) 的解如果存在必唯一.

对齐次 n 维波动方程 $(f(x,t)\equiv 0)$ 的柯西问题有以下解的表达式:

$n=1$ (达朗贝尔解):

$$u(x,t) = \frac{\varphi(x-at)+\varphi(x+at)}{2} + \frac{1}{2a}\int_{x-at}^{x+at}\psi(\xi)\mathrm{d}\xi, \tag{2.6.11}$$

$n=2$ (泊松公式):

$$\begin{aligned} u(x,y,t) = \frac{1}{2\pi a}\Bigg(&\iint\limits_{K_{at}}\frac{\psi(\xi,\eta)}{[a^2t^2-(\xi-x)^2-(\eta-y)^2]^{\frac{1}{2}}}\mathrm{d}\xi\mathrm{d}\eta + \\ &\frac{\partial}{\partial t}\iint\limits_{K_{at}}\frac{\varphi(\xi,\eta)}{[a^2t^2-(\xi-x)^2-(\eta-y)^2]^{\frac{1}{2}}}\mathrm{d}\xi\mathrm{d}\eta\Bigg), \end{aligned} \tag{2.6.12}$$

其中 $K_{at}=\left\{(\xi,\eta)\middle|(\xi-x)^2+(\eta-y)^2\leqslant a^2t^2\right\}$.

$n=3$ (基尔霍夫公式):

$$u(x,y,z,t) = \frac{1}{4\pi a^2}\left[\iint\limits_{S_{at}}\frac{\psi}{t}\mathrm{d}S + \frac{\partial}{\partial t}\iint\limits_{S_{at}}\frac{\varphi}{t}\mathrm{d}S\right], \tag{2.6.13}$$

其中 $S_{at}=\left\{(\xi,\eta)\middle|(\xi-x)^2+(\eta-y)^2+(\zeta-z)^2=a^2t^2\right\}$, $\mathrm{d}S$ 表示球面的面积元素.

f 不恒为零的非齐次波动方程柯西问题的解等于上面齐次波动方程

柯西问题的解再加上一个推迟势项 u^*, 这里有

$n=1$:

$$u^*(x,t)=\frac{1}{2a}\int_0^t\left[\int_{x-a(t-\tau)}^{x+a(t-\tau)}f(\xi,\tau)\mathrm{d}\xi\right]\mathrm{d}\tau, \tag{2.6.14}$$

$n=2$:

$$u^*(x,y,t)=\frac{1}{2\pi a}\int_0^t\left(\iint\limits_{r\leqslant a(t-x)}\frac{f(\xi,\eta,\tau)\mathrm{d}\xi\mathrm{d}\eta}{[a^2(t-\tau)^2-(\xi-x)^2-(\eta-y)^2]^{\frac{1}{2}}}\right)\mathrm{d}\tau, \tag{2.6.15}$$

$n=3$:

$$u^*(x,y,z,t)=\frac{1}{4\pi a^2}\iiint\limits_{(\xi-x)^2+(\eta-y)^2+(\zeta-z)^2\leqslant a^2t^2}\frac{f\left(\xi,\eta,\zeta,t-\dfrac{\tau}{a}\right)}{r}\mathrm{d}\xi\mathrm{d}\eta\mathrm{d}\zeta, \tag{2.6.16}$$

其中 $r=[(\xi-x)^2+(\eta-y)^2+(\zeta-z)^2]^{\frac{1}{2}}$.

波动方程的解的表达式是有物理含义的. 对一维弦振动方程来讲, 形如 $\varphi(x\pm at)$ 的解描述了波的传播现象, 即以 a 为波速的右传播波 $\varphi(x-at)$ 及左传播波 $\varphi(x+at)$. 另外, 过点 (x,t) 的两条特征线 $x-at=b_1$, $x+at=b_2$ 交 x 轴于两点 x_1 和 x_2, 于是由达朗贝尔公式可见, 解在点 (x,t) 处的值只与区间 $[x_1,x_2]$ 上的初值条件有关, 而与该区间外初值条件无关. 所以称 $[x_1,x_2]$ 为点 (x,t) 的依赖区间. 此外, 在 x 轴上的一个闭区间 $[x_1,x_2]$ 的端点作特征线 $x=x_1+at$ 和 $x=x_2-at$, 则 $[x_1,x_2]$ 上的初值条件完全决定了三角形区域 $x_1+at\leqslant x\leqslant x_2-at(t>0)$ 上解的值, 故称此三角形区域为区间 $[x_1,x_2]$ 的决定区域. 解在决定区域中的值与区间 $[x_1,x_2]$ 之外的初值条件无关. 还有, 对 x 轴上两点 x_1 和 $x_2(x_1<x_2)$ 分别作特征线 $x=x_1-at$ 及 $x=x_2+at$, 则区域 $x_1-at\leqslant x\leqslant x_2+at(t>0)$ 称为区间 $[x_1,x_2]$ 的影响区域. 在影响区域中, 解的值只受 $[x_1,x_2]$ 上的初值影响. 当 $x_1=x_2=x_0$ 时, x_0 的影响区

域为 $x_0 - at \leqslant x \leqslant x_0 + at(t > 0)$.

在二维和三维波动方程中, 也可以讨论依赖区域和影响区域以及决定区域的问题.

由解的表达式可以看出所谓的惠更斯原理现象, 亦即, 三维波的传播有清楚的前阵面和后阵面的无后效现象发生. 而二维波的传播只有前阵面而无后阵面的弥散现象 (后效现象) 发生.

下面, 我们了解一下一阶拟线性双曲型方程的简单内容.

在介绍一阶非线性偏微分方程之前, 先考虑拟线性方程

$$\frac{\partial u}{\partial t} + a(x,t,u)\frac{\partial u}{\partial x} = f(x,t,u), \quad x \in \mathbb{R}, \ t > 0 \tag{2.6.17}$$

的古典解 $u = u(x,t)$.

设 $x = x(t)$ 是上半平面 $\{(x,t)|x \in \mathbb{R}, t > 0\}$ 中的一条光滑曲线, 则方程 (2.6.17) 的古典解 $u = u(x,t)$ 沿 $x = x(t)$ 满足

$$\frac{\mathrm{d}u(x(t),t)}{\mathrm{d}t} = \frac{\partial u}{\partial t} + \frac{\partial u}{\partial x}\frac{\mathrm{d}x}{\mathrm{d}t}.$$

若

$$\frac{\mathrm{d}x}{\mathrm{d}t} = a(x,t,u(x,t)), \tag{2.6.18}$$

则有

$$\frac{\mathrm{d}u(x(t),t)}{\mathrm{d}t} = f\big(x(t),t,u(x(t),t)\big), \tag{2.6.19}$$

从而在曲线 $x = x(t)$ 上将偏微分方程化成了常微分方程, 求解就有了方便的可能. 满足方程 (2.6.18) 的曲线 $x = x(t)$ 称为方程 (2.6.17) 的特征线, 方程 (2.6.18) 称为方程 (2.6.17) 的特征方程. 在特征线上将偏微分方程变成常微分方程的思想是求解双曲型方程的一种特征线方法.

下面举两个例子.

例 2.6.1 对初值问题

$$\begin{cases} t\dfrac{\partial u}{\partial t} + x\dfrac{\partial u}{\partial x} = mu, & m \in \mathbb{N},\ t > 1, \\ u(x,1) = x, & x \in \mathbb{R}, \end{cases} \tag{2.6.20}$$

用特征线方法可解得其解为 $u(x,t) = xt^m$.

例 2.6.2 对初值问题

$$\begin{cases} \dfrac{\partial u}{\partial t} + (u+x)\dfrac{\partial u}{\partial x} = x + u + t, & x \in \mathbb{R},\ t > 0, \\ u(x,0) = x, & x \in \mathbb{R}, \end{cases} \tag{2.6.21}$$

用特征线方法可解得其解为 $u(x,t) = x + \dfrac{t^2}{2}$.

下面介绍一阶偏微分方程, 其一般形式为

$$F\left(x_1, x_2, \cdots, x_n, u, \frac{\partial u}{\partial x_1}, \frac{\partial u}{\partial x_2}, \cdots, \frac{\partial u}{\partial x_n}\right) = 0. \tag{2.6.22}$$

一个著名的结果就是柯西–柯瓦列夫斯卡娅定理:

设 $f(x_1, x_2, \cdots, x_n, u, p_2, \cdots, p_n)$ 在点 $(x_1^0, x_2^0, \cdots, x_n^0, u^0, p_2^0, p_3^0, \cdots, p_n^0)$ 的某一邻域内解析, 而 $\varphi(x_2, x_3, \cdots, x_n)$ 在点 $(x_2^0, x_3^0, \cdots, x_n^0)$ 的某一邻域内解析, 则柯西问题

$$\begin{cases} \dfrac{\partial u}{\partial x_1} = f\left(x_1, x_2, \cdots, x_n, u, \dfrac{\partial u}{\partial x_2}, \dfrac{\partial u}{\partial x_3}, \cdots, \dfrac{\partial u}{\partial x_n}\right), \\ u(x_1^0, x_2, \cdots, x_n) = \varphi(x_2, x_3, \cdots, x_n) \end{cases} \tag{2.6.23}$$

在点 $(x_1^0, x_2^0, \cdots, x_n^0)$ 的某一邻域内存在唯一的解析解.

对高阶方程也有类似的结果. 所谓函数在一点是解析的, 是指该函数在此点的某个邻域内可以展开成幂级数.

考虑一阶齐次线性方程

$$a_1(x_1, x_2, \cdots, x_n)\frac{\partial u}{\partial x_1} + a_2(x_1, x_2, \cdots, x_n)\frac{\partial u}{\partial x_2} + \cdots + a_n(x_1, x_2, \cdots, x_n)\frac{\partial u}{\partial x_n} = 0, \tag{2.6.24}$$

其中 $a_i(x_1,x_2,\cdots,x_n)$ 为连续可微函数, 在所考虑的区域内的每一点处不同时为零.

方程 (2.6.24) 的特征方程为

$$\frac{\mathrm{d}x_1}{a_1(x_1,x_2,\cdots,x_n)}=\frac{\mathrm{d}x_2}{a_2(x_1,x_2,\cdots,x_n)}=\cdots=\frac{\mathrm{d}x_n}{a_n(x_1,x_2,\cdots,x_n)}. \tag{2.6.25}$$

若曲线 l: $x_i=x_i(t)$ $(i=1,2,\cdots,n)$ 满足特征方程 (2.6.25), 则称曲线 l 是一阶齐次线性偏微分方程 (2.6.24) 的特征曲线.

若函数 $\psi(x_1,x_2,\cdots,x_n)$ 在特征曲线 $x_i=x_i(t)(i=1,2,\cdots,n)$ 上等于常数, 即

$$\psi\big(x_1(t),x_2(t),\cdots,x_n(t)\big)\equiv c,\quad \text{其中 } c \text{ 为常数},$$

则称函数 $\psi(x_1,x_2,\cdots,x_n)$ 是特征方程 (2.6.25) 的一个首次积分.

显然, 一个连续可微函数 $u=\psi(x_1,x_2,\cdots,x_n)$ 是方程 (2.6.24) 的解的充要条件是 $\psi(x_1,x_2,\cdots,x_n)$ 是特征方程 (2.6.25) 的一个首次积分.

如果 $\psi_i(x_1,x_2,\cdots,x_n)(i=1,2,\cdots,n-1)$ 是特征方程 (2.6.25) 在区域 Ω 上连续可微且相互独立的首次积分, 亦即在 Ω 内的每一点, 矩阵

$$\begin{pmatrix} \dfrac{\partial\psi_1}{\partial x_1} & \dfrac{\partial\psi_1}{\partial x_2} & \cdots & \dfrac{\partial\psi_1}{\partial x_n} \\ \dfrac{\partial\psi_2}{\partial x_1} & \dfrac{\partial\psi_2}{\partial x_2} & \cdots & \dfrac{\partial\psi_2}{\partial x_n} \\ \vdots & \vdots & & \vdots \\ \dfrac{\partial\psi_{n-1}}{\partial x_1} & \dfrac{\partial\psi_{n-1}}{\partial x_2} & \cdots & \dfrac{\partial\psi_{n-1}}{\partial x_n} \end{pmatrix} \tag{2.6.26}$$

的秩是 $n-1$, 那么

$$u=\omega\big(\psi_1(x_1,x_2,\cdots,x_n),\psi_2(x_1,x_2,\cdots,x_n),\cdots,\psi_{n-1}(x_1,x_2,\cdots,x_n)\big) \tag{2.6.27}$$

是一阶齐次线性方程 (2.6.24) 的一个通解, 这里的函数 ω 是 $n-1$ 个自变量的任意连续可微函数.

再考虑柯西问题

$$\begin{cases}\displaystyle\sum_{i=1}^{n} a_i(x_1, x_2, \cdots, x_n)\frac{\partial u}{\partial x_i} = 0, \\ u(x_1^0, x_2, \cdots, x_n) = \varphi(x_2, x_3, \cdots, x_n),\end{cases} \tag{2.6.28}$$

其中 $\varphi(x_2, x_3, \cdots, x_n)$ 是已知的连续可微函数.

如果 $\psi_i(x_1, x_2, \cdots, x_n)(i = 1, 2, \cdots, n-1)$ 是特征方程 (2.6.25) 的任意 $n-1$ 个相互独立的首次积分, 那么从方程组

$$\begin{cases}\psi_1(x_1^0, x_2, \cdots, x_n) = t_1, \\ \psi_2(x_1^0, x_2, \cdots, x_n) = t_2, \\ \qquad\cdots\cdots\cdots\cdots \\ \psi_{n-1}(x_1^0, x_2, \cdots, x_n) = t_{n-1},\end{cases}$$

可以解出 $x_2, x_3, \cdots, x_n$, 即

$$\begin{cases}x_2 = \omega_2(t_1, t_2, \cdots, t_{n-1}), \\ x_3 = \omega_3(t_1, t_2, \cdots, t_{n-1}), \\ \qquad\cdots\cdots\cdots\cdots \\ x_n = \omega_n(t_1, t_2, \cdots, t_{n-1}),\end{cases}$$

于是, 柯西问题 (2.6.28) 的解为

$$\begin{aligned}u(x_1, x_2, \cdots, x_n) = \varphi\big(&\omega_2(\psi_1, \psi_2, \cdots, \psi_{n-1}), \omega_3(\psi_1, \psi_2, \cdots, \psi_{n-1}), \cdots, \\ &\omega_n(\psi_1, \psi_2, \cdots, \psi_{n-1})\big).\end{aligned} \tag{2.6.29}$$

我们考虑一阶拟线性偏微分方程

$$\sum_{i=1}^{n} a_i(x_1, x_2, \cdots, x_n, u)\frac{\partial u}{\partial x_i} = f(x_1, x_2, \cdots, x_n, u), \tag{2.6.30}$$

其中 a_i 及 f 为 $x_1, x_2, \cdots, x_n, u$ 的连续可微函数且不同时为零.

方程 (2.6.30) 的特征方程为

$$\begin{cases}\dfrac{\mathrm{d}x_i}{\mathrm{d}t} = a_i(x_1, x_2, \cdots, x_n, u), \quad i = 1, 2, \cdots, n, \\ \dfrac{\mathrm{d}u}{\mathrm{d}t} = f(x_1, x_2, \cdots, x_n, u)\end{cases} \tag{2.6.31}$$

或

$$\begin{aligned}\frac{\mathrm{d}x_1}{a_1(x_1,x_2,\cdots,x_n,u)} &= \frac{\mathrm{d}x_2}{a_2(x_1,x_2,\cdots,x_n,u)}\\ &= \cdots\\ &= \frac{\mathrm{d}x_n}{a_n(x_1,x_2,\cdots,x_n,u)}\\ &= \frac{\mathrm{d}u}{f(x_1,x_2,\cdots,x_n,u)}.\end{aligned}\tag{2.6.32}$$

当曲线 l: $x_i=x_i(t)\ (i=1,2,\cdots,n)$, $u=u(t)$ 满足特征方程时, 称之为拟线性方程 (2.6.30) 的特征曲线.

如果 $\psi_i(x_1,x_2,\cdots,x_n,u)(i=1,2,\cdots,n)$ 为特征方程 (2.6.31) 的 n 个相互独立的首次积分, 那么对任何连续可微函数 ω,

$$\omega\big(\psi_1(x_1,x_2,\cdots,x_n,u),\psi_2(x_1,x_2,\cdots,x_n,u),\cdots,\psi_n(x_1,x_2,\cdots,x_n,u)\big)=0$$

都是拟线性方程 (2.6.30) 的隐式解.

此外, 考虑方程组

$$\begin{cases}\psi_1(x_1^0,x_2,\cdots,x_n,u)=t_1,\\ \psi_2(x_1^0,x_2,\cdots,x_n,u)=t_2,\\ \qquad\cdots\cdots\cdots\cdots\\ \psi_n(x_1^0,x_2,\cdots,x_n,u)=t_n,\end{cases}$$

可以解出 $x_2,x_3,\cdots,x_n,u$ 如下:

$$\begin{cases}x_2=\omega_2(t_1,t_2,\cdots,t_n),\\ x_3=\omega_3(t_1,t_2,\cdots,t_n),\\ \qquad\cdots\cdots\cdots\cdots\\ x_n=\omega_n(t_1,t_2,\cdots,t_n),\\ u\ \ =\omega(t_1,t_2,\cdots,t_n),\end{cases}$$

则由

$$V(x_1,x_2,\cdots,x_n,u)\equiv\omega\big(\psi_1(x_1,x_2,\cdots,x_n,u),\psi_2(x_1,x_2,\cdots,x_n,u),\cdots,\\ \psi_n(x_1,x_2,\cdots,x_n,u)\big)-\varphi\big(\omega_2(t_1,t_2,\cdots,t_n),\\ \omega_3(t_1,t_2,\cdots,t_n),\cdots,\omega_n(t_1,t_2,\cdots,t_n)\big)=0 \tag{2.6.33}$$

给出柯西问题

$$\begin{cases}\displaystyle\sum_{i=1}^{n}a_i(x_1,x_2,\cdots,x_n,u)\frac{\partial u}{\partial x_i}=f(x_1,x_2,\cdots,x_n,u),\\ u\big|_{x_1=x_1^0}=\varphi(x_2,x_3,\cdots,x_n),\quad \varphi\text{ 连续可微}\end{cases} \tag{2.6.34}$$

的隐式解.

关于一阶非线性偏微分方程的完全解、通解和奇异解等内容这里不再介绍.

对一阶拟线性偏微分方程组, 有以下形式:

$$\frac{\partial u}{\partial t}+\sum_{i=1}^{n}A_i(x_1,x_2,\cdots,x_n,t,u)\frac{\partial u}{\partial x_i}=g(x_1,x_2,\cdots,x_n,t,u), \tag{2.6.35}$$

其中未知向量函数 $u=(u_1,u_2,\cdots,u_k)^{\mathrm{T}}$, T 表示转置, $g=(g_1,g_2,\cdots,g_k)^{\mathrm{T}}$ 为已知向量函数, 而 A_i 为已知 k 阶矩阵函数 $(i=1,2,\cdots,n)$. 在物理意义下, t 表示时间变量, $(x_1,x_2,\cdots,x_n)$ 表示空间变量. 当 $k=1$ 时, (2.6.35) 式是一阶拟线性偏微分方程, 当 $k>1$ 时, (2.6.35) 式是一阶拟线性偏微分方程组.

如果在变量 $(x_1,x_2,\cdots,x_n,t,u)$ 的变化范围内, 任给单位向量 $\mu=(\mu_1,\mu_2,\cdots,\mu_n)$, 矩阵 $\displaystyle\sum_{i=1}^{n}A_i\mu_i$ 都有 k 个实特征值, 那么就称方程 (2.6.35) 是双曲型方程 (组).

我们考虑的函数都是实值的, 所以在 $k=1$ 的情形, 方程 (2.6.35) 总是双曲型的. 在双曲型的定义中, 如果 k 个实特征值是不相同的, 那么就称方程 (组) 为严格双曲型的.

在一阶拟线性偏微分方程组中, 有一类物理意义上深刻、数学研究

上困难的双曲型守恒律方程组:

$$\frac{\partial u}{\partial t}+\frac{\partial f(u)}{\partial x}=0,\quad t>0,\ -\infty<x<+\infty, \tag{2.6.36}$$

其中 $u=(u_1,u_2,\cdots,u_n)^{\mathrm{T}}, f(u)=\big(f_1(u),f_2(u),\cdots,f_n(u)\big)^{\mathrm{T}}$.

方程组 (2.6.36) 是一维的双曲守恒律方程组, 相关的理论比较丰富. 高维双曲守恒律方程组的研究是现代偏微分方程理论中的重大挑战之一.

无论初值条件如何光滑, 一般而言, 双曲守恒律方程的古典光滑解会在有限时刻发生强间断现象. 冲击波解是双曲守恒律方程解的重要特征之一. 广义解是双曲守恒律方程的重要研究对象. 一维双曲守恒律方程组整体光滑解的存在性问题也是非常有意义的问题.

2.7 应用问题模型

这一节将列举两个双曲型方程作为应用问题模型的例子. 我们主要从数学模型的视角, 通过双曲型方程介绍实际应用问题中的一些双曲型机理现象.

例 2.7.1 (弹性传播) 所谓的弹性传播是指在弹性介质中某点处赋予一个小振动, 那么其周围的质点就会产生运动, 也就是说, 此时的弹性介质处于应变状态.

我们仅考虑介质的位移是微小的情况. 对弹性物体的微小体积元素, 用 τ_{xx}, τ_{yy}, τ_{zz}, τ_{xy}, τ_{xz}, τ_{yx}, τ_{yz}, τ_{zx}, τ_{zy} 表示作用在这块体积元素表面上的应力, 其中前三个是正应力, 而其余的是剪应力. 该体积元素在 x, y, z 三个坐标方向上的位移分量分别记为 u, v 和 ω. 不妨假设应力张量 τ_{ij} 是对称的, 即

$$\tau_{ij}=\tau_{ji},\quad i\neq j,\quad i,j=x,y,z. \tag{2.7.1}$$

由牛顿第二定律得应力方程组

$$\begin{cases}\dfrac{\partial\tau_{xx}}{\partial x}+\dfrac{\partial\tau_{xy}}{\partial y}+\dfrac{\partial\tau_{xz}}{\partial z}=\rho\dfrac{\partial^2 u}{\partial t^2},\\[2ex]\dfrac{\partial\tau_{yx}}{\partial x}+\dfrac{\partial\tau_{yy}}{\partial y}+\dfrac{\partial\tau_{yz}}{\partial z}=\rho\dfrac{\partial^2 v}{\partial t^2},\\[2ex]\dfrac{\partial\tau_{zx}}{\partial x}+\dfrac{\partial\tau_{zy}}{\partial y}+\dfrac{\partial\tau_{zz}}{\partial z}=\rho\dfrac{\partial^2 \omega}{\partial t^2},\end{cases}\tag{2.7.2}$$

其中 ρ 为物体的密度, $t>0$ 表示时间变量.

现定义线性应变为

$$\begin{cases}\varepsilon_{xx}=\dfrac{\partial u}{\partial x},\quad \varepsilon_{yz}=\dfrac{\partial\omega}{\partial y}+\dfrac{\partial v}{\partial z},\\[2ex]\varepsilon_{yy}=\dfrac{\partial v}{\partial y},\quad \varepsilon_{zx}=\dfrac{\partial u}{\partial z}+\dfrac{\partial\omega}{\partial x},\\[2ex]\varepsilon_{zz}=\dfrac{\partial\omega}{\partial z},\quad \varepsilon_{xy}=\dfrac{\partial v}{\partial x}+\dfrac{\partial u}{\partial y},\end{cases}\tag{2.7.3}$$

其中 $\varepsilon_{xx}, \varepsilon_{yy}, \varepsilon_{zz}$ 是正应变, $\varepsilon_{yz}, \varepsilon_{zx}, \varepsilon_{xy}$ 是剪应变.

在各向同性介质中, 广义胡克定律为

$$\begin{cases}\tau_{xx}=\lambda\theta+2\mu\varepsilon_{xx},\quad \tau_{yz}=\mu\varepsilon_{yz},\\ \tau_{yy}=\lambda\theta+2\mu\varepsilon_{yy},\quad \tau_{zx}=\mu\varepsilon_{zx},\\ \tau_{zz}=\lambda\theta+2\mu\varepsilon_{zz},\quad \tau_{xy}=\mu\varepsilon_{xy},\end{cases}\tag{2.7.4}$$

其中 $\theta=\varepsilon_{xx}+\varepsilon_{yy}+\varepsilon_{zz}$, 而 λ 和 μ 为弹性系数. 于是有

$$\begin{cases}\tau_{xx}=\lambda\theta+2\mu\dfrac{\partial u}{\partial x},\\[2ex]\tau_{xy}=\mu\left(\dfrac{\partial v}{\partial x}+\dfrac{\partial u}{\partial y}\right),\\[2ex]\tau_{xz}=\mu\left(\dfrac{\partial\omega}{\partial x}+\dfrac{\partial u}{\partial z}\right).\end{cases}\tag{2.7.5}$$

对方程组 (2.7.5) 求导得

$$\begin{cases} \dfrac{\partial \tau_{xx}}{\partial x} = \lambda \dfrac{\partial \theta}{\partial x} + 2\mu \dfrac{\partial^2 u}{\partial x^2}, \\ \dfrac{\partial \tau_{xy}}{\partial y} = \mu \dfrac{\partial^2 v}{\partial x \partial y} + \mu \dfrac{\partial^2 u}{\partial y^2}, \\ \dfrac{\partial \tau_{xz}}{\partial z} = \mu \dfrac{\partial^2 \omega}{\partial x \partial z} + \mu \dfrac{\partial^2 u}{\partial z^2}. \end{cases} \tag{2.7.6}$$

将方程组 (2.7.6) 代入方程组 (2.7.2) 得

$$\begin{cases} (\lambda+\mu)\dfrac{\partial \theta}{\partial x} + \mu \nabla^2 u = \rho \dfrac{\partial^2 u}{\partial t^2}, \\ (\lambda+\mu)\dfrac{\partial \theta}{\partial y} + \mu \nabla^2 v = \rho \dfrac{\partial^2 v}{\partial t^2}, \\ (\lambda+\mu)\dfrac{\partial \theta}{\partial z} + \mu \nabla^2 \omega = \rho \dfrac{\partial^2 \omega}{\partial t^2}, \end{cases} \tag{2.7.7}$$

其中 $\nabla^2 = \Delta = \dfrac{\partial^2}{\partial x^2} + \dfrac{\partial^2}{\partial y^2} + \dfrac{\partial^2}{\partial z^2}$ 为拉普拉斯算子.

令 $U = (u, v, \omega)$, $\Theta = \operatorname{div} U = \nabla \cdot U = \dfrac{\partial u}{\partial x} + \dfrac{\partial v}{\partial y} + \dfrac{\partial \omega}{\partial z}$, $\nabla = \left(\dfrac{\partial}{\partial x}, \dfrac{\partial}{\partial y}, \dfrac{\partial}{\partial z}\right)$ 为梯度算子, 则有方程组 (2.7.7) 的向量形式

$$(\lambda+\mu)\nabla(\operatorname{div} U) + \mu \nabla^2 U = \rho U_{tt}. \tag{2.7.8}$$

当散度 $\operatorname{div} U = 0$ 时, 方程组 (2.7.8) 化为

$$U_{tt} = c^2 \nabla^2 U, \tag{2.7.9}$$

其中 $c = \sqrt{\dfrac{\mu}{\rho}}$ 是传播波的波速.

当旋度 $\operatorname{rot} U = 0$ 时, 由恒等式

$$\operatorname{rot}(\operatorname{rot} U) = \nabla(\operatorname{div} U) - \nabla^2 U,$$

有 $\nabla(\operatorname{div} U) = \nabla^2 U$, 于是方程组 (2.7.8) 化为

$$U_{tt} = c^2 \nabla^2 U, \tag{2.7.10}$$

其中传播波的波速为 $c = \sqrt{\dfrac{\lambda + 2\mu}{\rho}}$.

方程 (2.7.9) 和 (2.7.10) 称为三维波动方程. 波动方程在声波、导体中的电振动和杆的扭转振动等问题中是重要的数学模型.

例 2.7.2 (空气动力学方程组) 所谓的空气动力学方程组就是如下的欧拉 (Euler) 方程组:

$$\begin{cases} \dfrac{\partial \rho}{\partial t} + \nabla \cdot (\rho u) = 0, \\ \dfrac{\partial (\rho u)}{\partial t} + \nabla \cdot (\rho u \otimes u + p I_{3\times 3}) = 0, \\ \dfrac{\partial \left(\rho e + \dfrac{1}{2}\rho |u|^2\right)}{\partial t} + \nabla \cdot \left[\left(\rho e + \dfrac{1}{2}\rho |u|^2 + p\right) u\right] = 0, \end{cases} \tag{2.7.11}$$

其中密度函数 $\rho = \rho(x,t)$, 速度向量 $u = \big(u_1(x,t), u_2(x,t), u_3(x,t)\big)$, 压力函数 $p = p(x,t)$, 内能函数 $e = e(x,t)$, 空间变量 $x = (x_1, x_2, x_3)$, 时间变量 $t > 0$, 梯度算子 $\nabla = \left(\dfrac{\partial}{\partial x_1}, \dfrac{\partial}{\partial x_2}, \dfrac{\partial}{\partial x_3}\right)$, $I_{3\times 3}$ 为单位矩阵, 而 ρu 与 u 的张量积为

$$\rho u \otimes u = \begin{pmatrix} \rho u_1 \\ \rho u_2 \\ \rho u_3 \end{pmatrix} \cdot (u_1, u_2, u_3) = \begin{pmatrix} \rho u_1^2 & \rho u_1 u_2 & \rho u_1 u_3 \\ \rho u_2 u_1 & \rho u_2^2 & \rho u_2 u_3 \\ \rho u_3 u_1 & \rho u_3 u_2 & \rho u_3^2 \end{pmatrix}.$$

我们有时也把欧拉方程组写成分量形式

$$\begin{cases} \dfrac{\partial \rho}{\partial t} + \displaystyle\sum_{k=1}^{3} \dfrac{\partial (\rho u_k)}{\partial x_k} = 0, \\ \dfrac{\partial (\rho u_i)}{\partial t} + \displaystyle\sum_{k=1}^{3} \dfrac{\partial (\rho u_i u_k + \delta_{ik} p)}{\partial x_k} = 0, \quad i = 1, 2, 3, \\ \dfrac{\partial \left(\rho e + \dfrac{1}{2}\rho |u|^2\right)}{\partial t} + \displaystyle\sum_{k=1}^{3} \dfrac{\partial \left[\left(\rho e + \dfrac{1}{2}\rho |u|^2 + p\right) u_k\right]}{\partial x_k} = 0. \end{cases} \tag{2.7.12}$$

方程组 (2.7.11) 与 (2.7.12) 显然是两幅优美的数学符号心理学画卷. 在欧拉方程组中有 5 个未知函数是 u_1, u_2, u_3, ρ 和 p, 其中有热力

学关系式 $e=e(\rho,p)$, 而 $\delta_{ik}=\begin{cases}1, & i=k,\\ 0, & i\neq k.\end{cases}$

方程组 (2.7.11) 中第一个方程是质量守恒方程, 第二个方程是动量守恒方程, 而第三个方程是能量守恒方程.

在一些特殊的物理状态下, 欧拉方程组可写成

$$\begin{cases}\rho_t+\nabla\cdot(\rho u)=0,\\ u_t+(u\cdot\nabla)u+\dfrac{1}{\rho}\nabla p=0,\\ S_t+(u\cdot\nabla)S=0,\end{cases}\tag{2.7.13}$$

其中状态方程 $p=p(\rho,S)$, 而 S 是熵 (一种热力学能量), 并且

$$\frac{\mathrm{d}S}{\mathrm{d}t}=\left(\frac{\partial}{\partial t}+u\cdot\nabla\right)S.$$

当熵为常数时, 等熵空气动力学方程组为

$$\begin{cases}\rho_t+\nabla\cdot(\rho u)=0,\\ u_t+(u\cdot\nabla)u+\dfrac{1}{\rho}\nabla p=0,\end{cases}\tag{2.7.14}$$

其中 $p(\rho)=c\rho^{\gamma}$ ($\gamma>1$ 为绝热指数, $c>0$ 为常数).

热力学参数熵 S 可以如下定义:

$$T\mathrm{d}S=\mathrm{d}e-\frac{p}{\rho^2}\mathrm{d}\rho,\tag{2.7.15}$$

其中 T 表示绝热温度.

关于欧拉方程组的更进一步内容可查阅相关的众多数学文献. 在实际问题中, 运用数值分析方法来求解欧拉方程是十分有效的. 相关的半导体偏微分方程模型问题可以参见 [3].

2.8　有限差分方法

本节我们简单介绍一下双曲型方程的差分方法. 有限差分方法的思想是将微分方程中的偏导数用差商替代, 得到有限差分方程, 再通过求解差分方程而得到偏微分方程解的近似值. 有限差分方法是数值偏微分方程理论中的根本方法, 其他的数值解方法也都最终会出现差分格式. 构造出能够收敛 (最好是较快速收敛) 的数值近似解是偏微分方程数值解法的理论基础与应用依据.

考虑求解二维偏微分方程的数值方法时, 在平面上作分别平行于 x 轴和 y 轴的直线族

$$\begin{cases} x = x_i = ih, \\ y = y_j = jh, \quad i, j = 0, \pm 1, \pm 2, \cdots, \pm n, \end{cases} \tag{2.8.1}$$

作成一个正方形网格, 其中已知给定的正数 h 称为步长, 网格的交点称为结点, 简记为 (i, j).

设 $\Omega \subset \mathbb{R}^2$ 是平面上有界区域, $\partial\Omega$ 表示 Ω 的边界. 用一些与边界 $\partial\Omega$ 接近的网格结点连成折线 $\partial\Omega_h$, 把 $\partial\Omega_h$ 所围区域记为 Ω_h, 称 Ω_h 内的结点为内结点, 位于 $\partial\Omega_h$ 上的结点为边界结点.

下面在网格 $\Omega_h \cup \partial\Omega_h$ 上考虑问题: 求各个结点上偏微分方程解的近似值.

在边界结点上取与它最接近的边界点上的边值作为解的近似值, 而在内结点上, 用以下差商代替偏导数:

$$\frac{\partial u}{\partial x} \approx \frac{1}{h}\big[u(x+h, y) - u(x, y)\big],$$

$$\frac{\partial u}{\partial y} \approx \frac{1}{h}\big[u(x, y+h) - u(x, y)\big],$$

$$\frac{\partial^2 u}{\partial x^2} \approx \frac{1}{h^2}\big[u(x+h, y) - 2u(x, y) + u(x-h, y)\big],$$

$$\frac{\partial^2 u}{\partial y^2} \approx \frac{1}{h^2}\big[u(x,y+h)-2u(x,y)+u(x,y-h)\big],$$

$$\frac{\partial^2 u}{\partial x\partial y} \approx \frac{1}{h^2}\big[u(x,y+h)-2u(x,y)+u(x-h,y)\big],$$

注意, $\dfrac{1}{h}[u(x+h,y)-u(x,y)]$ 称为向前差商, 而 $\dfrac{1}{h}[u(x,y)-u(x-h,y)]$ 称为向后差商, 差商 $\dfrac{1}{2h}[u(x+h,y)-u(x-h,y)]$ 称为中心差商. 也可以用向后差商或中心差商代替一阶偏导数.

另外, 对 x 轴与 y 轴也可以分别利用不同的步长 $h>0$, $l>0$, 亦即用直线族

$$\begin{cases} x=x_i=ih, \\ y=y_j=jl, \quad i,j=0,\pm1,\pm2,\cdots,\pm n \end{cases} \tag{2.8.2}$$

作矩形网格.

现在考虑弦振动方程的第一初边值问题

$$\begin{cases} \dfrac{\partial^2 u}{\partial t^2}-a^2\dfrac{\partial^2 u}{\partial x^2}=0, & 0<x<b,\ \ t>0, \\ u(x,0)=\varphi(x), \quad \dfrac{\partial u(x,0)}{\partial t}=\psi(x), & 0<x<b, \\ u(0,t)=\mu_1(t), \quad u(b,t)=\mu_2(t), & t\geqslant 0. \end{cases} \tag{2.8.3}$$

用矩形网格可以列出问题 (2.8.3) 相应的差分方程问题

$$\begin{cases} \dfrac{u_{i,j+1}-2u_{ij}+u_{i,j-1}}{(\Delta t)^2}-a^2\dfrac{u_{i+1,j}-2u_{ij}+u_{i-1,j}}{(\Delta x)^2}=0, & \\ u_{i0}=\varphi(i\Delta x), \quad \dfrac{u_{i1}-u_{i0}}{\Delta t}=\psi(i\Delta x), & i=1,2,\cdots,n-1, \\ u_{0j}=\mu_1(j\Delta t), \quad u_{nj}=\mu_2(j\Delta t), & j=0,1,2,\cdots. \end{cases} \tag{2.8.4}$$

记 $\omega=a\dfrac{\Delta t}{\Delta x}(a>0)$. 利用 u_{02}, u_{n2} 和在第 0 排及第 1 排的已知数值 (初值条件) u_{i0}, u_{i1} 可以计算 u_{i2}, 然后用已知的 u_{i1}, u_{i2} 及 u_{03}, u_{n3}

可以计算 u_{i3}. 如此下去, 类似地可确定一切结点上的值 u_{ij}. 应该指出, $u_{ij}=u(x_i,t_j)$, $x_i=ih$, $t_j=jl$.

当 $\varphi(x)$, $\psi(x)$, $\mu_1(t)$ 和 $\mu_2(t)$ 充分光滑, 且 $\omega\leqslant 1$ 时, 差分方程 (2.8.4) 收敛且稳定, 所以在计算中要取 $\Delta t\leqslant \dfrac{1}{a}\Delta x$.

下面再给出一个关于双曲守恒律方程的差分格式.

考虑一维双曲守恒律方程的初值问题

$$\begin{cases}\dfrac{\partial u}{\partial t}+\dfrac{\partial f(u)}{\partial x}=0, & -\infty<x<+\infty, t>0,\\ u(x,0)=u_0(x), & -\infty<x<+\infty,\end{cases}\tag{2.8.5}$$

其中 u_0 为有界函数, f 是可微函数.

我们要构造初值问题 (2.8.5) 的一个差分格式, 称为拉克斯–弗里德里希斯 (Lax-Friedrichs) 格式.

设 $|u_0(x)|\leqslant M(-\infty<x<+\infty)$. 取空间步长 $\Delta x=v$, 时间步长 $\Delta t=h$, 满足 CFL 条件 (柯朗–弗里德里希斯–卢伊 (Courant-Friedrichs-Lewy) 必要条件)

$$\max_{|u|\leqslant M}|f'(u)|\leqslant 1.\tag{2.8.6}$$

记 $u_i^j=u(ir,jh)$, 考虑差分格式

$$u_i^0=u_0(ir),\tag{2.8.7}$$

$$\frac{u_i^{j+1}-\dfrac{1}{2}(u_{i+1}^j+u_{i-1}^j)}{h}+\frac{f(u_{i+1}^j)-f(u_{i-1}^j)}{2r}=0,\tag{2.8.8}$$

$$j=0,1,2,\cdots,\quad i=0,\pm1,\pm2,\cdots.$$

格式 (2.8.7)—(2.8.8) 是显示格式, 即可以按 $j=0,1,2,\cdots$ 的次序逐步向前求解.

把 (2.8.8) 式改成以下形式:

$$\begin{aligned}u_i^{j+1}&=\frac{1}{2}\big(u_{i+1}^j+u_{i-1}^j\big)-\frac{h}{2r}f'\big(\tilde{u}_i^j\big)\big(u_{i+1}^j-u_{i-1}^j\big)\\&=\left(\frac{1}{2}-\frac{h}{2r}f'\big(\tilde{u}_i^j\big)\right)u_{i+1}^j+\left(\frac{1}{2}+\frac{h}{2r}f'\big(\tilde{u}_i^j\big)\right)u_{i-1}^j,\end{aligned}\tag{2.8.9}$$

其中 $\tilde{u}_i^j$ 是 u_{i-1}^j 与 u_{i+1}^j 之间的某一个数值.

由 (2.8.6) 式知

$$|u_i^j| \leqslant M. \tag{2.8.10}$$

拉克斯–弗里德里希斯格式可以用来证明双曲守恒律方程 (2.8.5) 的解的存在性. 这是数值解之外的一个理论性作用.

第三章　抛物型方程

3.1 物理来源、边值问题的提法与简化

1. 热传导方程

一块含有热量的物体, 它每一点的温度是点的坐标 (x,y,z) 及时间 t 的函数, 记作

$$u=u(x,y,z,t).$$

如果物体内每一点的温度不全是一样的, 那么, 温度高的地方的热量就要向温度低的地方流动, 这种现象就是热的传导.

现在我们来推导物体的温度 $u=u(x,y,z,t)$ 所满足的微分方程.

假定物体本身有产生热量的源, 叫做热源. 热源的强度可以用热源密度来表示, 在点 (x,y,z) 的热源密度 $f(x,y,z,t)$ 就是在点 (x,y,z) 的单位体积内单位时间所产生的热量.

含有热量的物体所占的空间叫做热场, 现在我们考虑热场中的任意一个区域 V. 在 t 到 $t+\mathrm{d}t$ 这段时间间隔内, 区域 V 所增加的热量等于自 V 外面流进的热量与区域 V 本身 (假设有热源) 所产生的热量之和. 下面我们来计算这些热量.

区域 V 中体元素 $\mathrm{d}V$ 所增加的热量 $\mathrm{d}Q$ 正比于体元素 $\mathrm{d}V$ 的质量 $\rho\mathrm{d}V$ 及温度的改变 $\mathrm{d}u$:

$$\mathrm{d}Q=c\rho\mathrm{d}V\mathrm{d}u=c\rho\frac{\partial u}{\partial t}\mathrm{d}t\mathrm{d}V,$$

其中 $\rho=\rho(x,y,z)$ 是物体的密度, $c=c(x,y,z)$ 是比例系数, 叫做物体的比热容. 在上述关系式中, 我们还利用了等式

$$\mathrm{d}u=\frac{\partial u}{\partial t}\mathrm{d}t,$$

所以, 区域 V 所增加的热量是

$$Q=\mathrm{d}t\iiint\limits_V c\rho\frac{\partial u}{\partial t}\mathrm{d}V.$$

再计算自区域 V 外流进区域 V 的热量. 设包围区域 V 的闭曲面是

S, 在时间间隔 t 到 $t+\mathrm{d}t$ 内, 经过曲面 S 上的面积元素 $\mathrm{d}S$ 流向 $-n$ 侧的热量 $\mathrm{d}Q$, 正比于面积元素 $\mathrm{d}S$, 时间 $\mathrm{d}t$ 及温度梯度 $\dfrac{\partial u}{\partial n}$:

$$\mathrm{d}Q_1 = k\mathrm{d}S\mathrm{d}t\frac{\partial u}{\partial n},$$

其中 n 是闭曲面 S 的外法线单位向量, $-n$ 是闭曲面 S 的内法线单位向量, $k=k(x,y,z)$ 是比例系数, 叫做物体的热传导系数.

于是, 自区域 V 外经闭曲面 S 流向区域 V 内的热量为

$$Q_1 = \mathrm{d}t\iint\limits_S k\frac{\partial u}{\partial n}\mathrm{d}S.$$

由区域 V 内物体本身的热源所产生的热量可以这样计算: 在时间间隔 t 到 $t+\mathrm{d}t$ 内, 体元素 $\mathrm{d}V$ 由热源产生的热量为

$$\mathrm{d}Q_2 = \mathrm{d}tf(x,y,z,t)\mathrm{d}V,$$

整个区域 V 由热源产生的热量为

$$Q_2 = \mathrm{d}t\iiint\limits_V f(x,y,z,t)\mathrm{d}V.$$

区域 V 所增加的热量 Q 应该等于流入的热量 Q_1 与自己产生的热量 Q_2 之和

$$Q = Q_1 + Q_2,$$

即

$$\mathrm{d}t\iint\limits_S k\frac{\partial u}{\partial n}\mathrm{d}S + \mathrm{d}t\iiint\limits_V f(x,y,z,t)\mathrm{d}V = \mathrm{d}t\iiint\limits_V c\rho\frac{\partial u}{\partial t}\mathrm{d}V,$$

消去 $\mathrm{d}t$, 得

$$\iint\limits_S k\frac{\partial u}{\partial n}\mathrm{d}S + \iiint\limits_V f\mathrm{d}V = \iiint\limits_V c\rho\frac{\partial u}{\partial t}\mathrm{d}V,$$

这就是物体的温度 $u=u(x,y,z,t)$ 所满足的方程.

这个方程可以化成微分方程, 为了在等式两边有可能消去积分的符号, 把等式中左端的第一个积分化为三重积分.

由奥–高公式

$$\iint\limits_S \operatorname{grad}_n \varphi \mathrm{d}S = \iiint\limits_V \operatorname{div}\operatorname{grad}\varphi \mathrm{d}V,$$

则

$$\begin{aligned}\iint\limits_S k\frac{\partial u}{\partial n}\mathrm{d}S &= \iint\limits_S k\operatorname{grad}_n u\mathrm{d}S = \iint\limits_S (k\operatorname{grad} u)_n\mathrm{d}S\\ &= \iiint\limits_V \operatorname{div}(k\operatorname{grad} u)\mathrm{d}V,\end{aligned}$$

于是方程变成

$$\iiint\limits_V c\rho\frac{\partial u}{\partial t}\mathrm{d}V = \iiint\limits_V \operatorname{div}(k\operatorname{grad} u)\mathrm{d}V + \iiint\limits_V f\mathrm{d}V,$$

由于区域 V 是热场中任意一个区域, 所以等式两边的被积函数必定相等:

$$c\rho\frac{\partial u}{\partial t} = \operatorname{div}(k\operatorname{grad} u) + f(x,y,z,t), \tag{3.1.1}$$

这个方程叫做热传导方程.

设物体的密度 ρ, 比热容 c_1, 热传导系数 k 都是常数, 则等式 (3.1.1) 右端第一项中的 k 可以取出微分算符 div, 于是得到

$$\frac{\partial u}{\partial t} = \frac{k}{c\rho}\operatorname{div}\operatorname{grad} u + \frac{f}{c\rho},$$

简记作

$$\frac{\partial u}{\partial t} = a^2\Delta u + F(x,y,z,t),$$

其中引入了记号

$$a^2 = \frac{k}{c\rho},\quad F = \frac{f}{c\rho},$$

a^2 是一个常数, 叫做物体的温度传导系数.

如果物体的温度及热源密度只依赖于一个几何变量 x, 那么方程变成

$$\frac{\partial u}{\partial t} = a^2\frac{\partial^2 u}{\partial x^2} + F(x,t),$$

叫做一维热传导方程.

一维热传导方程的物理意义:

(1) 均匀细杆中的热传导

我们考虑一根很细的均匀杆, 杆的侧面是绝热的, 由于杆很细, 杆上一个断面上的温度可以近似看作是相同的. 杆的两端固定在 $x = 0$ 及 $x = l$ 处, 那么所考虑的温度就是坐标 x 与时间 t 的函数

$$u = u(x,t), \quad 0 < x < l,$$

这样就得到了一维热传导方程.

(2) 无穷大平板中的热传导

当我们考虑一块很大的平板在离平板边缘较远处热传导的规律时, 由于平板很大, 边缘对平板中间部分影响较小, 我们可以把平板近似看作是无穷大的.

设平板的厚度是 l, 最初的温度是 u_1, 两壁的温度等于周围介质的温度 u_0, u_1 与 u_0 都是常数.

由于平板的最初温度及两壁的温度都是常数, 平板无限伸展, 选取坐标系, 使热传导只在 x 轴方向进行, 平板沿 y 轴和 z 轴方向无限伸展, 那么所考虑的温度就是坐标 x 与时间 t 的函数

$$u = u(x,t), \quad 0 < x < l,$$

这样, 就同样得到了一维热传导方程.

2. 扩散方程

如果在一个容器中不均匀地充满着某种气体 (或在液体中有某种溶质, 比如盐在水中溶解), 那么, 气体的分子必然要由稠密的地方向稀薄的地方移动, 这种现象叫做扩散现象.

假设在容器中有气体流, 气体的浓度是

$$u = u(x,y,z,t),$$

那么, 可以得到浓度所满足的微分方程

$$\frac{\partial u}{\partial t}=\operatorname{div}(D\operatorname{grad}u),$$

其中 $D=D(x,y,z)$ 叫做气体的扩散系数, 这个方程叫做扩散方程.

若扩散系数是常数, 则方程可以写成

$$\frac{\partial u}{\partial t}=D\operatorname{div}\operatorname{grad}u,$$

即

$$\frac{\partial u}{\partial t}=D\Delta u,$$

这个方程与热传导方程有统一的形式.

3. 年龄方程

与热传导方程及气体的扩散方程类似的, 是原子核反应堆理论中的年龄方程. 在原子核反应堆的铀棒里, 铀核分裂以后, 放出速度很高的中子, 由于速度很高, 就有许多穿出铀棒, 这些中子经过铀棒周围的减速剂(石墨或水), 速度很快降低. 而在减速剂中并不发生核分裂反应, 这些速度降低的中子, 经过一段时间以后, 穿过减速剂被另外的铀棒所吸收, 其中大部分被可分裂的原子核吸收, 使得原子核分裂, 放出第二代中子, 如此下去, 就建立了链式反应. 为了研究原子核反应堆的性质, 必须要研究中子在减速剂中的运动, 在若干简化的情形下, 可以列出中子在减速剂中的运动方程为

$$\frac{\partial q}{\partial \tau}-\frac{\partial^2 q}{\partial x^2}=T(x,\tau),$$

这个方程叫做年龄方程, 其中 $q=q(x,\tau)$ 叫做中子的减速密度, τ 叫做中子年龄, 方程的自由项 $T(x,\tau)$ 表示中子流.

以下我们在研究一维热传导方程时, 为了明确起见, 都把问题看作一根细杆的热传导, 这并不失去一般性, 因为正如前面三节所指出的, 它同样可以表示其他的许多物理过程.

4. 边值问题的提法

按照热传导方程的物理意义, 其边值条件可以分成下面三种类型, 为简单计, 我们以下只考虑均匀细杆的一维热传导方程, 二维或三维情形是类似的.

边值条件的类型:

(1) 第一类边值条件. 给定杆端的温度是时间 t 的函数, 例如在 $x=0$ 这一端, 给出温度变化的规律

$$u(0,t)=\mu(t).$$

(2) 第二类边值条件. 给定杆端温度对 x 的导数是时间 t 的函数, 如在 $x=l$ 这一端给出

$$\frac{\partial u}{\partial x}(l,t)=\gamma(t).$$

第二类边值条件的物理意义: 如果给定在 $x=l$ 端单位时间内通过的热量

$$Q(l,t)=-k\frac{\partial u}{\partial x}(l,t),$$

也就是给出了在 $x=l$ 端的温度的导数

$$\frac{\partial u}{\partial x}(l,t)=-\frac{Q(l,t)}{k},$$

其中 $-\dfrac{Q(l,t)}{k}=\gamma(t)$.

(3) 第三类边值条件. 给出杆端温度导数与温度的线性关系

$$\frac{\partial u}{\partial x}(l,t)=-\lambda\big[u(l,t)-\theta(t)\big].$$

第三类边值条件的物理意义: 设 $\theta=\theta(t)$ 是杆周围的介质的温度, 可以用如下方法给出在 $x=l$ 处杆与介质的热交换规律.

按照牛顿冷却定律: 单位时间经过杆的热量 Q 正比于杆端的温度与介质的温度之差

$$Q = h\big[u(l,t) - \theta(t)\big],$$

其中 h 是比例系数, 叫做冷却系数.

另一方面, 这个热量又等于

$$Q = -k\frac{\partial u}{\partial x}(l,t).$$

这样, 给出在 $x = l$ 端的热交换规律就是给出在杆端的温度导数与温度的线性关系

$$\frac{\partial u}{\partial x}(l,t) = -\lambda\big[u(l,t) - \theta(t)\big],$$

其中 $\lambda = \dfrac{h}{k}$ 叫做杆的热交换系数.

应该注意, 在杆端 $x = 0$ 的第三类边值条件是

$$\frac{\partial u}{\partial x}(0,t) = \lambda\big[u(0,t) - \theta(t)\big].$$

在同一杆的两端, 按照物理问题的要求可以给出不同类型的边值条件.

5. 第一类边值问题解的唯一性与稳定性

先从热传导方程解的性质开始研究.

定理 3.1.1 (最大值原理) 如果函数 $u=u(x,t)$ 在闭区域 $0\leqslant t\leqslant T$, $0 \leqslant x \leqslant l$ 上连续, 且在区域 $0 < t \leqslant T$, $0 < x < l$ 内满足热传导方程

$$u_t = a^2 u_{xx},$$

那么函数 $u = u(x,t)$ 必在初始时刻 $t = 0$, 或边界点 $x = 0$ 或边界点 $x = l$ 达到最大值及最小值.

物理意义: 杆内每一点的温度介于初始温度与边界上的温度的最大值与最小值之间.

这个定理我们不给以证明.

定理 3.1.2 (唯一性定理) 设两个函数 $u_1 = u_1(x,t)$ 及 $u_2 = u_2(x,t)$ 都是第一边值问题

$$\begin{cases} u_t = a^2 u_{xx} + F(x,t), \quad 0 < x < l, t > 0, \\ u(0,t) = \mu_1(t), \quad u(l,t) = \mu_2(t), \\ u(x,0) = \varphi(x) \end{cases}$$

的解, 那么, 必有 $u_1(x,t) = u_2(x,t)$.

证明 研究函数 $v(x,t) = u_1(x,t) - u_2(x,t)$, 它是第一类边值问题

$$\begin{cases} v_t = a^2 v_{xx}, \\ v(0,t) = 0, \quad v(l,t) = 0, \\ v(x,0) = 0 \end{cases}$$

的连续解, 按照最大值原理, 对任何 x, t 都有

$$v(x,t) = 0,$$

这就说明了 $u_1(x,t) = u_2(x,t)$.

定理 3.1.3 (稳定性定理) 设函数 $u_1(x,t)$ 是问题

$$\begin{cases} u_t = a^2 u_{xx} + f(x,t), \quad 0 < x < l, t > 0, \\ u(0,t) = \mu_1(t), \quad u(l,t) = \mu_2(t), \\ u(x,0) = \varphi(x) \end{cases}$$

的解, 函数 $u_2(x,t)$ 是问题

$$\begin{cases} u_t = a^2 u_{xx} + f(x,t), \quad 0 < x < l, t > 0, \\ u(0,t) = \mu_1^*(t), \quad u(l,t) = \mu_2^*(t), \\ u(x,0) = \varphi^*(x) \end{cases}$$

的解, 其中

$$|\varphi(x) - \varphi^*(x)| \leqslant \varepsilon, \quad |\mu_1(t) - \mu_1^*(t)| \leqslant \varepsilon, \quad |\mu_2(t) - \mu_2^*(t)| \leqslant \varepsilon,$$

则对任意的 x, t, 其中 $0 \leqslant x \leqslant l$, $0 \leqslant t \leqslant T$, 都有

$$|u_1(x,t) - u_2(x,t)| \leqslant \varepsilon.$$

证明 研究函数 $v(x,t) = u_1(x,t) - u_2(x,t)$, 它是问题

$$\begin{cases} v_t = a^2 v_{xx}, \quad 0 < x < l, t > 0, \\ v(0,t) = \bar{\mu}_1(t) = \mu_1(t) - \mu_1^*(t), \\ v(l,t) = \bar{\mu}_2(t) = \mu_2(t) - \mu_2^*(t), \\ v(x,0) = \bar{\varphi}(x) = \varphi(x) - \varphi^*(x) \end{cases}$$

的解, 其中

$$|\bar{\mu}_1(t)| \leqslant \varepsilon, \quad |\bar{\mu}_2(t)| \leqslant \varepsilon, \quad |\bar{\varphi}(x)| \leqslant \varepsilon,$$

按照最大值原理, 对任何 x, t 都有

$$|v(x,t)| \leqslant \varepsilon,$$

也就是

$$|u_1(x,t) - u_2(x,t)| \leqslant \varepsilon.$$

这个定理说明, 热传导方程的第一边值问题的解连续依赖于初值条件与边值条件, 也就是, 初值条件与边值条件的微小变动只能引起解的微小变动.

6. 边值问题的简化

考虑第一边值问题

$$\begin{cases} u_t = a^2 u_{xx} + f(x,t), \quad 0 < x < l, t > 0, \\ u(0,t) = \mu_1(t), \quad u(l,t) = \mu_2(t), \\ u(x,0) = \varphi(x). \end{cases} \tag{3.1.2}$$

用下述代换, 可使问题 (3.1.2) 简化.

令

$$u(x,t) = v(x,t) + \phi(x,t),$$

其中

$$\phi(x,t) = \mu_1(t) + \frac{x}{l}\big[\mu_2(t) - \mu_1(t)\big],$$

则 $v(x,t)$ 是定解问题

$$
\begin{cases}
v_t = a^2 v_{xx} + f_1(x,t), \quad 0 < x < l,\ t > 0, \\
v(0,t) = v(l,t) = 0, \\
v(x,0) = \varphi_1(x)
\end{cases} \tag{3.1.3}
$$

的解, 其中

$$
f_1(x,t) = f(x,t) - \phi_t + a^2\phi_{xx},
$$
$$
\varphi_1(x) = \varphi(x) - \phi(x,0).
$$

为了简化问题 (3.1.3), 我们令

$$
v(x,t) = \bar{v}(x,t) + \omega(x,t),
$$

其中 $\bar{v}(x,t)$ 及 $\omega(x,t)$ 分别是定解问题

$$
\begin{cases}
\bar{v}_t = a^2 \bar{v}_{xx} + f_1(x,t), \quad 0 < x < l, t > 0, \\
\bar{v}(0,t) = \bar{v}(l,t) = 0, \\
\bar{v}(x,0) = 0
\end{cases} \tag{3.1.4}
$$

及

$$
\begin{cases}
\omega_t = a^2 \omega_{xx}, \quad 0 < x < l, t > 0, \\
\omega(0,t) = \omega(l,t) = 0, \\
\omega(x,0) = \varphi_1(x)
\end{cases} \tag{3.1.5}
$$

的解. 所以, 一般的第一边值问题可用代换化成齐次边值条件齐次初值条件的非齐次方程定解问题 (3.1.4) 及齐次边值条件齐次方程定解问题 (3.1.5). 齐次边值条件又叫零边值条件.

以下我们只研究形如 (3.1.4) 及 (3.1.5) 的定解问题的求解, 因为由这两个边值问题的解可以得到一般的第一边值问题的解, 以后我们还会看到, 利用点源函数的概念, 可以由定解问题 (3.1.5) 的解作出问题 (3.1.4) 的解. 所以, 以下我们首先着重研究问题 (3.1.5) 的求解.

3.2 傅里叶方法

1. 有限长线段上的热传导

现在我们用傅里叶方法求解有限长区间 $0<x<l$ 上的定解问题

$$\begin{cases} u_t = a^2 u_{xx}, \quad 0<x<l, t>0, \\ u(0,t)=0, \quad u(l,t)=0, \\ u(x,0)=\varphi(x). \end{cases} \tag{3.2.1}$$

和第二章中解有限长区间上的弦振动方程的定解问题所用的方法一样, 先求下列辅助问题的解.

辅助问题: 求方程

$$u_t = a^2 u_{xx}$$

的形如 $u(x,t)=X(x)T(t)$ 的非零解, 满足齐次边值条件 $u(0,t)=0$ 及 $u(l,t)=0$.

辅助问题的解是

$$u_n(x,t)=X_n(x)T_n(t)=\mathrm{e}^{-a^2\left(\frac{n\pi}{l}\right)^2 t}\sin\frac{n\pi}{l}x.$$

把辅助问题的解叠加起来, 再令它满足初值条件, 就得到定解问题 (3.2.1) 的解为

$$u(x,t)=\sum_{n=1}^{\infty} c_n \mathrm{e}^{-a^2\left(\frac{n\pi}{l}\right)^2 t}\sin\frac{n\pi}{l}x, \tag{3.2.2}$$

其中系数

$$c_n=\frac{2}{l}\int_0^l \varphi(\xi)\sin\frac{n\pi}{l}\xi\mathrm{d}\xi.$$

我们在求系数 c_n 时, 利用了固有函数族 $\{X_n(x)\}=\left\{\sin\frac{n\pi}{l}x\right\}$:

$$\sin\frac{\pi}{l}x, \sin\frac{2\pi}{l}x, \cdots, \sin\frac{n\pi}{l}x, \cdots$$

在区间 $0<x<l$ 上的正交性, 同时还利用了函数展开为正弦傅里叶级

数的一致收敛性, 而这些性质都是在傅里叶级数的理论中已经证明了的.

对于第二类与第三类边值条件的定解问题, 用傅里叶方法求解时, 必须要研究所得到的固有函数族的正交性及函数按固有函数族展开为级数的问题, 这比第一类边值条件的定解问题要复杂得多, 我们用下面的例子来说明这个问题.

设有限长杆 $0 < x < l$ 的一端 $x = 0$ 处, 温度永远是零, 在另一端 $x = l$ 处, 杆的热量发散到周围温度是零的介质中去, 已知热交换的规律是

$$\frac{\partial u}{\partial x}(l,t) + hu(l,t) = 0,$$

其中 h 是已知的常数. 假定杆上没有热源, 于是我们考虑定解问题

$$\begin{cases} u_t = a^2 u_{xx}, \quad 0 < x < l, t > 0, \\ u(0,t) = 0, \quad \dfrac{\partial u}{\partial x}(l,t) + hu(l,t) = 0, \\ u(x,0) = \varphi(x). \end{cases} \tag{3.2.3}$$

辅助问题: 求方程的形如 $u(x,t) = X(x)T(t)$ 的非零解, 满足边值条件

$$u(0,t) = 0 \quad 及 \quad \frac{\partial u}{\partial x}(l,t) + hu(l,t) = 0. \tag{3.2.4}$$

将 $u(x,t) = X(x)T(t)$ 代入方程, 求出形式为 $u(x,t) = X(x)T(t)$ 的解为

$$u(x,t) = X(x)T(t) = \mathrm{e}^{-\lambda^2 a^2 t}\big(A\cos\lambda x + B\sin\lambda x\big),$$

这个解还必须满足边值条件 (3.2.4), 为此, 代入边值条件得到

$$A = 0$$

及

$$X'(l) + hX(l) = 0,$$

即

$$\lambda\cos\lambda l + h\sin\lambda l = 0. \tag{3.2.5}$$

方程 (3.2.5) 可以写作

$$\tan v = av, \tag{3.2.6}$$

其中 $v = \lambda l$, $a = -\dfrac{1}{hl}$, 方程 (3.2.6) 的解可以看作曲线 $y = \tan v$ 与直线 $y = av$ 的交点的横坐标. 这两个函数的图形如图 3.1 所示.

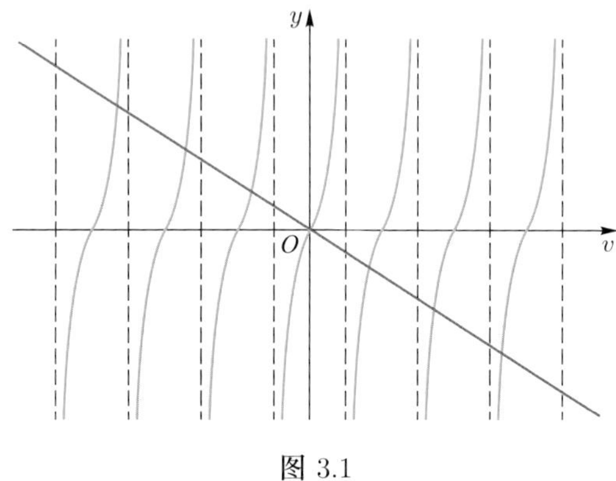

图 3.1

由图 3.1 可以看出, 交点有无穷多个, 于是方程 (3.2.6) 有无穷多个解, 由这些解可以确定固有值 λ. 设方程 (3.2.6) 的无穷多个正解是

$$v_1, v_2, v_3, \cdots, v_n, \cdots,$$

于是得到无穷多个固有值

$$\lambda_1 = \frac{v_1}{l}, \lambda_2 = \frac{v_2}{l}, \cdots, \lambda_n = \frac{v_n}{l}, \cdots,$$

那么辅助问题的解是

$$u_n(x,t) = X_n(x)T_n(t) = \mathrm{e}^{-\lambda_n^2 a^2 t} \sin \lambda_n x.$$

为了得到问题 (3.2.3) 的解, 我们必须研究固有函数族

$$\{X_n(x)\} = \{\sin \lambda_n x\} \tag{3.2.7}$$

的性质, 可以证明下面两个事实:

(1) 固有函数族 (3.2.7) 在区间 $0 < x < l$ 上是正交的, 即

$$\int_0^l X_n(x)X_m(x)\mathrm{d}x = 0, \quad n \neq m.$$

(2) 在对函数 $\varphi(x)$ 作了一些假定以后, 函数 $\varphi(x)$ 在区间 $0<x<l$ 上可以按照固有函数族 $\{X_n(x)\}$ 展开成一致收敛的广义傅里叶级数

$$\varphi(x)=\sum_{n=1}^{\infty}c_nX_n(x),$$

其中系数

$$c_n=\frac{\displaystyle\int_0^l\varphi(x)X_n(x)\mathrm{d}x}{\displaystyle\int_0^l X_n^2(x)\mathrm{d}x}.$$

有了这两个性质以后, 我们就可以求出问题 (3.2.3) 的解. 为此, 我们把辅助问题的解叠加起来:

$$u(x,t)=\sum_{n=1}^{\infty}c_nX_n(x)T_n(t)=\sum_{n=1}^{\infty}c_n\mathrm{e}^{-\lambda_n^2a^2t}\sin\lambda_nx. \tag{3.2.8}$$

函数 (3.2.8) 是满足微分方程及边值条件 (3.2.4) 的, 为了使它满足初值条件 $u(x,0)=\varphi(x)$, 在 (3.2.8) 式中令 $t=0$,

$$u(x,0)=\sum_{n=1}^{\infty}c_n\sin\lambda_nx=\varphi(x),$$

于是, 级数 (3.2.8) 的系数 c_n 就是

$$c_n=\frac{\displaystyle\int_0^l\varphi(x)\sin\lambda_nx\mathrm{d}x}{\displaystyle\int_0^l\sin^2\lambda_nx\mathrm{d}x}. \tag{3.2.9}$$

所以系数为 (3.2.9) 的级数 (3.2.8) 的和函数就是问题 (3.2.3) 的解.

2. 无穷长直线上的热传导

设杆很长, 我们研究的是杆的中部的热传导规律. 杆的两端对杆的中部的影响很小, 忽略不计, 这样, 我们就近似地把杆看作是无穷长的. 无穷长杆的热传导化为定解问题

$$\begin{cases} u_t = a^2 u_{xx}, & -\infty < x < +\infty, t > 0, \\ u(x,0) = \varphi(x). \end{cases} \tag{3.2.10}$$

这个问题没有边值条件, 叫做柯西问题. 应该注意, 只有对无穷长直线才能提柯西问题.

问题 (3.2.10) 可用傅里叶方法求解. 为此, 我们先求方程的形式为

$$u(x,t) = X(x)T(t)$$

的非零解. 代入方程, 并分离变量得

$$\frac{1}{a^2}\frac{T'}{T} = \frac{X''}{X}. \tag{3.2.11}$$

(3.2.11) 式的左右两端分别只依赖于一个变量 t 及 x, 所以 (3.2.11) 式必然等于一个常数 $-\lambda$,

$$\frac{1}{a^2}\frac{T'}{T} = \frac{X''}{X} = -\lambda.$$

这样一来, $T(t)$ 及 $X(x)$ 分别满足方程

$$T' + a^2\lambda T = 0 \tag{3.2.12}$$

及

$$X'' + \lambda X = 0. \tag{3.2.13}$$

当 $\lambda = 0$ 时, 方程 (3.2.12) 有解

$$T(t) = C.$$

当 $\lambda < 0$ 时, 方程 (3.2.12) 有解

$$T(t) = C\mathrm{e}^{a^2\alpha^2 t},$$

其中 $\lambda = -\alpha^2 < 0$. 为了使 $t \to \infty$ 时, $T(t)$ 有界, 必须取 $C = 0$. 于是, 当 $\lambda < 0$ 时, 方程 (3.2.12) 没有非零解.

当 $\lambda > 0$ 时, 记 $\lambda = \alpha^2$, 则方程 (3.2.12) 有解

$$T_\alpha(t) = C\mathrm{e}^{-a^2\alpha^2 t},$$

方程 (3.2.13) 有解

$$X_\alpha(x) = C_1 \cos\alpha x + C_2 \sin\alpha x,$$

其中 C, C_1, C_2 都是参数 α 的任意函数.

于是, 我们得到方程

$$u_t = a^2 u_{xx} \tag{3.2.14}$$

的如下形式的非零解:

$$u_\alpha(x,t) = X_\alpha(x)T_\alpha(t) = \big(A(\alpha)\cos\alpha x + B(\alpha)\sin\alpha x\big)\mathrm{e}^{-a^2\alpha^2 t}.$$

这种形式的解一般不满足初值条件. 为了作出满足初值条件的解, 我们把解 $u_\alpha(x,t)$ 按照 α 叠加起来

$$\begin{aligned} u(x,t) &= \int_0^\infty u_\alpha(x,t)\mathrm{d}\alpha \\ &= \int_0^\infty \big(A(\alpha)\cos\alpha x + B(\alpha)\sin\alpha x\big)\mathrm{e}^{-a^2\alpha^2 t}\mathrm{d}\alpha. \end{aligned} \tag{3.2.15}$$

由于方程 (3.2.14) 是一个线性齐次的微分方程, 所以利用积分号下求导的方法可以证明函数 $u(x,t)$ 仍是方程 (3.2.14) 的解.

为了使函数 (3.2.15) 满足初值条件, 以 $t=0$ 代入,

$$u(x,0) = \int_0^\infty \big(A(\alpha)\cos\alpha x + B(\alpha)\sin\alpha x\big)\mathrm{d}\alpha = \varphi(x), \quad -\infty < x < +\infty.$$

所以, 必须取 $A(\alpha)$ 与 $B(\alpha)$ 为函数 $\varphi(x)$ 的傅里叶积分的系数, 即

$$A(\alpha) = \frac{1}{\pi}\int_{-\infty}^{\infty} \varphi(\xi)\cos\alpha\xi\mathrm{d}\xi,$$

$$B(\alpha) = \frac{1}{\pi}\int_{-\infty}^{\infty} \varphi(\xi)\sin\alpha\xi\mathrm{d}\xi.$$

以 $A(\alpha), B(\alpha)$ 的表达式代入解 (3.2.15) 中, 就得问题 (3.2.10) 的解

$$\begin{aligned} u(x,t) = \frac{1}{\pi}\int_0^\infty \bigg(&\int_{-\infty}^{\infty} \varphi(\xi)\cos\alpha\xi\mathrm{d}\xi\cos\alpha x + \\ &\int_{-\infty}^{\infty} \varphi(\xi)\sin\alpha\xi\mathrm{d}\xi\sin\alpha x\bigg)\mathrm{e}^{-a^2\alpha^2 t}\mathrm{d}\alpha. \end{aligned}$$

等式右端可以化为比较简单的形式, 为此, 把等式右端写成

$$u(x,t)=\frac{1}{\pi}\int_0^{\infty}\left(\int_{-\infty}^{\infty}\varphi(\xi)\cos\alpha(\xi-x)\mathrm{d}\xi\right)\mathrm{e}^{-a^2\alpha^2t}\mathrm{d}\alpha.$$

再交换积分次序, 即先对 α 积分后对 ξ 积分, 则

$$u(x,t)=\frac{1}{\pi}\int_{-\infty}^{\infty}\left(\int_0^{\infty}\mathrm{e}^{-a^2\alpha^2t}\cos\alpha(\xi-x)\mathrm{d}\alpha\right)\varphi(\xi)\mathrm{d}\xi. \qquad (3.2.16)$$

现在, 我们来计算等式 (3.2.16) 中括弧内的积分. 为此, 我们引进下面的辅助定理.

定理 3.2.1 (辅助定理) $I(\beta)=\int_0^{\infty}\mathrm{e}^{-A\alpha^2}\cos\alpha\beta\mathrm{d}\alpha=\frac{\sqrt{\pi}}{2\sqrt{A}}\mathrm{e}^{-\frac{B^2}{4A}}$, 其中 $A>0$ 是常数.

证明 先求函数 $I(\beta)$ 所满足的微分方程. 由

$$I'(\beta)=-\int_0^{\infty}\alpha\mathrm{e}^{-A\alpha^2}\sin\alpha\beta\mathrm{d}\alpha.$$

右边的积分利用分部积分法可以写成

$$\begin{aligned}I'(\beta)&=\frac{1}{2A}\mathrm{e}^{-A\alpha^2}\sin\alpha\beta\Big|_0^{\infty}-\frac{1}{2A}\int_0^{\infty}\mathrm{e}^{-A\alpha^2}\beta\cos\alpha\beta\mathrm{d}\alpha\\&=-\frac{\beta}{2A}\int_0^{\infty}\mathrm{e}^{-A\alpha^2}\cos\alpha\beta\mathrm{d}\alpha\\&=-\frac{\beta}{2A}I(\beta).\end{aligned}$$

这就是函数 $I(\beta)$ 所满足的微分方程, 再求这个微分方程的初值条件. 以 $t=0$ 代入函数 $I(\beta)$ 的表达式中, 得

$$I(0)=\int_0^{\infty}\mathrm{e}^{-A\alpha^2}\mathrm{d}\alpha=\frac{1}{\sqrt{A}}\int_0^{\infty}\mathrm{e}^{-\eta^2}\mathrm{d}\eta=\frac{1}{\sqrt{A}}\frac{\sqrt{\pi}}{2},$$

其中利用了积分的变量替换 $A\alpha^2=\eta^2$ 及泊松积分

$$\int_0^{\infty}\mathrm{e}^{-\eta^2}\mathrm{d}\eta=\frac{\sqrt{\pi}}{2}.$$

我们可以求出常微分方程的定解问题

$$\begin{cases} I'(\beta) = -\dfrac{\beta}{2A}I(\beta), \\ I(0) = \dfrac{1}{2}\dfrac{\sqrt{\pi}}{\sqrt{A}} \end{cases} \tag{3.2.17}$$

的解为

$$I(\beta) = \frac{\sqrt{\pi}}{2\sqrt{A}}\mathrm{e}^{-\frac{\beta^2}{4A}}. \tag{3.2.18}$$

而按照常微分方程的理论知道, 问题 (3.2.17) 的解是唯一的, 所以 (3.2.18) 式就是所求积分的值.

利用辅助定理, 令 $A = a^2t$, $\beta = \xi - x$, 则

$$\int_0^{\infty} \mathrm{e}^{-a^2\alpha^2 t}\cos\alpha(\xi - x)\mathrm{d}\alpha = \frac{\sqrt{\pi}}{2a\sqrt{t}}\mathrm{e}^{-\frac{(\xi-x)^2}{4a^2t}},$$

代入公式 (3.2.16) 中, 得到问题 (3.2.10) 的解可以写成下面简单的形式:

$$u(x,t) = \frac{1}{2a\sqrt{\pi t}}\int_{-\infty}^{\infty}\varphi(\xi)\mathrm{e}^{-\frac{(\xi-x)^2}{4a^2t}}\mathrm{d}\xi. \tag{3.2.19}$$

3. 半无穷长直线上的热传导

设我们考虑的杆很长, 现在要研究的是一端附近的热传导. 杆的另一端的温度变化对这一端的影响很小, 忽略不计, 这样, 我们就近似地把杆看作是半无穷长的. 假定在杆的一端 $x = 0$ 所给定的边值条件是温度永远等于零, 这时半无穷长杆的热传导化为定解问题

$$\begin{cases} u_t = a^2u_{xx}, \quad 0 < x < +\infty, t > 0, \\ u(0,t) = 0, \\ u(x,0) = \varphi(x), \end{cases} \tag{3.2.20}$$

其中, 函数 $\varphi(x)$ 满足 $\varphi(0) = 0$.

我们所研究的半无穷长区间 $0 < x < +\infty$ 的情形, 可以利用延拓法化为在前面已经研究过的无穷长区间 $-\infty < x < +\infty$ 的情形, 这样就不必从头求解, 而只要利用已有的公式就行了.

首先, 我们把函数 $\varphi(x)$ 自区间 $0 < x < +\infty$ 延拓到区间 $-\infty < x < 0$ 上去, 为了使得延拓后得到的无穷长区间 $-\infty < x < +\infty$ 上的热传导规律保持在半无穷长区间 $0 < x < +\infty$ 上由定解问题 (3.2.20) 所确定的热传导规律, 我们必须对函数 $\varphi(x)$ 在区间 $-\infty < x < 0$ 上作奇延拓 (为什么作奇延拓, 希望读者思考).

作函数

$$\Phi(x)=\begin{cases}\varphi(x), & 0<x<+\infty,\\ -\varphi(-x), & -\infty<x<0.\end{cases}$$

以 $\Phi(x)$ 为初值条件作出无穷长直线上的定解问题

$$\begin{cases}u_t=a^2u_{xx}, & -\infty<x<+\infty, t>0,\\ u(x,0)=\Phi(x),\end{cases} \tag{3.2.21}$$

其解为

$$u(x,t)=\frac{1}{2a\sqrt{\pi t}}\int_{-\infty}^{+\infty}\Phi(\xi)\mathrm{e}^{-\frac{(\xi-x)^2}{4a^2t}}\mathrm{d}\xi. \tag{3.2.22}$$

现在我们来验证函数 (3.2.22) 在 $0 < x < +\infty$ 上是问题 (3.2.20) 的解. 由 (3.2.22) 式确定的函数在无穷长区间 $-\infty < x < +\infty$ 满足热传导方程, 在半无穷长区间 $0 < x < +\infty$ 上当然也满足热传导方程, 而且在 $x = 0$ 处有

$$u(0,t)=\frac{1}{2a\sqrt{\pi t}}\int_{-\infty}^{+\infty}\Phi(\xi)\mathrm{e}^{-\frac{\xi^2}{4a^2t}}\mathrm{d}\xi=0,$$

这是因为函数 $\Phi(\xi)$ 是一个奇函数, 函数 $\mathrm{e}^{-\frac{\xi^2}{4a^2t}}$ 是一个偶函数 (从这里可以看出为什么要对函数 $\varphi(x)$ 在区间 $-\infty < x < 0$ 上作奇延拓). 所以, 由公式 (3.2.22) 确定的函数 $u(x,t)$ 在区间 $0 < x < +\infty$ 上就是定解问题 (3.2.20) 的解.

现在我们把公式 (3.2.22) 化为更加明显的形式, 公式 (3.2.22) 中的积分可以写成两个积分的和:

$$u(x,t)=\frac{1}{2a\sqrt{\pi t}}\left(\int_{-\infty}^{0}\Phi(\xi)\mathrm{e}^{-\frac{(\xi-x)^2}{4a^2t}}\mathrm{d}\xi+\int_{0}^{+\infty}\Phi(\xi)\mathrm{e}^{-\frac{(\xi-x)^2}{4a^2t}}\mathrm{d}\xi\right).$$

按照 $\Phi(\xi)$ 的定义, 上式可以写成

$$u(x,t)=\frac{1}{2a\sqrt{\pi t}}\left(\int_{-\infty}^{0}-\varphi(-\xi)\mathrm{e}^{-\frac{(\xi-x)^2}{4a^2t}}\mathrm{d}\xi+\int_{0}^{+\infty}\varphi(\xi)\mathrm{e}^{-\frac{(\xi-x)^2}{4a^2t}}\mathrm{d}\xi\right).$$

括弧中的第一个积分用记号 $(*)$ 来记, 在积分 $(*)$ 中, 令 $-\xi=\xi'$, 则

$$(*)=\int_{-\infty}^{0}\varphi(\xi')\mathrm{e}^{-\frac{(-\xi'-x)^2}{4a^2t}}\mathrm{d}\xi',$$

再根据积分与变量的记号无关的性质, 在上面的积分中再把记号 ξ' 换成 ξ, 积分 $(*)$ 就可以写成

$$(*)=-\int_{0}^{+\infty}\varphi(\xi)\mathrm{e}^{-\frac{(\xi+x)^2}{4a^2t}}\mathrm{d}\xi.$$

于是, 半无穷长直线上的定解问题 (3.2.20) 的解为

$$u(x,t)=\frac{1}{2a\sqrt{\pi t}}\int_{0}^{+\infty}\varphi(\xi)\left(\mathrm{e}^{-\frac{(\xi-x)^2}{4a^2t}}-\mathrm{e}^{-\frac{(\xi+x)^2}{4a^2t}}\right)\mathrm{d}\xi. \tag{3.2.23}$$

如果我们所考虑的半无穷长直线上的热传导定解问题是

$$\begin{cases}u_t=a^2u_{xx}, & 0<x<+\infty, t>0,\\ u_x(0,t)=0, \\ u(x,0)=\varphi(x),\end{cases} \tag{3.2.24}$$

其中边值条件 $u_x(0,t)=0$ 的物理意义是在 $x=0$ 这一端杆是热绝缘的, 读者不难证明, 用延拓法求解定解问题 (3.2.24) 时, 必须对函数 $\varphi(x)$ 在区间 $-\infty<x<0$ 上作偶延拓.

现在我们再来考虑下面的定解问题. 设半无穷长杆的一端 $x=0$ 的温度永远是常数 u_0, 那么我们就得到定解问题

$$\begin{cases}u_t=a^2u_{xx}, & 0<x<+\infty, t>0,\\ u(0,t)=u_0, \\ u(x,0)=\varphi(x),\end{cases} \tag{3.2.25}$$

定解问题 (3.2.25) 不难化为定解问题 (3.2.20) 的形式. 为此, 令

$$v(x,t)=u(x,t)-u_0,$$

则新的未知函数 $v(x,t)$ 是定解问题

$$\begin{cases}v_t=a^2v_{xx}, \quad 0<x<+\infty, t>0,\\ v(0,t)=0,\\ v(x,0)=\varphi(x)-u_0\end{cases}$$

的解. 按照公式 (3.2.23), 可得

$$v(x,t)=\frac{1}{2a\sqrt{\pi t}}\int_0^{+\infty}\Big(\varphi(\xi)-u_0\Big)\cdot\left(\mathrm{e}^{-\frac{(\xi-x)^2}{4a^2t}}-\mathrm{e}^{-\frac{(\xi+x)^2}{4a^2t}}\right)\mathrm{d}\xi.$$

于是, 定解问题 (3.2.25) 的解为

$$u(x,t)=u_0+\frac{1}{2a\sqrt{\pi t}}\int_0^{+\infty}\Big(\varphi(\xi)-u_0\Big)\cdot\left(\mathrm{e}^{-\frac{(\xi-x)^2}{4a^2t}}-\mathrm{e}^{-\frac{(\xi+x)^2}{4a^2t}}\right)\mathrm{d}\xi.$$

我们来看看这个解的一个特殊情形, 就是当杆上各点的初始温度都是零的情形, 即 $\varphi(x)\equiv 0$. 这时, 定解问题为

$$\begin{cases}u_t=a^2u_{xx}, \quad 0<x<+\infty, t>0,\\ u(0,t)=u_0,\\ u(x,0)=0.\end{cases} \tag{3.2.26}$$

定解问题 (3.2.26) 的解是

$$u(x,t)=u_0\left[1-\frac{1}{2a\sqrt{\pi t}}\int_0^{+\infty}\left(\mathrm{e}^{-\frac{(\xi-x)^2}{4a^2t}}-\mathrm{e}^{-\frac{(\xi+x)^2}{4a^2t}}\right)\mathrm{d}\xi\right], \tag{3.2.27}$$

这个解可以用下述方程化为特别简单且便于进行数字计算的形式. 为此, 我们把公式 (3.2.27) 中的积分写成两个积分之差

$$\begin{aligned}&\frac{1}{2a\sqrt{\pi t}}\int_0^{+\infty}\left(\mathrm{e}^{-\frac{(\xi-x)^2}{4a^2t}}-\mathrm{e}^{-\frac{(\xi+x)^2}{4a^2t}}\right)\mathrm{d}\xi\\ =&\frac{1}{2a\sqrt{\pi t}}\int_0^{+\infty}\mathrm{e}^{-\frac{(\xi-x)^2}{4a^2t}}\mathrm{d}\xi-\frac{1}{2a\sqrt{\pi t}}\int_0^{+\infty}\mathrm{e}^{-\frac{(\xi+x)^2}{4a^2t}}\mathrm{d}\xi,\end{aligned} \tag{3.2.28}$$

对 (3.2.28) 式中的第一个积分, 令

$$\frac{\xi-x}{2a\sqrt{t}}=\eta,$$

对第二个积分, 令

$$\frac{\xi+x}{2a\sqrt{t}}=\eta,$$

于是, 公式 (3.2.28) 就变成

$$\frac{1}{\sqrt{\pi}}\left(\int_{-\frac{x}{2a\sqrt{t}}}^{+\infty}\mathrm{e}^{-\eta^2}\mathrm{d}\eta-\int_{\frac{x}{2a\sqrt{t}}}^{+\infty}\mathrm{e}^{-\eta^2}\mathrm{d}\eta\right)=\frac{1}{\sqrt{\pi}}\int_{-\frac{x}{2a\sqrt{t}}}^{\frac{x}{2a\sqrt{t}}}\mathrm{e}^{-\eta^2}\mathrm{d}\eta.$$

由于 $\mathrm{e}^{-\eta^2}$ 是偶函数, 所以

$$\text{上式右端}=\frac{2}{\sqrt{\pi}}\int_0^{\frac{x}{2a\sqrt{t}}}\mathrm{e}^{-\eta^2}\mathrm{d}\eta,$$

所以, 定解问题 (3.2.26) 的解为

$$u(x,t)=u_0\left(1-\frac{2}{\sqrt{\pi}}\int_0^{\frac{x}{2a\sqrt{t}}}\mathrm{e}^{-\eta^2}\mathrm{d}\eta\right).$$

如果注意到误差函数的定义

$$\varPhi(z)=\frac{2}{\sqrt{\pi}}\int_0^{z}\mathrm{e}^{-\eta^2}\mathrm{d}\eta,$$

那么定解问题 (3.2.26) 的解就可以写成

$$u(x,t)=u_0\left(1-\varPhi\left(\frac{x}{2a\sqrt{t}}\right)\right).$$

3.3 点源、点源影响函数

1. 点热源的传导问题

在实际工作中, 我们常常要研究这样的问题, 就是杆的热源不是连续分布在所考虑的区间上, 而只是分布在杆上一点 $x=\xi$ 附近的很小的

一段区间上. 这时, 我们常常近似地把这种情形看作热源只分布在杆上的一个点 $x=\xi$ 上, 这样的热源叫做点热源.

和点热源类似的一个问题是: 当我们考虑原子核反应堆中由铀棒发射出的中子在铀棒表面附近的减速剂 (减速剂是为了使从铀棒中发射出的中子的能量降低) 中的扩散规律时, 如果我们所关心的只是某一铀棒侧表面的某一小块附近的情形, 那么我们就可以把铀棒近似地看作无限大、无限厚的一个平板 (参见图 3.2). 选取坐标系使由铀棒发射出来的中子只在 x 轴的方向扩散, 于是, 我们可以把这个中子的扩散问题看作一维的半无穷长区间 $0<x<+\infty$ 上的扩散问题, 中子源 (相当于热传导问题中的热源) 只作用在半无穷长区间 $0<x<+\infty$ 的一个端点 $x=0$ 上, 所以这是一个点中子源的问题, 简称为点源问题.

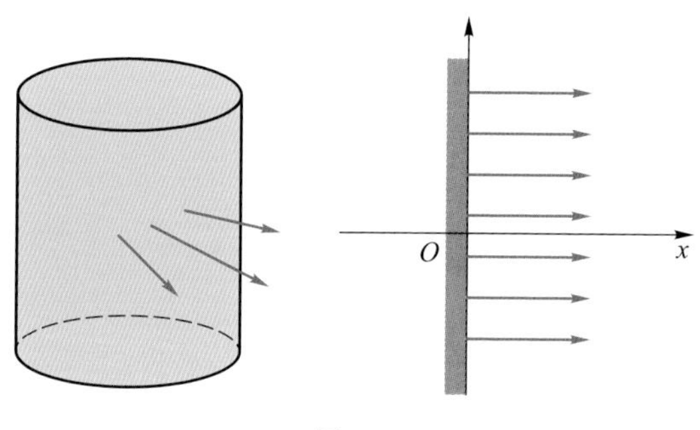

图 3.2

下面我们来看, 怎样对点热源进行数学上的研究. 为了很方便地把以前研究的结果用在点热源的研究上, 我们必须引进一个新的数学概念, 叫做狄拉克 (Dirac) δ 函数, 简称为 δ 函数.

2. δ 函数及其性质

定义 3.3.1 设 ξ 是区间 (a,b) 中的一点, 在区间 (a,b) 上的 δ 函数是满足如下两个条件的函数:

(1) 当 $x\neq\xi$ 时, $\delta(x,\xi)=0$;

(2) 在区间 (a,b) 上的积分 $\displaystyle\int_a^b \delta(x,\xi)\mathrm{d}x=1$.

函数 $\delta(x,\xi)$ 叫做在区间 (a,b) 上点 ξ 处的 δ 函数, 有时也记作 $\delta(x-\xi)$.

δ 函数的几何意义: 设有一个函数列 $\delta_n(x,\xi)$, 它与 x 轴所围的面积永远是 1 (参见图 3.3), 即

$$\int_a^b \delta_n(x,\xi)\mathrm{d}x = 1,$$

δ 函数就是函数列 $\delta_n(x,\xi)$ 当 $n\to+\infty$ 时的极限函数, 即

$$\delta(x,\xi) = \lim_{n\to+\infty}\delta_n(x,\xi).$$

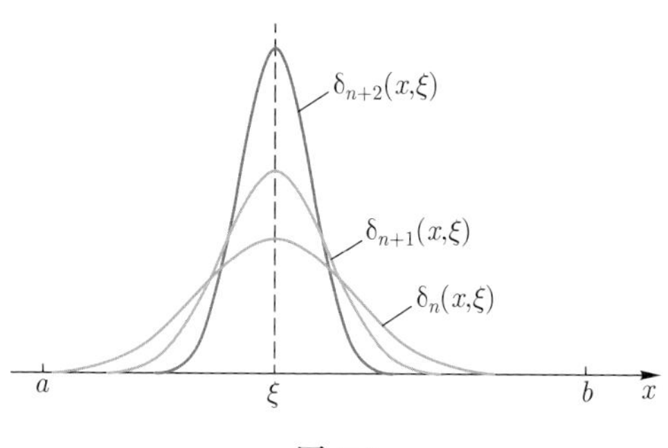

图 3.3

用类似的方法, 可以定义二维区域及三维区域中的 δ 函数, 以三维区域的 δ 函数为例.

定义 3.3.2 设 M_0 是区域 V 中的一点, 在区域 V 上点 M_0 处的 δ 函数是满足如下两个条件的函数:

(1) 当 $M\neq M_0$ 时, $\delta(M,M_0)=0$;

(2) 在区域 V 上的积分 $\displaystyle\iiint_V \delta(M,M_0)\mathrm{d}x = 1.$

下面我们来看一看 δ 函数的物理意义.

物理意义一: 设长为 l 的杆上一点 ξ 处有一个热量为 Q 的点热源, $\rho(x,\xi)$ 是杆的热源密度, 则

$$\int_0^l \rho(x,\xi)\mathrm{d}x = Q.$$

因为热源只作用在杆上的点 ξ 处, 在其他的点没有热源, 所以, 当 $x\neq\xi$

时, $\rho(x,\xi)=0$. 于是杆的热源密度

$$\rho(x,\xi)=Q\delta(x,\xi).$$

由此可见, 设长为 l 的杆只在点 ξ 处有一个热量为 $Q=1$ 的点热源, 杆的热源密度在数值上就是在 $(0,l)$ 上的点 ξ 处的 δ 函数.

物理意义二: 设有一个物体 V, 在 V 内一点 M_0 处有一个电量为 Q 的点电荷, 而在物体 V 内其他点都没有电荷, 于是, 物体 V 的电荷密度 $\rho(M,M_0)$ 必满足下面两个条件:

(1) 当 $M\neq M_0$ 时, $\rho(M,M_0)=0$;

(2) $\displaystyle\iiint\limits_V \rho(M,M_0)\mathrm{d}M=Q.$

这就是说, 物体 V 的电荷密度等于

$$\rho(M,M_0)=Q\delta(M,M_0).$$

由此可见, 设物体 V 只在点 M_0 处电荷 $Q=1$, 则物体 V 的电荷密度在数值上就是 V 内点 M_0 处的 δ 函数.

δ 函数有一个重要的性质: 设 $f(x)$ 是任何一个 (a,b) 上的连续函数, 则必有

$$\int_a^b f(x)\delta(x,\xi)\mathrm{d}x=f(\xi). \tag{3.3.1}$$

(3.3.1) 式可以说明如下: 由于当 $x\neq\xi$ 时, $\delta(x,\xi)=0$, 所以

$$\int_a^b f(x)\delta(x,\xi)\mathrm{d}x=\lim_{\varepsilon\to 0}\int_{\xi-\varepsilon}^{\xi+\varepsilon} f(x)\delta(x,\xi)\mathrm{d}x.$$

利用中值定理

$$\int_{\xi-\varepsilon}^{\xi+\varepsilon} f(x)\delta(x,\xi)\mathrm{d}x=f(\bar{\xi})\int_{\xi-\varepsilon}^{\xi+\varepsilon}\delta(x,\xi)\mathrm{d}x,$$

其中 $\xi-\varepsilon<\bar{\xi}<\xi+\varepsilon$. 又因为

$$\int_{\xi-\varepsilon}^{\xi+\varepsilon}\delta(x,\xi)\mathrm{d}x=1,$$

则

$$\int_a^b f(x)\delta(x,\xi)\mathrm{d}x = \lim_{\varepsilon\to 0} f(\bar{\xi}),$$

所以得到

$$\int_a^b f(x)\delta(x,\xi)\mathrm{d}x = f(\xi),$$

即 (3.3.1) 式.

现在引入在无穷长区间 $(-\infty,+\infty)$ 上的 δ 函数.

定义 3.3.3　设 ξ 是区间 $(-\infty,+\infty)$ 中的某一点, 如果在 $(-\infty,+\infty)$ 上的函数 $\delta(x,\xi)$ 满足

(1) 当 $x\neq\xi$ 时, $\delta(x,\xi)=0$;

(2) 在区间 $(-\infty,+\infty)$ 上的积分 $\displaystyle\int_{-\infty}^{+\infty}\delta(x,\xi)\mathrm{d}x=1$,

就称函数 $\delta(x,\xi)$ 为在区间 $(-\infty,+\infty)$ 上点 ξ 处的 δ 函数.

无穷长区间 $(-\infty,+\infty)$ 上的 δ 函数同样具有如下的性质: 设 $f(x)$ 为任何一个 $(-\infty,+\infty)$ 上的连续函数, 必有等式

$$\int_{-\infty}^{+\infty} f(x)\delta(x,\xi)\mathrm{d}x = f(\xi).$$

完全类似地, 可以引入半无穷长区间 $(0,+\infty)$ 上的 δ 函数. 应该指出, 我们在这一节所讨论的 δ 函数的理论是不严格的, 对于 δ 函数的严格的叙述, 可以参考专门的书籍.

3. 用 δ 函数解点热源的传导问题

我们提出下面这样一个物理问题.

设有一根无穷长的均匀细杆, 在初始的瞬时 $t=0$, 在点 $x=0$ 处有一个热量为 Q 的瞬时点热源作用. 在初始的瞬时 $t=0$ 过后, 即当 $t>0$ 时, 杆上任何点都没有热源作用. 求杆上各点的温度的变化规律.

初始的瞬时点热源可以化为一个热传导方程的初值条件. 现在我们

来研究怎样用杆的初始温度 $u(x,0)=\varphi(x)$ 来表示初始的瞬时点热源的作用.

考虑杆上的一小段 $(x,x+\mathrm{d}x)$, 在 $t=0$ 时, 由热源供给这一小段的热量 $\mathrm{d}Q$ 正比于杆上一小段 $(x,x+\mathrm{d}x)$ 的质量 $\rho\mathrm{d}x$ 与杆在 $t=0$ 时的温度 $\varphi(x)$, 即

$$\mathrm{d}Q=c\rho\mathrm{d}x\varphi(x)=c\rho\varphi(x)\mathrm{d}x,$$

其中 ρ 是杆的密度, c 是杆的比热容, 密度 ρ 与比热容 c 都是常数.

所以无穷长 $-\infty<x<+\infty$ 的杆, 由 $t=0$ 时的热源供给的热量 Q 为

$$Q=c\rho\int_{-\infty}^{+\infty}\varphi(x)\mathrm{d}x.$$

在我们提出的问题里, $t=0$ 时的热源只作用在点 $x=0$ 上, 也就是初始温度 $u(x,0)=\varphi(x)$ 必须满足如下条件:

(1) $\displaystyle\int_{-\infty}^{+\infty}\frac{c\rho}{Q}\varphi(x)\mathrm{d}x=1$;

(2) 当 $x\neq 0$ 时, $\varphi(x)=0$.

按照 δ 函数的定义, 必有

$$\frac{c\rho}{Q}\varphi(x)=\delta(x,0),$$

这里 $\delta(x,0)$ 是指在无穷长区间 $(-\infty,+\infty)$ 上点 $\xi=0$ 处的 δ 函数, 也就是说, 杆上各点的初始温度为

$$u(x,0)=\varphi(x)=\frac{Q}{c\rho}\delta(x,0).$$

于是, 我们所提出的无穷长杆的初始瞬时点热源的热传导问题, 可以化为热传导方程的定解问题

$$\begin{cases}u_t=a^2u_{xx}, \quad -\infty<x<+\infty, t>0,\\ u(x,0)=\varphi(x)=\dfrac{Q}{c\rho}\delta(x,0),\end{cases}\tag{3.3.2}$$

由 (3.2.19) 式知其解为

$$u(x,t)=\frac{1}{2a\sqrt{\pi t}}\int_{-\infty}^{+\infty}\frac{Q}{c\rho}\delta(\xi,0)\mathrm{e}^{-\frac{(\xi-x)^2}{4a^2t}}\mathrm{d}\xi. \tag{3.3.3}$$

根据 δ 函数的重要性质

$$\int_{-\infty}^{+\infty}f(x)\delta(x,\xi)\mathrm{d}x=f(\xi),$$

解 (3.3.3) 可以写作

$$u(x,t)=\frac{Q}{2ac\rho\sqrt{\pi t}}\mathrm{e}^{-\frac{x^2}{4a^2t}}.$$

对于有限长杆的类似问题, 完全一样地可以得到类似的结果. 考虑定解问题

$$\begin{cases}u_t=a^2u_{xx}, & 0<x<l,t>0,\\ u(0,t)=u(l,t)=0, \\ u(x,0)=\dfrac{Q}{c\rho}\delta(x,\xi),\end{cases} \tag{3.3.4}$$

以 $\varphi(x)=\dfrac{Q}{c\rho}\delta(x,\xi)$ 代入 (3.2.2) 式中, 得到问题 (3.3.4) 的解是

$$u(x,t)=\sum_{n=1}^{\infty}c_n\mathrm{e}^{-(\frac{n\pi}{l})^2a^2t}\sin\frac{n\pi}{l}x, \tag{3.3.5}$$

其中系数

$$c_n=\frac{2}{l}\int_0^l\frac{Q}{c\rho}\delta(x,\xi)\sin\frac{n\pi}{l}x\mathrm{d}x.$$

按照 δ 函数的性质 (3.3.1), 则

$$c_n=\frac{2}{l}\frac{Q}{c\rho}\sin\frac{n\pi}{l}\xi.$$

代入 (3.3.5) 式, 则问题 (3.3.4) 的解可以写成

$$u(x,\xi,t)=\frac{Q}{c\rho}\frac{2}{l}\sum_{n=1}^{\infty}\mathrm{e}^{-(\frac{n\pi}{l})^2a^2t}\sin\frac{n\pi}{l}x\sin\frac{n\pi}{l}\xi. \tag{3.3.6}$$

4. 点源影响函数概念

无穷长区间 $(-\infty,+\infty)$ 上的定解问题

$$\begin{cases}u_t=a^2u_{xx}, \quad -\infty<x<+\infty,\ t>0,\\ u(x,0)=\varphi(x)\end{cases} \tag{3.3.7}$$

的解是

$$u(x,t)=\frac{1}{2a\sqrt{\pi t}}\int_{-\infty}^{+\infty}\varphi(\xi)\mathrm{e}^{-\frac{(\xi-x)^2}{4a^2t}}\mathrm{d}\xi.$$

根据上一节的结果, 函数

$$G_\infty(x,\xi,t)=\frac{1}{2a\sqrt{\pi t}}\mathrm{e}^{-\frac{(\xi-x)^2}{4a^2t}}$$

是定解问题

$$\begin{cases}u_t=a^2u_{xx}, \quad -\infty<x<+\infty, t>0,\\ u(x,0)=\delta(x,\xi)\end{cases}$$

的解. $G_\infty(x,\xi,t)$ 的物理意义是: 在初始的瞬时 $t=0$ 时, 无穷长细杆上的点 $x=\xi$ 处有一个热量 $Q=c\rho$ 的瞬时点热源作用, 而在 $t>0$ 时, 杆上任何点都没有热源. 那么杆上各点的温度变化在数值上就是 $G_\infty(x,\xi,t)$. 函数 $G_\infty(x,\xi,t)$ 叫做在无穷长区间上点 ξ 的点源影响函数, 或简称为无穷长区间上的源函数.

这样, 一般地, 一个无穷长区间的定解问题 (3.3.7) 的解可以表示为

$$u(x,t)=\int_{-\infty}^{+\infty}G_\infty(x,\xi,t)\varphi(\xi)\mathrm{d}\xi.$$

对于有限长区间上的热传导问题, 有完全类似的结果. 考虑有限长区间 $(0,l)$ 上的定解问题

$$\begin{cases}u_t=a^2u_{xx}, \quad 0<x<l, t>0,\\ u(0,t)=0, \quad u(l,t)=0,\\ u(x,0)=\varphi(x),\end{cases} \tag{3.3.8}$$

其解是

$$u(x,t)=\sum_{n=1}^{\infty}c_n\mathrm{e}^{-(\frac{n\pi}{l})^2a^2t}\sin\frac{n\pi}{l}x, \tag{3.3.9}$$

其中

$$c_n=\frac{2}{l}\int_0^l\varphi(\xi)\sin\frac{n\pi}{l}\xi\mathrm{d}\xi.$$

以 c_n 的值代入解 (3.3.9) 中, 再交换求积与求和的次序, 得

$$\begin{aligned}u(x,t)&=\sum_{n=1}^{\infty}\left(\frac{2}{l}\int_0^l\varphi(\xi)\sin\frac{n\pi}{l}\xi\mathrm{d}\xi\right)\mathrm{e}^{-(\frac{n\pi}{l})^2a^2t}\sin\frac{n\pi}{l}x\\&=\int_0^l\left(\frac{2}{l}\sum_{n=1}^{\infty}\mathrm{e}^{-(\frac{n\pi}{l})^2a^2t}\sin\frac{n\pi}{l}x\cdot\sin\frac{n\pi}{l}\xi\right)\varphi(\xi)\mathrm{d}\xi.\end{aligned}$$

根据上一节的结果, 函数

$$G(x,\xi,t)=\frac{2}{l}\sum_{n=1}^{\infty}\mathrm{e}^{-(\frac{n\pi}{l})^2a^2t}\sin\frac{n\pi}{l}x\cdot\sin\frac{n\pi}{l}\xi$$

是定解问题

$$\begin{cases}u_t=a^2u_{xx}, \quad 0<x<l,t>0,\\u(0,t)=u(l,t)=0,\\u(x,0)=\delta(x,\xi)\end{cases}$$

的解, 其中 $\delta(x,\xi)$ 是区间 $(0,l)$ 上的 δ 函数.

$G(x,\xi,t)$ 的物理意义是: 有限长杆 $0<x<l$ 上一个在点 $x=\xi$ 处热量为 $Q=c\rho$ 的瞬时点热源的影响函数, 把它叫做有限长区间 $(0,l)$ 上的源函数.

定解问题 (3.3.8) 的解可以写作

$$u(x,t)=\int_0^lG(x,\xi,t)\varphi(\xi)\mathrm{d}\xi. \tag{3.3.10}$$

形式为 (3.3.10) 的解有很明显的物理意义, 这是它的优点, 我们可以从下面的推导中看出来.

问题 (3.3.8) 的解, 可以按照物理意义利用源函数概念用如下的方式求出来. 我们把初始温度 $u(x,0)=\varphi(x)$ 看作分布在杆 $0<x<l$ 上的

无穷多个初始的瞬时 $t=0$ 的点热源的作用, 由初始温度 $u(x,0)=\varphi(x)$ 所产生的杆上各点在 $t>0$ 时温度的影响, 可以看作由这无穷多个初始瞬时 $t=0$ 的点热源所产生的温度影响叠加起来的.

考虑杆 $0<x<l$ 上很小的一段 $\xi<x<\xi+\mathrm{d}\xi$, 由于这一段很小, 我们可以看作在这一段上任何点的初始温度和点 $x=\xi$ 处的初始温度是一样的, 等于 $\varphi(\xi)$. 研究定解问题

$$\begin{cases}u_t=a^2u_{xx}, \quad 0<x<l,t>0,\\ u(0,t)=0, \quad u(l,t)=0,\\ u(x,0)=\begin{cases}\varphi(\xi), & \xi<x<\xi+\mathrm{d}\xi,\\ 0, & 0<x<l \text{ 中其他的点},\end{cases}\end{cases} \tag{3.3.11}$$

定解问题 (3.3.11) 的初值条件的物理意义是: 初始瞬时 $t=0$ 的热源只作用在杆上很小的一段 $\xi<x<\xi+\mathrm{d}\xi$ 上, 杆上其他的点初始温度都是零.

由初始温度

$$u(x,0)=\begin{cases}\varphi(\xi), & \xi<x<\xi+\mathrm{d}\xi,\\ 0, & 0<x<l \text{ 中其他的点}\end{cases}$$

所供给杆的热量等于

$$q(\xi)=c\rho\mathrm{d}\xi\varphi(\xi). \tag{3.3.12}$$

这个热量可以近似地看作由在点 $x=\xi$ 处的一个初始瞬时点热源所供给的 (因为 $\mathrm{d}\xi$ 很小), 也就是说, 定解问题 (3.3.11) 可以近似地看作下面的定解问题:

$$\begin{cases}u_t=a^2u_{xx}, \quad 0<x<l,t>0,\\ u(0,t)=0, \quad u(l,t)=0,\\ u(x,0)=\dfrac{q(\xi)}{c\rho}\delta(x,\xi).\end{cases} \tag{3.3.13}$$

按照 (3.3.6) 式, 问题 (3.3.13) 的解为

$$u(x,\xi,t)=\frac{q(\xi)}{c\rho}\frac{2}{l}\sum_{n=1}^{\infty}\mathrm{e}^{-(\frac{n\pi}{l})^2a^2t}\sin\frac{n\pi}{l}x\cdot\sin\frac{n\pi}{l}\xi=\frac{q(\xi)}{c\rho}G(x,\xi,t).$$

以 (3.3.12) 式中的 $q(\xi)$ 代入, 则

$$u(x,\xi,t)=G(x,\xi,t)\varphi(\xi)\mathrm{d}\xi. \tag{3.3.14}$$

初始温度 $u(x,0)=\varphi(x)$ 对杆上各点在 $t>0$ 所产生的温度影响可以看作由初始温度

$$u(x,0)=\begin{cases}\varphi(\xi), & \xi<x<\xi+\mathrm{d}\xi,\\ 0, & 0<x<l\text{ 中其他的点}\end{cases}$$

对杆上各点在 $t>0$ 所产生的温度影响叠加起来的, 于是定解问题 (3.3.13) 的解 (3.3.14) 叠加起来就得到定解问题 (3.3.8) 的解

$$u(x,t)=\int_0^l G(x,\xi,t)\varphi(\xi)\mathrm{d}\xi.$$

所以, 形式为 (3.3.10) 的解的物理意义就是: 把杆上由连续分布的初始温度产生的影响, 看作由无穷多连续分布的初始点热源温度产生的影响叠加起来.

5. 用源函数解非齐次方程

上一节我们看到, 可以把连续分布在杆上的热源的温度影响, 看作连续分布在杆上的无穷多点热源的温度影响的叠加, 这样一个观点, 使我们很容易由源函数求出非齐次方程的解, 这样就使得计算量大大减少.

考虑定解问题

$$\begin{cases}u_t=a^2u_{xx}+\dfrac{f(x,t)}{c\rho}, & 0<x<l,t>0,\\ u(0,t)=u(l,t)=0,\\ u(x,0)=0,\end{cases} \tag{3.3.15}$$

其中 $f(x,t)$ 是热源密度.

问题 (3.3.15) 的热源 $f(x,t)$ 所产生的影响, 可以看作小区间 $(\xi,\xi+$

$\mathrm{d}\xi)$ 上时间间隔 $(\tau, \tau+\mathrm{d}\tau)$ 内的热源的影响叠加.

在区间 $(\xi, \xi+\mathrm{d}\xi)$ 上时间间隔 $(\tau, \tau+\mathrm{d}\tau)$ 内的热源供给杆的热量是

$$q(\xi,\tau) = c\rho f(\xi,\tau)\mathrm{d}\xi\mathrm{d}\tau.$$

由 $q(\xi,\tau)$ 对杆上各点所产生的温度影响可以近似地看作问题

$$\begin{cases} u_t = a^2 u_{xx}, \\ u(0,t) = u(l,t) = 0, \\ u(x,\tau) = \dfrac{q(\xi,\tau)}{c\rho}\delta(x,\xi) \end{cases} \tag{3.3.16}$$

的解, 即

$$u(x,\xi,t-\tau) = \frac{q(\xi,\tau)}{c\rho}G(x,\xi,t-\tau) = G(x,\xi,t-\tau)f(\xi,\tau)\mathrm{d}\xi\mathrm{d}\tau. \tag{3.3.17}$$

把 (3.3.17) 式对点 ξ 在区间 $(0,l)$ 及时间 τ 在区间 $(0,t)$ 上叠加起来, 就得到问题 (3.3.15) 的解

$$u(x,t) = \int_0^t \int_0^l G(x,\xi,t-\tau)f(\xi,\tau)\mathrm{d}\xi\mathrm{d}\tau. \tag{3.3.18}$$

对于无穷长区间上的定解问题

$$\begin{cases} u_t = a^2 u_{xx} + \dfrac{f(x,t)}{c\rho}, \quad -\infty < x < +\infty,\ \ t > 0, \\ u(x,0) = 0 \end{cases}$$

也有类似的结果:

$$u(x,t) = \int_0^t \int_{-\infty}^{+\infty} G_\infty(x,\xi,t-\tau)f(\xi,\tau)\mathrm{d}\xi\mathrm{d}\tau.$$

下面举一个例子来说明以上结论的应用.

例 3.3.1 设长度为 l 的均匀细杆, $0 < x < l$, 杆中一点 $x = b$ 在任何时刻都有一热量为 Q 的点热源, 试求杆上任意点的温度变化规律.

按照题意, 可以列出定解问题

$$
\begin{cases}
\dfrac{\partial u}{\partial t}=\dfrac{\partial^2 u}{\partial x^2}+\dfrac{Q}{c\rho}\delta(x,b), \quad 0<x<l,\ t>0,\\
u(0,t)=u(l,t)=0,\\
u(x,0)=0,
\end{cases}
$$

代入公式 (3.3.18), 因为热源密度 $f(x,t)=Q\delta(x,b)$, 所以解为

$$
u(x,t)=\int_0^t\int_0^l G(x,\xi,t-\tau)Q\delta(\xi,b)\mathrm{d}\xi\mathrm{d}\tau.
$$

因为 $\displaystyle\int_0^l G(x,\xi,t-\tau)\delta(\xi,b)\mathrm{d}\xi=G(x,b,t-\tau)$, 所以

$$
\begin{aligned}
u(x,t)&=Q\int_0^t G(x,b,t-\tau)\mathrm{d}\tau\\
&=\frac{2Q}{l}\int_0^t\sum_{n=1}^{\infty}\mathrm{e}^{-(\frac{n\pi}{l})^2(t-\tau)}\sin\frac{n\pi}{l}x\cdot\sin\frac{n\pi}{l}b\mathrm{d}\tau\\
&=\frac{2Ql}{\pi^2}\sum_{n=1}^{\infty}\frac{1}{n^2}\left(1-\mathrm{e}^{-(\frac{n\pi}{l})^2 t}\right)\sin\frac{n\pi}{l}x\cdot\sin\frac{n\pi}{l}b.
\end{aligned}
$$

由这一节的讨论可知, 非齐次方程的齐次边值条件与齐次初值条件的定解问题, 利用源函数可以归结为齐次方程的齐次边值条件的定解问题, 再利用前面的讨论可知, 任何非齐次方程的一般边值条件的定解问题都可以归结为齐次方程的齐次边值条件的定解问题.

3.4　空间区域中的热传导

1. 空间区域中热传导的一般傅里叶解法

现在我们叙述一般空间区域中热传导方程的傅里叶解法.

设区域 V 的边界曲面是 S, 考虑第一类边值条件的定解问题

$$
\begin{cases}
u_t=a^2\Delta u, \quad V\ 内,\\
u(M,0)=\varphi(M),\\
u\big|_S=0.
\end{cases}
\tag{3.4.1}
$$

这是一个齐次方程零边值条件问题, 这个问题的一般性在于非齐次方程的第一边值问题可以归结为问题 (3.4.1). 对一般的定解问题

$$\begin{cases} u_t = a^2\Delta u + F(M,t), \quad V \text{ 内}, \\ u(M,0) = \varphi(M), \\ u\big|_S = \psi(S), \end{cases}$$

可以用简化一维热传导定解问题的同样方法, 化为下面两个定解问题, 即齐次方程零边值条件问题

$$\begin{cases} u_{1t} = a^2\Delta u_1, \quad V \text{ 内}, \\ u_1(M,0) = \varphi_1(M), \\ u_1\big|_S = 0 \end{cases} \tag{3.4.2}$$

及非齐次方程零边值条件零初值条件问题

$$\begin{cases} u_{2t} = a^2\Delta u_2 + F_2(M,t), \quad V \text{ 内}, \\ u_2(M,0) = 0, \\ u_2\big|_S = 0, \end{cases} \tag{3.4.3}$$

而问题 (3.4.3) 又可以利用源函数概念, 化为齐次方程的零边值条件的定解问题 (3.4.2).

所以, 我们着重研究齐次方程零边值条件问题 (3.4.1). 为了用傅里叶方法求解问题 (3.4.1), 我们首先提出下面的辅助问题.

辅助问题: 求齐次方程

$$u_t = a^2\Delta u$$

满足齐次边值条件 $u\big|_S = 0$ 的形式为 $u(M,t) = v(M)T(t)$ 的非零解.

以 $u(M,t) = v(M)T(t)$ 代入方程, 分离变量后, 得到

$$T' + \lambda a^2 T = 0$$

及

$$\begin{cases} \Delta v + \lambda v = 0, \\ v|_S = 0. \end{cases} \tag{3.4.4}$$

问题 (3.4.4) 的非零解叫做这个问题的固有函数, 对应于非零解的参数 λ 的值叫做这个问题的固有值. 所以, 为求解问题 (3.4.1), 我们必须研究固有值与固有函数的性质.

方程 $\Delta v + \lambda v = 0$ 叫做亥姆霍兹方程.

关于问题 (3.4.4) 的固有值与固有函数有如下的几个性质, 我们只叙述而不加以证明.

(1) 存在无穷多个固有值

$$\lambda_1 < \lambda_2 < \cdots < \lambda_n < \cdots$$

及对应的固有函数

$$v_1(M), v_2(M), \cdots, v_n(M), \cdots$$

且

$$\lim_{n\to\infty} \lambda_n = +\infty.$$

(2) 所有的固有值都是正数, 即 $\lambda_n > 0,\ n = 1, 2, \cdots$.

(3) 固有函数族 $\{v_n(M)\}$ 在域 V 上是正交的, 即

$$\iiint\limits_V v_n(M) v_m(M) \mathrm{d}V = 0, \quad m \neq n.$$

(4) 设 $F(M)$ 是二阶连续可微函数, 且 $F\big|_S = 0$, 则 $F(M)$ 可以按照函数族 $\{v_n(M)\}$ 展开成均匀绝对收敛的广义傅里叶级数

$$F(M) = \sum_{n=1}^{\infty} F_n v_n(M),$$

其中

$$F_n = \frac{\displaystyle\iiint\limits_V F(M) v_n(M) \mathrm{d}V}{\displaystyle\iiint\limits_V v_n^2(M) \mathrm{d}V}.$$

以上四点只是说明了固有函数的性质, 并没有说明求固有函数与固有值的方法, 而求问题 (3.4.4) 的固有函数与固有值的问题, 一般是很困

难的, 对某些简单的区域和简化的情形, 可以准确求出来. 一般的情形下, 只能求近似值. 设我们已求得了问题 (3.4.4) 的所有固有函数 $\{v_n(M)\}$ 与固有值 $\{\lambda_n\}$, 那么, 辅助问题的解为

$$\mathrm{e}^{-\lambda_n a^2 t} v_n(M).$$

把这些解叠加起来, 得到方程的满足零边值条件的解

$$u(M,t) = \sum_{n=1}^{\infty} c_n \mathrm{e}^{-\lambda_n a^2 t} v_n(M). \tag{3.4.5}$$

为了使函数 $u(M,t)$ 满足初值条件, 以 $t=0$ 代入, 并令 $u(M,0)=\varphi(M)$,

$$u(M,0) = \sum_{n=1}^{\infty} c_n v_n(M) = \varphi(M),$$

所以

$$c_n = \frac{\displaystyle\iiint_V \varphi(M) v_n(M) \mathrm{d}V}{\displaystyle\iiint_V v_n^2(M) \mathrm{d}V}, \tag{3.4.6}$$

于是, 系数 c_n 为 (3.4.6) 式的级数 (3.4.5) 的和函数 $u(M,t)$ 就是定解问题 (3.4.1) 的解.

下面我们来考虑两个具体的例子, 对这两个例子, 可以准确求出固有函数的表达式.

2. 长方体中的热传导

我们考虑一个长方体 $0<x<a$, $0<y<b$, $0<z<c$ 中的热传导, 设体内无源, 边界上的温度永远是零, 初始温度的分布为

$$u(x,y,z,0) = \varphi(x,y,z).$$

于是, 得到定解问题

$$\begin{cases} u_t = a^2(u_{xx}+u_{yy}+u_{zz}), \\ u(x,y,z,0) = \varphi(x,y,z), \\ u|_S = 0. \end{cases} \tag{3.4.7}$$

先求方程的形如

$$u(x,y,z,t)=v(x,y,z)T(t)$$

的满足条件 $u\big|_S=0$ 的非零解. 得到

$$T'+\lambda a^2T=0$$

及

$$\begin{cases}\Delta v+\lambda v=0,\\ v\big|_S=0.\end{cases}\tag{3.4.8}$$

为了求出固有函数 $v_n(x,y,z)$, 我们在问题 (3.4.8) 中令

$$v(x,y,z)=X(x)Y(y)Z(z),$$

代入方程 $\Delta v+\lambda v=0$, 得到

$$YZX''+XZY''+XYZ''+\lambda XYZ=0.$$

分离变量得

$$\frac{X''}{X}+\frac{Y''}{Y}+\frac{Z''}{Z}+\lambda=0,$$

$$\frac{X''}{X}+\frac{Y''}{Y}=-\lambda-\frac{Z''}{Z}=-\mu,$$

$$\frac{X''}{X}=-\mu-\frac{Y''}{Y}=-\gamma,$$

所以, 我们得到一系列固有函数方程的定解问题

$$\begin{cases}X''+\gamma X=0,\\ X(0)=X(a)=0.\end{cases}$$

$$\begin{cases}Y''+(\mu-\gamma)Y=0,\\ Y(0)=Y(b)=0.\end{cases}$$

$$\begin{cases}Z''+(\lambda-\mu)Z=0,\\ Z(0)=Z(c)=0.\end{cases}$$

求出有界的非零解为

$$X_n(x) = \sin \frac{n\pi}{a} x,$$

$$Y_m(y) = \sin \frac{m\pi}{b} y,$$

$$Z_q(z) = \sin \frac{q\pi}{c} z,$$

其中 n, m, q 都是自然数, 利用固有值的式子

$$\gamma_n = \left(\frac{n\pi}{a}\right)^2,$$

$$\mu_{n,m} = \left(\frac{n\pi}{a}\right)^2 + \left(\frac{m\pi}{b}\right)^2,$$

$$\lambda_{n,m,q} = \left(\frac{n\pi}{a}\right)^2 + \left(\frac{m\pi}{b}\right)^2 + \left(\frac{q\pi}{c}\right)^2,$$

就得到问题 (3.4.8) 的固有函数为

$$v_{n,m,q}(x, y, z) = \sin \frac{n\pi}{a} x \sin \frac{m\pi}{b} y \sin \frac{q\pi}{c} z,$$

固有值为

$$\lambda_{n,m,q} = \left(\frac{n\pi}{a}\right)^2 + \left(\frac{m\pi}{b}\right)^2 + \left(\frac{q\pi}{c}\right)^2.$$

于是, 我们得到辅助问题的解为

$$u_{n,m,q} = \mathrm{e}^{-\lambda_{n,m,q} a^2 t} \sin \frac{n\pi}{a} x \sin \frac{m\pi}{b} y \sin \frac{q\pi}{c} z.$$

把辅助问题的解对所有的 n, m, q 叠加起来

$$u(x, y, z, t) = \sum_{n=1}^{\infty} \sum_{m=1}^{\infty} \sum_{q=1}^{\infty} K_{n,m,q} u_{n,m,q}(x, y, z, t). \tag{3.4.9}$$

为了使函数 $u(x, y, z, t)$ 满足初值条件, 以 $t = 0$ 代入, 并令 $u(x, y, z, 0) = \varphi(x, y, z)$,

$$u(x, y, z, 0) = \sum_{n=1}^{\infty} \sum_{m=1}^{\infty} \sum_{q=1}^{\infty} K_{n,m,q} \sin \frac{n\pi}{a} x \sin \frac{m\pi}{b} y \sin \frac{q\pi}{c} z = \varphi(x, y, z).$$

按照三重傅里叶级数的理论求出系数

$$K_{n,m,q}=\frac{\displaystyle\int_0^a \mathrm{d}x\int_0^b \mathrm{d}y\int_0^c \varphi(x,y,z)\sin\frac{n\pi}{a}x\sin\frac{m\pi}{b}y\sin\frac{q\pi}{c}z\mathrm{d}z}{\dfrac{abc}{q}},\tag{3.4.10}$$

所以, 系数为 (3.4.10) 式的级数 (3.4.9) 的和函数 $u(x,y,z,t)$ 就是问题 (3.4.7) 的解.

3. 无穷长圆柱中的热传导

当我们研究一个较长的圆柱中段附近的热传导规律时, 圆柱的上、下底对中段的影响很小, 可以忽略不计, 从而把圆柱看作无穷长的, 设圆柱的侧面温度永远是零, 初始温度是轴对称的, 且圆柱的任一截面的温度分布是一样的. 这样, 圆柱内任一点的温度只与坐标 $r(r=\sqrt{x^2+y^2})$ 和时间 t 有关, $u=u(r,t)$.

我们可以提出定解问题

$$\begin{cases}u_t=a^2\Delta u, \quad 0\leqslant r<R,\ \ t>0,\\ u(r,0)=\varphi(r),\\ u(R,t)=0.\end{cases}\tag{3.4.11}$$

其中, 我们设圆柱的轴为 z 轴, 半径为 R (如图 3.4), 将方程写为柱坐标形式

$$u_t=a^2\frac{1}{r}\frac{\partial}{\partial r}\left(r\frac{\partial u}{\partial r}\right).$$

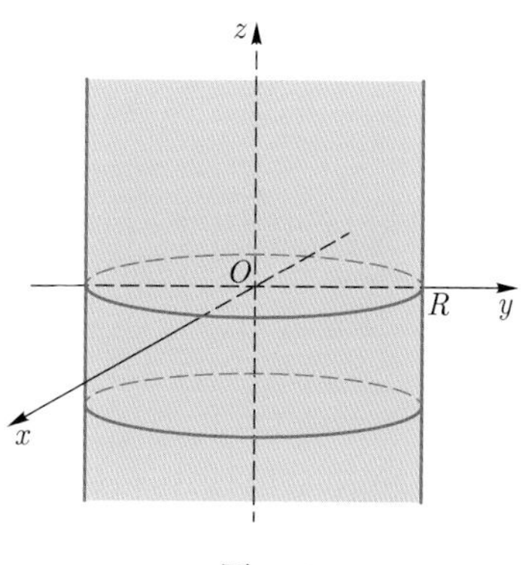

图 3.4

先求形式为 $u(r,t)=P(r)T(t)$ 的非零解, 使其满足齐次边值条件 $u(R,t)=0$. 以 $u(r,t)=P(r)T(t)$ 代入方程, 分离变量后, 得到

$$\frac{T'}{a^2T}=\frac{P''+\dfrac{1}{r}P'}{P}=-\lambda,$$

固有函数方程为

$$T' + \lambda a^2 T = 0$$

及

$$\begin{cases} P'' + \dfrac{1}{r}P' + \lambda P = 0, \quad 0 < r < R, \\ P(R) = 0. \end{cases} \tag{3.4.12}$$

现在求问题 (3.4.12) 的有界的非零解. 方程

$$P'' + \frac{1}{r}P' + \lambda P = 0 \tag{3.4.13}$$

可以化为贝塞尔方程. 为此, 令 $x = \sqrt{\lambda}r$ 并记 $P(r) = P\left(\dfrac{x}{\sqrt{\lambda}}\right) = y(x)$, 则方程 (3.4.13) 变为零阶的贝塞尔方程

$$y''(x) + \frac{1}{x}y'(x) + y(x) = 0, \quad 0 < x < \sqrt{\lambda}R.$$

这个方程需满足的边值条件有: 在 $x = \sqrt{\lambda}R$ 的零边值条件

$$y\big|_{x=\sqrt{\lambda}R} = y\big(\sqrt{\lambda}R\big) = 0$$

及在 $x = 0$ 的自然边值条件 (因为物体的温度永远是有界的)

$$\big|y(0)\big| < +\infty.$$

零阶贝塞尔方程的一般解是

$$y(x) = C_1 J_0(x) + C_2 N_0(x),$$

其中 $J_0(x)$ 是零阶贝塞尔函数, $N_0(x)$ 是诺伊曼函数, C_1, C_2 为任意常数.

由于

$$\lim_{x\to 0} N_0(x) = \infty,$$

所以必须在一般解中令 $C_2 = 0$. 为了使得解在 $x = \sqrt{\lambda}R$ 满足零边值条件, 以 $x = \sqrt{\lambda}R$ 代入, 并令

$$y\big(\sqrt{\lambda}R\big) = C_1 J_0\big(\sqrt{\lambda}R\big) = 0,$$

所以 $\sqrt{\lambda}R$ 必须等于零阶贝塞尔函数的零点, 即

$$\sqrt{\lambda}R=\mu_m^{(0)},\quad m=1,2,3,\cdots.$$

于是得到了问题 (3.4.12) 的无穷多个固有值

$$\lambda_1=\left(\frac{\mu_1^{(0)}}{R}\right)^2,\ \lambda_2=\left(\frac{\mu_2^{(0)}}{R}\right)^2,\ \cdots,\ \lambda_m=\left(\frac{\mu_m^{(0)}}{R}\right)^2,\cdots,$$

这无穷多个固有值所对应的固有函数是

$$J_0\left(\frac{\mu_1^{(0)}}{R}r\right),\ J_0\left(\frac{\mu_2^{(0)}}{R}r\right),\ \cdots,\ J_0\left(\frac{\mu_m^{(0)}}{R}r\right),\cdots.$$

辅助问题要求的非零有界解为

$$u_m(r,t)=\mathrm{e}^{-\left(\frac{\mu_m^{(0)}}{R}\right)^2a^2t}J_0\left(\frac{\mu_m^{(0)}}{R}r\right),$$

把这些解叠加起来得

$$u(r,t)=\sum_{m=1}^{\infty}c_m\mathrm{e}^{-\left(\frac{\mu_m^{(0)}}{R}\right)^2a^2t}J_0\left(\frac{\mu_m^{(0)}}{R}r\right).\tag{3.4.14}$$

为了使得解 $u(r,t)$ 满足初值条件, 以 $t=0$ 代入, 并令

$$u(r,0)=\sum_{m=1}^{\infty}c_mJ_0\left(\frac{\mu_m^{(0)}}{R}r\right)=\varphi(r).$$

按照贝塞尔函数的理论, 系数

$$c_m=\frac{\displaystyle\int_0^R\varphi(r)J_0\Big(\frac{\mu_m^{(0)}}{R}r\Big)r\mathrm{d}r}{\dfrac{R^2}{2}\Big(J_0'\Big(\mu_m^{(0)}\Big)\Big)^2}.$$

又由于递推公式 $J_0'(x)=-J_1(x)$, 所以系数

$$c_m=\frac{\displaystyle\int_0^R\varphi(r)J_0\Big(\frac{\mu_m^{(0)}}{R}r\Big)r\mathrm{d}r}{\dfrac{R^2}{2}\Big(J_1\Big(\mu_m^{(0)}\Big)\Big)^2}.$$

以这样求出来的系数 c_m 代入级数 (3.4.14) 中, 确定的函数就是定解问

题 (3.4.11) 的解.

以上我们研究的是无穷长圆柱并且初始温度轴对称的情形, 当初始温度不是轴对称的, 求解时就会复杂得多.

3.5 抛物型方程补注

这一节我们对二阶抛物型方程的相关数学理论与方法作一个简单介绍. 基本上是总结式地介绍, 对所需证明, 读者可以通过查阅文献来完成. 这也是数学类专业相关的一些抛物型方程内容.

设 $\Omega \subset \mathbb{R}^n$ 是有界区域, $\partial\Omega$ 表示 Ω 的边界. 考虑抛物型方程

$$Lu=\sum_{i,j=1}^{n} a_{ij}(x,t)\frac{\partial^2 u}{\partial x_i \partial x_j}+\sum_{i=1}^{n} b_i(x,t)\frac{\partial u}{\partial x_i}+c(x,t)u-\frac{\partial u}{\partial t}=f(x,t), \quad (3.5.1)$$

其中 $x=(x_1,x_2,\cdots,x_n), t>0, (x,t)\in\Omega\times(0,T], a_{ij}(x,t), b_i(x,t), c(x,t)$, $f(x,t)$ 都是$\overline{\Omega}\times[0,T]$ 上的连续函数, $c(x,t)\leqslant 0$,并且 $\sum\limits_{i,j=1}^{n} a_{ij}(x,t)\xi_i\xi_j>0$ 对任意非零向量 $\xi=(\xi_1,\xi_2,\cdots,\xi_n)\in\mathbb{R}^n$ 成立. 这里 $a_{ij}(x,t)=a_{ji}(x,t)$ $(i,j=1,2,\cdots,n)$.

首先给出强极值原理.

设 $u(x,t)$ 是方程 (3.5.1) 在 $\Omega\times(0,T)$ 内连续可微, 而在 $\overline{\Omega}\times[0,T]$ 上连续的解. 设 $f(x,t)=0$. 若 $u(x,t)$ 在 $\Omega\times(0,T]$ 中的某点 (x_0,t_0) 处取非负最大值, 即

$$u(x_0,t_0)=\max_{\overline{\Omega}\times[0,T]} u(x,t)=M\geqslant 0, \quad (3.5.2)$$

则对任意满足下列条件的点 $P(x,t)$ 都有 $u(x,t)=M$: 点 $P(x,t)$ 满足 $0<t<t_0$, 且可用完全在 $\Omega\times(0,T]$ 内的连续曲线 $x=x(t)$ 与点 (x_0,t_0) 连接.

另外, 设对 $\partial\Omega\times[0,T]$ 上任一点 P 都可作一个球, 使得该球在点 P 与 $\partial\Omega\times[0,T]$ 相切, 并且完全在 $\Omega\times(0,T)$ 内部. 再设 $u(x,t)$ 在

$\overline{\Omega} \times [0,T]$ 上连续, 在 $\Omega \times (0,T)$ 内满足抛物型方程 (3.5.1), u 不为常数, $f(x,t) \leqslant 0$. 如果 $u(x,t)$ 在 $\partial\Omega \times [0,T]$ 上的某点 M_0 处取非正最小值, 且在点 M_0 处的外法向导数 $\dfrac{\partial u}{\partial \mathcal{N}}(M_0)$ 存在, 那么

$$\frac{\partial u(M_0)}{\partial \mathcal{N}} < 0, \tag{3.5.3}$$

其中 $\mathcal{N}$ 表示点 M_0 处的外法向量.

抛物型方程 (3.5.1) 的柯西初值问题为

$$\begin{cases} Lu = f(x,t), & (x,t) \in \mathbb{R}^n \times (0,T], \\ u(x,0) = \varphi(x), & x \in \mathbb{R}^n. \end{cases} \tag{3.5.4}$$

对于方程 (3.5.1) 的混合问题有以下类型:

第一初边值问题:

$$\begin{cases} u(x,0) = \varphi(x), & x \in \Omega, \\ u(x,t) = \psi(x,t), & (x,t) \in \partial\Omega \times [0,T]. \end{cases} \tag{3.5.5}$$

线性边值问题:

$$\begin{cases} u(x,0) = \varphi(x), & x \in \Omega, \\ a(x,t)\dfrac{\partial u}{\partial \mathcal{N}} + b(x,t)u = \psi(x,t), & (x,t) \in \partial\Omega \times [0,T], \end{cases} \tag{3.5.6}$$

其中 $\mathcal{N}$ 为 $\partial\Omega \times [0,T]$ 的外法向量, $\varphi(x)\big(x \in \overline{\Omega}\big), \psi(x,t), a(x,t), b(x,t)$ 是已知函数, $a \geqslant 0$, $b \leqslant 0$, $a^2 + b^2 \neq 0$.

线性边值问题是第二初边值问题 ($b(x,t) \equiv 0$) 和第三初边值问题的统称.

对于方程 (3.5.1) 解的唯一性问题, 我们有结论: 如果方程 (3.5.1) 的混合问题存在解, 那么解必唯一. 如果方程 (3.5.1) 的柯西初值问题存在有界解, 那么在有界函数类中, 是唯一的.

在二阶线性抛物型方程中, 以下热传导方程是最典型的例子:

$$\frac{\partial u}{\partial t}-a^2\Delta u=f(x,t), \tag{3.5.7}$$

其中 $x=(x_1,x_2,\cdots,x_n)\in\mathbb{R}^n, t>0$, $\Delta=\nabla^2=\sum_{i=1}^{n}\frac{\partial^2}{\partial x_i^2}$ 为拉普拉斯算子, $f(x,t)$ 是连续有界函数.

n 维热传导方程的柯西初值问题的初值条件为

$$u(x,0)=\varphi(x),\quad x\in\mathbb{R}^n, \tag{3.5.8}$$

其中 $\varphi(x)$ 为连续有界函数.

于是, 问题 (3.5.7)—(3.5.8) 的解可以表示为

$$\begin{aligned}
&u(x_1,x_2,\cdots,x_n,t)\\
=&\frac{1}{(2a\sqrt{\pi t})^n}\underbrace{\int_{-\infty}^{+\infty}\int_{-\infty}^{+\infty}\cdots\int_{-\infty}^{+\infty}}_{n}\varphi(\xi_1,\xi_2,\cdots,\xi_n)\cdot\\
&\mathrm{e}^{-\frac{(x_1-\xi_1)^2+(x_2-\xi_2)^2+\cdots+(x_n-\xi_n)^2}{4a^2t}}\mathrm{d}\xi_1\mathrm{d}\xi_2\cdots\mathrm{d}\xi_n+\\
&\int_0^t\left[\underbrace{\int_{-\infty}^{+\infty}\int_{-\infty}^{+\infty}\cdots\int_{-\infty}^{+\infty}}_{n}\frac{f(\xi_1,\xi_2,\cdots,\xi_n,\tau)}{\left[2a\sqrt{\pi(t-\tau)}\right]^n}\cdot\right.\\
&\left.\mathrm{e}^{-\frac{(x_1-\xi_1)^2+(x_2-\xi_2)^2+\cdots+(x_n-\xi_n)^2}{4a^2(t-\tau)}}\mathrm{d}\xi_1\mathrm{d}\xi_2\cdots\mathrm{d}\xi_n\right]\mathrm{d}\tau,
\end{aligned} \tag{3.5.9}$$

显然, (3.5.9) 式又是一幅偏微分方程符号的优美画卷.

从 (3.5.9) 式中可以观察出以下函数的特殊作用:

$$U(x,t;\xi,\tau)=\begin{cases}\dfrac{1}{2a\sqrt{\pi(t-\tau)}}\mathrm{e}^{-\frac{(x-\xi)^2}{4a^2(t-\tau)}}, & t\geqslant\tau,\\ 0, & t<\tau,\end{cases} \tag{3.5.10}$$

其中 $x=(x_1,x_2,\cdots,x_n),\xi=(\xi_1,\xi_2,\cdots,\xi_n)$, $(x-\xi)^2=\sum_{i=1}^{n}(x_i-\xi_i)^2$, $t>0$, $\tau>0$.

函数 (3.5.10) 称为热传导方程的基本解. 关于二阶线性偏微分方程的基本解, 我们简介如下.

二阶线性偏微分算子为

$$L=\sum_{i,j=1}^{n}a_{ij}\frac{\partial^2}{\partial x_i\partial x_j}+\sum_{i=1}^{n}b_i\frac{\partial}{\partial x_i}+c, \tag{3.5.11}$$

其中 a_{ij},b_i,c 为 $x=(x_1,x_2,\cdots,x_n)$ 的二次连续可微函数.

我们称由

$$L^*v=\sum_{i,j=1}^{n}\frac{\partial^2}{\partial x_i\partial x_j}(a_{ij}v)-\sum_{i=1}^{n}\frac{\partial}{\partial x_i}(b_iv)+cv, \tag{3.5.12}$$

确定的算子 L^* 为 L 的共轭算子.

当 $L=L^*$ 时, 称 L 为自共轭算子.

关于算子 L 和 L^* 有格林公式:

$$\int_{\Omega}(vLu-uL^*v)\mathrm{d}x=\int_{\partial\Omega}\sum_{i=1}^{n}p_i\cos(n,x_i)\mathrm{d}\sigma, \tag{3.5.13}$$

其中 $\partial\Omega$ 是区域 $\Omega\subset\mathbb{R}^n$ 的边界, n 是 $\partial\Omega$ 的外法向量, $\cos(n,x_i)$ 表示 n 与第 i 个坐标轴 x_i 的夹角的方向余弦, 而

$$p_i=\sum_{j=1}^{n}\left(va_{ij}\frac{\partial u}{\partial x_j}-u\frac{\partial}{\partial x_j}(a_{ij}v)\right)+b_iuv, \tag{3.5.14}$$

公式 (3.5.13) 可以视为广义离散定理或广义散度定理.

由 (3.5.13) 式可以对三维拉普拉斯算子 $\Delta=\dfrac{\partial^2}{\partial x^2}+\dfrac{\partial^2}{\partial y^2}+\dfrac{\partial^2}{\partial z^2}$ 来计算 $\displaystyle\iiint_{\Omega}(v\Delta u-u\Delta v)\mathrm{d}x\mathrm{d}y\mathrm{d}z$.

我们对 $M,M_0\in\mathbb{R}^n$ 定义形式上的 δ 函数:

$$\delta(M-M_0)=\begin{cases}0, & M\neq M_0,\\ \infty, & M=M_0,\end{cases} \tag{3.5.15}$$

在本章前面已经提起过. 在引进广义函数之后, 我们会给出 δ 函数的严格数学定义.

我们称满足方程 $Lu=\delta(M-M_0)$ 的解 $u(M,M_0)$ 为方程 $Lu=f$ 的基本解, 有时也称为方程 $Lu=0$ 的基本解.

基本解 $U(M,M_0)$ 满足

$$LU(M,M_0)=0,\quad M\neq M_0, \tag{3.5.16}$$

而对任意光滑的函数 $f(M)$ 有

$$U(M)=\int_{\mathbb{R}^n}U(M,M_0)f(M_0)\mathrm{d}M_0, \tag{3.5.17}$$

于是, $U(M)$ 满足

$$LU=f(M). \tag{3.5.18}$$

关于基本解的严格理论, 我们将在第五章介绍. 用基本解可以对二阶线性偏微分方程的解的概念进行拓广, 即所谓的广义解.

考虑由 (3.5.11) 式确定的方程

$$Lu=f(x)\quad x\in\Omega\subset\mathbb{R}^n, \tag{3.5.19}$$

其中 $f(x)$ 在区域 Ω 上连续.

如果函数 $u(x)$ 在区域 Ω 上连续, 并且对于 Ω 上的任意二次连续可微函数 $\varphi(x)$ (这里 φ 在 Ω 内部靠近边界 $\partial\Omega$ 的一个邻域内恒为零) 都有

$$\int_\Omega(uL^*\varphi-f\varphi)\mathrm{d}x=0, \tag{3.5.20}$$

那么就称 $u(x)$ 为方程 (3.5.19) 的广义解. 方程 (3.5.19) 在连续可微意义下的解称为古典解. 于是, 古典解一定是广义解, 但由于广义解不一定可微, 所以广义解不一定是古典解.

关于偏微分方程的广义解与古典解之间的关系, 将在第五章有一定的讨论.

关于抛物型方程定解问题的经典解法通常以分离变量法和积分变换法为主.

下面举两个用积分变换方法求解热传导方程的例子.

例 3.5.1　用拉普拉斯变换求解

$$\begin{cases}\dfrac{\partial u}{\partial t}=a^2\dfrac{\partial^2 u}{\partial x^2}, & 0<x<+\infty,\ \ t>0,\\ u(0,t)=u_0, & t>0,\\ u(x,0)=0, & 0<x<+\infty.\end{cases} \tag{3.5.21}$$

我们作 $u(x,t)$ 关于 t 的拉普拉斯变换

$$\mathcal{L}\big(u(x,t)\big)=\tilde{u}(x,p)=\int_0^{\infty}u(x,t)\mathrm{e}^{-pt}\mathrm{d}t, \tag{3.5.22}$$

于是, 将问题 (3.5.21) 化为

$$\begin{cases}a^2\dfrac{\mathrm{d}^2\tilde{u}}{\mathrm{d}x^2}=p\tilde{u},\\ \tilde{u}\big|_{x=0}=\dfrac{u_0}{p},\end{cases} \tag{3.5.23}$$

可得问题 (3.5.23) 的通解为

$$\tilde{u}=c_1\mathrm{e}^{-\frac{\sqrt{p}}{a}x}+c_2\mathrm{e}^{\frac{\sqrt{p}}{a}x}.$$

要求解有界, 则 $c_2=0$, $c_1=\dfrac{u_0}{p}$. 所以

$$\tilde{u}=\frac{u_0}{p}\mathrm{e}^{-\frac{\sqrt{p}}{a}x}. \tag{3.5.24}$$

查拉普拉斯变换表 (可查阅有关资料) 得

$$u(x,t)=u_0\mathrm{erfc}\Big(\frac{x}{2a\sqrt{t}}\Big), \tag{3.5.25}$$

注意, (3.5.25) 式中的 $\mathrm{erfc}(\cdot)$ 表示余误差函数.

例 3.5.2　设 $a>0$ 为常数, $\varphi(x)$ 是 $\mathbb{R}=(-\infty,+\infty)$ 上的有界连续可微函数.

(1) 求解初值问题

$$\begin{cases}\dfrac{\partial u_\varepsilon}{\partial t}+a\dfrac{\partial u_\varepsilon}{\partial x}=\varepsilon\dfrac{\partial^2 u_\varepsilon}{\partial x^2}, & -\infty<x<+\infty,\ \ t>0,\\ u_\varepsilon(x,0)=\varphi(x), & -\infty<x<+\infty,\end{cases}\tag{3.5.26}$$

其中常数 $\varepsilon>0$, $a>0$.

(2) 证明: $\lim\limits_{\varepsilon\to 0^+}u_\varepsilon(x,t)=u(x,t)$, 其中 $u(x,t)$ 满足

$$\begin{cases}\dfrac{\partial u}{\partial t}+a\dfrac{\partial u}{\partial x}=0, & -\infty<x<+\infty,\ \ t>0,\\ u(x,0)=\varphi(x), & -\infty<x<+\infty.\end{cases}\tag{3.5.27}$$

事实上, 对 $u_\varepsilon(x,t)$ 和 $\varphi(x)$ 关于 x 作傅里叶变换有

$$\hat{u}_\varepsilon(\lambda,t)=\frac{1}{\sqrt{2\pi}}\int_{-\infty}^{+\infty}u_\varepsilon(x,t)\mathrm{e}^{-\mathrm{i}\lambda x}\mathrm{d}x,\quad \lambda\in(-\infty,+\infty),\tag{3.5.28}$$

$$\hat{\varphi}(\lambda)=\frac{1}{\sqrt{2\pi}}\int_{-\infty}^{+\infty}\varphi(x)\mathrm{e}^{-\mathrm{i}\lambda x}\mathrm{d}x,\qquad \lambda\in(-\infty,+\infty),\tag{3.5.29}$$

其中 $\mathrm{i}^2=-1$.

于是有常微分方程的初值问题

$$\begin{cases}\dfrac{\mathrm{d}\hat{u}_\varepsilon}{\mathrm{d}t}+(a\mathrm{i}\lambda+\varepsilon\lambda^2)\hat{u}_\varepsilon=0, & t>0,\\ \hat{u}_\varepsilon(\lambda,0)=\hat{\varphi}(\lambda), & \lambda\in(-\infty,+\infty),\end{cases}\tag{3.5.30}$$

亦即

$$\hat{u}_\varepsilon(\lambda,t)=\hat{\varphi}(\lambda)\mathrm{e}^{-(a\mathrm{i}\lambda+\varepsilon\lambda^2)t}.\tag{3.5.31}$$

再设 $\hat{g}(\lambda,t)=\mathrm{e}^{-(a\mathrm{i}\lambda+\varepsilon\lambda^2)t}$ 为 $g(x,t)$ 关于 x 的傅里叶变换, 则

$$\begin{aligned}g(x,t)&=F^{-1}\big(\hat{g}(\lambda,t)\big)\qquad (\hat{g}\text{ 的傅里叶逆变换})\\&=\frac{1}{\sqrt{2\pi}}\int_{-\infty}^{+\infty}\mathrm{e}^{-(a\mathrm{i}\lambda+\varepsilon\lambda^2)t}\mathrm{e}^{\mathrm{i}\lambda x}\mathrm{d}\lambda\\&=\frac{1}{\sqrt{2\varepsilon t}}\mathrm{e}^{-\frac{(x-at)^2}{4\varepsilon t}},\end{aligned}$$

从而

$$u_\varepsilon(x,t)=F^{-1}(\hat{u}_\varepsilon)(x,t)$$

$$= \frac{1}{\sqrt{2\pi}}\varphi(\cdot) * g(\cdot, t)$$

$$= \frac{1}{\sqrt{2\pi}}\int_{-\infty}^{+\infty}\varphi(\mu)g(x-\mu, t)\mathrm{d}\mu \tag{3.5.32}$$

$$= \frac{1}{\sqrt{\pi}}\int_{-\infty}^{+\infty}\varphi\big(x - at + 2\sqrt{\varepsilon t}\mu\big)\mathrm{e}^{-\mu^2}\mathrm{d}\mu.$$

由已知条件及 (3.5.32) 式有

$$\lim_{\varepsilon\to 0^+}\int_{-\infty}^{+\infty}\varphi\big(x - at + 2\sqrt{\varepsilon t}\mu\big)\mathrm{e}^{-\mu^2}\mathrm{d}\mu = \varphi(x-at)\sqrt{\pi},$$

所以 $u(x,t) = \varphi(x-at)$ 即为所求.

例 3.5.2 是用傅里叶积分变换求解热传导方程的一个例子, 其实这里隐含了现代偏微分方程的研究思想. 在一阶非线性双曲守恒律方程的研究中, 为了得到 (广义) 解的存在性, 经常把双曲守恒律方程加上人工的黏性项 (二阶扩散项), 进而得到二阶的抛物扩散方程. 在证明了相应的二阶扩散方程解的存在性之后, 令黏性系数趋于零, 证明收敛极限是所论双曲守恒律方程的 (广义) 解. 这种方法就是所谓的黏性消失方法.

从问题 (3.5.26) 到问题 (3.5.27) 的极限过程就是非线性偏微分方程黏性消失方法的一个例子.

下面, 我们再介绍一点 n 维热传导方程的内容.

引入热传导算子 P 及其共轭算子 P^* 如下:

$$Pu = \frac{\partial u}{\partial t} - \sum_{k=1}^{n}\frac{\partial^2 u}{\partial x_k^2}, \tag{3.5.33}$$

$$P^*v = -\frac{\partial v}{\partial t} - \sum_{k=1}^{n}\frac{\partial^2 v}{\partial x_k^2}. \tag{3.5.34}$$

令 $Q_\tau = \{(x,t)|x = (x_1, x_2, \cdots, x_n) \in \Omega \subset \mathbb{R}^n, 0 < t \leqslant \tau\}$, Ω 是 $\mathbb{R}^n$ 中的有界区域, 其边界为 $\partial\Omega$. Q_τ 的侧面是集合 $\partial\Omega \times [0,\tau] = \{(x,t)|x \in \partial\Omega, 0 \leqslant t \leqslant \tau\}$.

设 $u(x,t)$ 和 $v(x,t)$ 是 $C^{2,1}(\overline{Q}_\tau)$ 中的函数, 即在 $\overline{Q}_\tau$ 上关于 x 二次

连续可微, 关于 t 一次连续可微.

由分部积分有

$$\int_{Q_\tau} vPu\mathrm{d}x\mathrm{d}t = \int_{Q_\tau}\left(\sum_{k=1}^{n}\frac{\partial u}{\partial x_i}\frac{\partial v}{\partial x_i} - u\frac{\partial v}{\partial t}\right)\mathrm{d}x\mathrm{d}t - \int_{\partial\Omega\times[0,\tau]} v\frac{\partial u}{\partial \nu}\mathrm{d}\sigma + \int_{Q_\tau} v(x,\tau)u(x,\tau)\mathrm{d}x - \int_{\Omega} v(x,0)u(x,0)\mathrm{d}x, \tag{3.5.35}$$

其中 ν 是 $\partial\Omega\times[0,\tau]$ 的单位外法向量, $\Omega_\tau=\{(x,t)|x\in\Omega, t=\tau\}$, $\mathrm{d}\sigma$ 是 $\partial\Omega\times[0,\tau]$ 上的面积元素.

另外有

$$-\int_{Q_\tau} u\Delta v\mathrm{d}x\mathrm{d}t = \int_{Q_\tau}\sum_{k=1}^{n}\frac{\partial u}{\partial x_k}\frac{\partial v}{\partial x_k}\mathrm{d}x\mathrm{d}t - \int_{\partial\Omega\times[0,\tau]} u\frac{\partial v}{\partial \nu}\mathrm{d}\sigma. \tag{3.5.36}$$

用 (3.5.35) 式减去 (3.5.36) 式得

$$\int_{Q_\tau}(vPu - uP^*v)\mathrm{d}x\mathrm{d}t = \int_{\partial\Omega\times[0,\tau]}\left(\frac{\partial v}{\partial \nu}u - \frac{\partial u}{\partial \nu}v\right)\mathrm{d}\sigma + \int_{\Omega_\tau} v(x,\tau)u(x,\tau)\mathrm{d}x - \int_{\Omega} v(x,0)u(x,0)\mathrm{d}x. \tag{3.5.37}$$

又设 $u(x,t)$ 满足

$$Pu=f(x,t),\quad (x,t)\in Q_\tau, \tag{3.5.38}$$

其中 $f(x,t)$ 是 Q_τ 上有界的连续函数.

设 $(x^0,t^0)\in Q_\tau$. 对空间 $\mathbb{R}^{n+1}_{x,t}$ 中的柱体 $Q_\tau\cap\{t\leqslant t^0-\varepsilon\}=Q_{t^0-\varepsilon}$, $\varepsilon>0$, 以及 $u(x,t)$ 和 $U(x^0,x,t^0,t)$ 用 (3.5.37) 式得

$$\int_{Q_{t^0-\varepsilon}}(vPu-uP^*v)\mathrm{d}x\mathrm{d}t=\int_{\partial\Omega\times[0,t^0-\varepsilon]}\left(\frac{\partial v}{\partial \nu}u-\frac{\partial u}{\partial \nu}v\right)\mathrm{d}\sigma+\int_{\Omega_{t^0_\varepsilon}}uv\mathrm{d}x-\int_{\Omega}uv\mathrm{d}x, \tag{3.5.39}$$

其中

$$v(x,t)=U(x^0,x,t^0,t)=\begin{cases}\dfrac{1}{\left(2\sqrt{\pi(t-t^0)}\right)^n}\mathrm{e}^{-\frac{|x-x^0|^2}{4(t-t^0)}}, & t>t^0,\\ 0, & t\leqslant t^0,\end{cases} \tag{3.5.40}$$

$$x=(x_1,x_2,\cdots,x_n),\ x^0=(x_1^0,x_2^0,\cdots,x_n^0),\ |x-x^0|^2=\sum_{i=1}^n(x_i-x_i^0)^2.$$

注意到, 在 $Q_{t^0-\varepsilon}$ 内, $P^*v=0$, 在 Q_τ 内 $Pu=f$, 当 $\varepsilon\to 0^+$ 时, 有

$$\int_{\Omega_{t^0-\varepsilon}}U(x^0,x,t^0,t^0-\varepsilon)u(x,t^0-\varepsilon)\mathrm{d}x\to u(x^0,t^0), \tag{3.5.41}$$

于是对 (3.5.39) 式, 令 $\varepsilon\to 0^+$ 得

$$\begin{aligned}u(x^0,t^0)=&\int_{Q_{t^0}}U(x^0,x,t^0,t)f(x,t)\mathrm{d}x\mathrm{d}t+\int_{\partial\Omega\times[0,t^0]}\left(U\frac{\partial u}{\partial\nu}-u\frac{\partial U}{\partial\nu}\right)\mathrm{d}\sigma+\\&\int_\Omega u(x,0)U(x^0,x,t^0,0)\mathrm{d}x.\end{aligned} \tag{3.5.42}$$

函数 $U(x^0,x,t^0,t)$ 称为热传导方程 $Pu=f$ 的基本解.

用 (3.5.42) 式我们可以证明热传导方程解的无穷阶可微性. 即有以下结论:

在 Q_τ 内满足方程 $Pu=0$ 的 $C^{2,1}(\overline{Q}_\tau)$ 类函数 $u(x,t)$ 是 Q_τ 内关于 x,t 的无穷阶可微函数.

上述结论实际上表明了热传导算子是次椭圆算子的潜在属性. 关于次椭圆算子可以参见第五章的有关讨论.

3.6　应用问题模型

这一节将介绍两个与抛物型方程有关的实际问题的数学模型. 最著名的模型方程应该属于纳维–斯托克斯方程.

例 3.6.1　对不可压缩的黏性流体, 其运动方程可以写为如下形式的定解问题:

$$
\begin{cases}
\dfrac{\partial u}{\partial t} - \Delta u + \displaystyle\sum_{i=1}^{n} u_i \dfrac{\partial u}{\partial x_i} = -\nabla p, \quad (x,t) \in \Omega \times (0,+\infty), \\
\operatorname{div} u = 0, \\
u|_{\partial\Omega\times(0,+\infty)} = 0, \\
u|_{t=0} = u_0(x), \quad x \in \Omega,
\end{cases} \tag{3.6.1}
$$

其中 $u(x,t) = (u_1(x,t), u_2(x,t), \cdots, u_n(x,t))$ 表示速度向量场, $p(x,t)$ 表示压强函数, $x = (x_1, x_2, \cdots, x_n)$, $n = 2$ 或 3, $\Omega \subset \mathbb{R}^n$ 是有界区域, $\partial\Omega$ 是 Ω 的边界.

问题 (3.6.1) 描述的是无外力作用, 密度为常数和黏性系数为常数情形的流体场. $\nabla = \left(\dfrac{\partial}{\partial x_1}, \dfrac{\partial}{\partial x_2}, \cdots, \dfrac{\partial}{\partial x_n}\right)$, $\operatorname{div} u = \nabla \cdot u = \displaystyle\sum_{i=1}^{n} \dfrac{\partial u_i}{\partial x_i}$, $\Delta = \nabla^2 = \displaystyle\sum_{i=1}^{n} \dfrac{\partial^2}{\partial x_i^2}$.

关于不可压缩纳维–斯托克斯方程定解问题解的适定性是目前最著名的偏微分方程世界难题. 显然在数学理论研究中相关的适定性问题遇到了挑战, 但在实际流体力学问题中, 纳维–斯托克斯方程模型在数值偏微分方程的方法之上还是有重要的实际意义的.

例 3.6.2 (半导体双极量子流体动力学模型) 考虑模型方程

$$
\begin{cases}
n_{it} + \operatorname{div}(n_i u_i) = -R(n_1, n_2), \\
(n_i u_i)_t + \operatorname{div}(n_i u_i \otimes u_i) + \nabla(n_i \theta_i) - \varepsilon^2 n_i \nabla \left(\dfrac{\Delta\sqrt{n_i}}{\sqrt{n_i}}\right) \\
= (-1)^{i-1} n_i \nabla\phi - \dfrac{n_i u_i}{\tau_m}, \\
n_i \theta_{it} + n_i u_i \nabla\theta_i + \dfrac{2}{3} n_i \theta_i \operatorname{div} u_i - \dfrac{2}{3}\operatorname{div}(k\nabla\theta_i) - \dfrac{\varepsilon^2}{3}\operatorname{div}(n_i \Delta u_i) \\
= \dfrac{2\tau_e - \tau_m}{3\tau_e\tau_m} n_i |u_i|^2 - \dfrac{n_i(\theta_i - \bar{\theta})}{\tau_e}, \\
\lambda^2 \Delta\phi = n_1 - n_2 - D(x),
\end{cases} \tag{3.6.2}
$$

其中 $x=(x_1,x_2,x_3),t>0,i=1,2$, n_1 为电子密度, n_2 为空穴密度, $u_i=(u_{1i},u_{2i},u_{3i})$ 是速度场, ϕ 为静电势, θ_i 为温度函数, τ_m 是动量松弛时间, τ_e 是能量松弛时间, ε 为普朗克常数, λ 为德拜 (Debye) 长度, $D(x)$ 为掺杂密度函数, $\bar{\theta}$ 为绝对温度, $R(n_1,n_2)$ 为关于电子与空穴的重组生成密度.

方程组 (3.6.2) 是半导体偏微分方程中的重要宏观数学模型, 其描述了半导体内部微观载流子量子传输的宏观数学现象.

从偏微分方程的角度, 方程组 (3.6.2) 是双曲、抛物和椭圆型等三种类型方程耦合而成的非线性偏微分方程组, 在方程组 (3.6.2) 的研究中, 关于双曲型方程、抛物型方程和椭圆型方程的理论与方法都会涉及. 这是一个非常优美的偏微分方程符号心理学画面, 同时也是具有重大挑战性的偏微分方程模型. 该模型的困难是双曲占优的, 但是非线性三阶导数项也给数学分析工作带来了困难. 用数值分析方法研究方程组 (3.6.2) 是必要的, 但也并非简单.

对不同的问题, 方程组 (3.6.2) 可以化为不同情形的简单模型方程, 这在数学上对应了模型之间解的渐近极限的收敛性问题.

方程组 (3.6.2) 的数学理论研究可以作为半导体偏微分方程方向的一个问题.

3.7 有限差分方法

本节简要介绍抛物型方程的有限差分方法. 我们考虑热传导方程的初边值问题

$$\begin{cases}\dfrac{\partial u}{\partial t}-a^2\dfrac{\partial^2 u}{\partial x^2}=0, & 0<x<l,\ t>0,\\ u(x,0)=\varphi(x), & 0<x<l,\\ u(0,t)=\mu_1(t),\quad u(l,t)=\mu_2(t), & t\geqslant 0.\end{cases}\tag{3.7.1}$$

将 $[0,l]$ 分为 n 等份, 每段长为 $\Delta x=\dfrac{l}{n}$. 现引入两族平行线:

$$x=x_i=i\Delta x,\quad i=0,1,\cdots,n,$$

$$t=t_j=j\Delta t,\quad j=0,1,2,\cdots,\ \Delta t\ \text{取值见后}.$$

记 $u(x_i,t_j)=u_{ij}$, 节点 (x_i,t_j) 为 (i,j), 在节点 (i,j) 上把 $\dfrac{\partial u}{\partial t}$ 和 $\dfrac{\partial^2 u}{\partial x^2}$ 分别写为差分形式

$$\frac{u_{i,j+1}-u_{ij}}{\Delta t},\quad \frac{u_{i+1,j}-2u_{ij}+u_{i-1,j}}{(\Delta x)^2},\tag{3.7.2}$$

则问题 (3.7.1) 的离散形式为

$$\begin{cases}\dfrac{u_{i,j+1}-u_{ij}}{\Delta t}-a^2\dfrac{u_{i+1,j}-2u_{ij}+u_{i-1,j}}{(\Delta x)^2}=0, & i=1,2,\cdots,n-1,\ \ j=0,1,2,\cdots,\\ u_{i0}=\varphi(i\Delta x), & i=1,2,\cdots,n-1,\\ u_{0j}=\mu_1(j\Delta t),\quad u_{nj}=\mu_2(j\Delta t), & j=0,1,2,\cdots.\end{cases}\tag{3.7.3}$$

记 $\lambda=a^2\dfrac{\Delta t}{(\Delta x)^2}$, 于是上述差分方程可写成

$$u_{i,j+1}=\lambda u_{i+1,j}+(1-2\lambda)u_{ij}+\lambda u_{i-1,j}\quad i=1,2,\cdots,n-1,\ \ j=0,1,2,\cdots.\tag{3.7.4}$$

由此可以按照 t 增加的方向逐个求解. 在第 0 排上 u_{i0} 的值由初值 $\varphi(i\Delta x)$ 确定, 第 $j+1$ 排上 $u_{i,j+1}$ 的值可由第 j 排的三点 $(i+1,j)$, (i,j), $(i-1,j)$ 上的值 $u_{i+1,j}$, u_{ij}, $u_{i-1,j}$ 来确定, 而 $u_{0,j+1}$, $u_{n,j+1}$ 已由边值条件 $\mu_1((j+1)\Delta t)$ 及 $\mu_2((j+1)\Delta t)$ 给定. 这样一来, 可以逐排计算出一切节点 (i,j) 上的值 u_{ij}.

当 $\varphi(x)$, $\mu_1(t)$, $\mu_2(t)$ 足够光滑且 $\lambda\leqslant\dfrac{1}{2}$ 时, 差分方程的解收敛且稳定. 所以, 在用差分方程 (3.7.4) 计算时, 必须满足 $\lambda\leqslant\dfrac{1}{2}$, 即 $\Delta t\leqslant\dfrac{1}{2a^2}(\Delta x)^2$.

热传导方程可运用差分方程

$$\frac{u_{i,j+1}-u_{ij}}{\Delta t}-a^2\frac{u_{i+1,j+1}-2u_{i,j+1}+u_{i-1,j+1}}{(\Delta x)^2}=0$$

代替, 此时如果已知前 j 排 u_{ij} 的值, 为求第 $j+1$ 排的 $u_{i,j+1}$, 必须求解含有 $n-1$ 个未知量 $u_{1,j+1}, u_{2,j+1}, \cdots, u_{n-1,j+1}$ 的线性代数方程组, 这是一种隐式的差分方程. 而上面提到的差分方程是显式的差分方程. 隐式的差分方程对任意的 λ 都是稳定的. 差分格式的稳定性与收敛性问题可查阅相关文献.

第四章　椭圆型方程

4.1 物理来源、边值问题的提法

在研究物理中的各种现象 (比如, 热传导、扩散等) 的稳定过程 (表示过程的函数与时间变量 t 无关) 时, 常常遇到属于椭圆型方程类型的拉普拉斯方程

$$\Delta u = 0 \tag{4.1.1}$$

与泊松方程

$$\Delta u = -4\pi\rho. \tag{4.1.2}$$

此处, $\Delta = \dfrac{\partial^2}{\partial x^2} + \dfrac{\partial^2}{\partial y^2} + \dfrac{\partial^2}{\partial z^2}$ 为拉普拉斯算子, $u(x, y, z)$ 及 $\rho(x, y, z)$ 分别为未知函数和已知函数.

在第二章及第三章中, 用傅里叶方法解二维或三维空间有界区域上波动方程或热传导方程的定解问题时, 都会遇到椭圆型方程的特征值问题

$$\begin{cases} \Delta u + \lambda u = 0, & (x, y, z) \in V, \\ u = 0, & (x, y, z) \in S, \end{cases} \tag{4.1.3}$$

其中 $u(x, y, z)$ 为未知函数, λ 为待定常数.

在热中子核反应堆理论中, 根据单群中子理论来确定反应堆的隔界大小时, 常遇到单群中子方程

$$\Delta N + \alpha^2 N = 0, \tag{4.1.4}$$

其中 $N(x, y, z)$ 为点 (x, y, z) 处的热中子密度, α^2 叫做“拉氏参数”, 它等于 $\dfrac{h-1}{L^2 + k\tau}$, h 为倍增系数, L 为扩散长度, $\sqrt{\tau}$ 为慢化长度, h, L, τ 均为常数.

在研究波导理论时, 为了研究波的辐射原理, 常要找波动方程

$$\frac{\partial^2 u}{\partial t^2} = a^2 \Delta u, \tag{4.1.5}$$

具有已给频率 ω 的正弦驻波系统型的解为

$$u(x,y,z,t) = \mathrm{e}^{\mathrm{i}\omega t} v(x,y,z). \tag{4.1.6}$$

对于这种解, $v(x,y,z)$ 应适合亥姆霍兹方程

$$\Delta v + k^2 v = 0, \tag{4.1.7}$$

其中 $k = \dfrac{\omega}{a}$ 为已知常数.

由此可知, 椭圆型方程对研究物理中的稳定过程和不稳定过程都很重要.

本章将讨论有关椭圆型方程最基本的一些结果. 讨论椭圆型方程定解问题时, 时常是在特定边值条件下来找方程的解, 因此我们有必要研究各种边值问题的提法和物理来源.

在物理学及工程技术中, 很多理论问题 (例如, 在一定条件下, 确定稳定热场的温度分布, 重力场、静电场、静磁场及恒定电流电场的势和理想液体无涡流的运动的速度势等) 均可化为有关拉普拉斯方程或泊松方程的边值问题. 下面只通过两类问题来说明诸边值问题的来源.

1. 稳定热场

在第三章中已经指出: 非稳定热场的温度应满足热传导方程

$$u_t = a^2 \Delta u + \frac{F}{c\rho}, \quad a^2 = \frac{k}{c\rho},$$

其中 k 为热传导系数, c 为比热容, ρ 为密度, F 为热源密度. 考虑一特例, $u(x,y,z,t)$ 与 t 无关, 亦即热场是稳定的, 则 $u(x,y,z)$ 应适合泊松方程

$$\Delta u = -f, \quad f = \frac{F}{k}.$$

若热场是稳定的且无源的, 则 $u(x,y,z)$ 应适合拉普拉斯方程

$$\Delta u = 0.$$

让我们来考虑一个占有空间区域 V 的物体, 其中 V 为闭曲面 S 所包围的开区域. 在下列三种不同的物理条件下来研究物体内部各点温度 $u(x,y,z)$:

(1) S 上各点在各个时刻的温度 f_1 已知, 且 f_1 与 t 无关;

(2) 经 S 上各点在各个时间段内流进或流出的热量 f_2 已知, 且 f_2 与 t 无关;

(3) 物体与外界发生热交换, 外界温度 f_3 已知, 且 f_3 与 t 无关.

对应于这三种不同的物理问题, 可得三类边值问题, 依次如下:

$$
(\text{I})\quad \begin{cases} \Delta u = -f(x,y,z), & (x,y,z)\in V, \\ u\ \text{是连续的}^{1} & (x,y,z)\in V\cup S, \\ u = f_1, & (x,y,z)\in S, \end{cases}
$$

这个边值问题通常叫做狄利克雷问题或第一边值问题.

$$
(\text{II})\quad \begin{cases} \Delta u = -f(x,y,z), & (x,y,z)\in V, \\ \dfrac{\partial u}{\partial n} = \dfrac{1}{k} f_2, & (x,y,z)\in S, \end{cases}
$$

这个边值问题通常叫做诺伊曼问题或第二边值问题, 其中, $\dfrac{\partial u}{\partial n}$ 是沿曲面 S 的外法向量方向导数.

假定 $\dfrac{\partial u}{\partial n}$ 在 V 内是连续的, 且当 (x,y,z) 自 V 内趋于 S 上某一点时, $\dfrac{\partial u}{\partial n}$ 趋于一确定的极限, $\dfrac{\partial u}{\partial n}$ 在 S 上一点的值便理解为这种极限.

$$
(\text{III})\quad \begin{cases} \Delta u = -f(x,y,z), & (x,y,z)\in V, \\ \dfrac{\partial u}{\partial n} + h(u - f_3) = 0, & (x,y,z)\in S, \end{cases}
$$

其中, h 为与冷却系数及热传导系数有关的点的函数 (参看第三章). 这个边值问题通常叫做第三边值问题或混合问题.

---

1 理解 u 在 $S\cup V$ 上连续时, u 在 S 上一点 P_0 处的值被理解为当 P 自 V 内趋于 P_0 时的极限值.

区域 V 可能在曲面 S 之外, 在这种情况下, 可类似地提出三个边值问题, 它们的物理意义与上述三个问题类似, 但还应给出 $u(x,y,z)$ 在无穷远处的性态. 在三维情形, 另一定解条件为

$$\lim_{\sqrt{x^2+y^2+z^2}\to\infty} u(x,y,z)=0,$$

加上这个条件能保证解的唯一性, 从物理上看加上它很自然.

为了区别起见, 在 S 内的三类问题叫做内部问题, 在 S 外的三类问题叫做外部问题. 例如, 三维的诺伊曼外部问题为

$$\begin{cases}\Delta u=-f(x,y,z), & (x,y,z)\text{ 在 } S \text{ 之外},\\ \dfrac{\partial u}{\partial n}=-\dfrac{1}{k}f_4, & (x,y,z)\in S,\\ \lim\limits_{\sqrt{x^2+y^2+z^2}\to\infty} u(x,y,z)=0. & \end{cases}$$

2. 静电场

考虑一静电场, 若其中各点电位及电荷体密度分别为 $u(x,y,z)$ 及 $\rho(x,y,z)$, 则此静电场中各点的电场强度为

$$E=-\operatorname{grad}u.$$

由高斯定理知

$$\operatorname{div}E=-\frac{\rho(x,y,z)}{\varepsilon},$$

其中 ε 为介电常数, 由此可知

$$\operatorname{div}\operatorname{grad}u=-\frac{\rho}{\varepsilon},$$

亦即 $u(x,y,z)$ 应适合泊松方程

$$\Delta u=-\frac{\rho}{\varepsilon}.$$

若所考虑的静电场中各点的电场体密度 $\rho(x,y,z)$ 均为零, 则 $u(x,y,z)$ 应适合拉普拉斯方程

$$\Delta u = 0.$$

现在考虑确定一个静电场的电位问题. 设

(1) 导体表面的电位已知, 设为 $\varphi(x,y,z)$;

(2) 导体外部各点的电荷体密度为零, 要求导体外部各点的电位为 $u(x,y,z)$.

这个问题化为数学问题便是狄利克雷外部问题: 要找出 $u(x,y,z)$, 它在导体之外处处适合拉普拉斯方程, 在无穷远处为零, 在导体表面 S 适合条件

$$u = \varphi.$$

3. 二维问题的物理来源与提法

若考虑一细长的柱子内部的稳定热场, 如果柱子的母线垂直于 xy 平面, 它的横截面在 xy 平面上的投影为区域 $D\cup C$, D 为开区域, C 为其边界, 它的长度若比区域 D 的面积 (数值上) 大很多且仅考虑柱子中部的一小段, 则此柱子近似地可以看成无限长的柱子 $(-\infty < z < +\infty)$. 若柱子内部的热源密度 $f(x,y)$, 柱面上各点的温度 f_1, 由柱面上各点流进的热量 f_2, 外界温度 f_3 皆与 z 无关, 且柱面上各点的热传导系数及冷却系数皆为同一常数, 则首先从物理上可以看出, 柱子内部各点的温度 $u(x,y,z)$ 必然与 z 无关, 变成二元函数 $u(x,y)$; 其次对应于本节 1 中三种不同的问题, $u(x,y)$ 分别应是边值问题

$$(\mathrm{I})'\quad \begin{cases} \Delta u = -f(x,y), & (x,y)\in D, \\ u \text{ 是连续的}, & (x,y)\in D\cup C, \\ u = f_1, & (x,y)\in C, \end{cases}$$

$$(\mathrm{II})'\quad \begin{cases} \Delta u = -f(x,y), & (x,y)\in D, \\ \dfrac{\partial u}{\partial n} = \dfrac{1}{k} f_2, & (x,y)\in C, \end{cases}$$

$$
(\text{Ⅲ})' \quad \begin{cases} \Delta u = -f(x,y), & (x,y)\in D, \\ \dfrac{\partial u}{\partial n} + h(u-f_3) = 0, & (x,y)\in C \end{cases}
$$

的解. 由于这三个边值问题要找的未知函数 $u(x,y)$ 是二元函数, 所以均称为二维问题或平面问题, 例如问题（Ⅰ）$'$ 叫做二维的第一边值问题或二维的狄利克雷问题.

二维问题同样有内部问题和外部问题之分, 上述三个问题实际上均是内部问题, 外部问题是在闭曲线之外的区域上找解. 由于所讨论的区域包含了无穷远处, 所以还需要先给出 $u(x,y)$ 在无穷远处的性质, 对于二维的外部边值问题一律应加定解条件:

$$
\lim_{\sqrt{x^2+y^2}\to\infty} u(x,y) \text{ 有界.}
$$

二维的外部问题也有一定的物理意义, 从物理意义可看出为什么要加前提条件. 对二维外部问题来讲, 要求适合条件 $\lim\limits_{\sqrt{x^2+y^2}\to\infty} u(x,y)=0$ 的解通常不存在, 圆外第一边值问题便是一例.

注意三维外部问题所加的条件与二维的不同, 但三维边值问题与二维边值问题在处理上基本上是类似的, 所以我们在讨论问题时, 多数情况下只需以三维为主, 让读者类似地导出二维情形的结果.

4.2 调和函数的性质、边值问题的适定性

数学物理方程中所讨论的问题, 通常有两个, 一个是研究实际问题提出的数学物理方程定解问题解的存在性和找法 (包括找数值解), 另一个是研究解的解析性质及解的唯一性和稳定性.

这一节的主要目的是研究调和函数的性质和边值问题的适定性 (存在性、唯一性、稳定性). 限于篇幅, 限于我们的工具不足, 对于后者我们只能作极不全面的叙述, 介绍一些简单而有代表性的结果.

为了研究调和函数的性质和边值问题的适定性, 先给出泊松方程的解和调和函数的积分表达式, 这类积分表达式的建立也是为了解狄利克雷问题的格林方法作准备.

在推导这类积分表达式之前, 先引进调和函数的概念.

定义 4.2.1 若三元 (二元) 函数 $u(x,y,z)$ $(u(x,y))$ 在开区域 V (D) 内具有连续的二阶偏导函数, V (D) 为三维 (二维) 空间的区域, 又若 $u(x,y,z)$ $(u(x,y))$ 在 V (D) 内各点均适合三维 (二维) 的拉普拉斯方程, 则称 $u(x,y,z)$ $(u(x,y))$ 在 V (D) 内是调和函数.

推导泊松方程和拉普拉斯方程解的积分表达式是以拉普拉斯方程的基本解和有关曲线积分的格林公式及曲面积分的奥–高公式 (或高斯定理) 作为基本工具的, 为此先介绍拉普拉斯方程的基本解.

1. 拉普拉斯方程的基本解及其物理意义

设 $P_0(x_0,y_0,z_0)$ 为一定点, 在 P_0 处放置电量为 $4\pi\varepsilon$ 的点电荷, 则此点电荷在空间产生一静电场, 在其中任一点 $P(x,y,z)$ 处的电位应等于

$$u(P,P_0)=\frac{1}{r_{PP_0}},$$

其中 $r_{PP_0}=\sqrt{(x-x_0)^2+(y-y_0)^2+(z-z_0)^2}$, ε 为介电常数.

从物理意义上看, 当 $P\neq P_0$ 时, $u(P,P_0)$ 看成 P 的函数应该有

$$\Delta u(P,P_0)\equiv 0.$$

现在从数学上来验证. 证明时, 先把 P_0 移到原点, 并将点 P 用球坐标 (r,θ,φ) 表示, 从而 $r_{PP_0}=r$, $u(P,P_0)=\dfrac{1}{r}$, 因拉普拉斯算子 Δu 在球坐标中的表示式为

$$\Delta u=\frac{1}{r^2}\frac{\partial}{\partial r}\left(r^2\frac{\partial u}{\partial r}\right)+\frac{1}{r^2\sin\theta}\frac{\partial}{\partial\theta}\left(\sin\theta\frac{\partial u}{\partial\theta}\right)+\frac{1}{r^2\sin^2\theta}\frac{\partial^2 u}{\partial\varphi^2},\quad(4.2.1)$$

因此 $\Delta u(P,P_0)\equiv\dfrac{1}{r^2}\dfrac{\mathrm{d}}{\mathrm{d}r}\left(r^2\dfrac{\mathrm{d}}{\mathrm{d}r}\left(\dfrac{1}{r}\right)\right)$, 从而当 $P\neq P_0$ 时,

$$\Delta u(P,P_0)\equiv-\frac{1}{r^2}\frac{\mathrm{d}}{\mathrm{d}r}\Big(r^2\frac{1}{r^2}\Big)\equiv 0,$$

函数 $\dfrac{1}{r_{PP_0}}$ 在三维的椭圆型方程理论中起着很重要的作用, 叫做三维拉普拉斯方程的基本解. 应该指出 $\dfrac{1}{r_{PP_0}}$ 是定点 P_0 和动点 P 的函数, 对每一定点 P_0, 它看成动点 P 的函数应适合拉普拉斯方程. 此外, 当 P 趋于 P_0 时, 它趋于无穷. 因而, 它属于调和函数, 它能起作用的原因也在于此.

二维拉普拉斯方程的基本解为 $\ln\dfrac{1}{r_{PP_0}}$, $r_{PP_0}=\sqrt{(x-x_0)^2+(y-y_0)^2}$. 仿上利用拉普拉斯算子在柱坐标 (ρ,φ,z) 中的表达式

$$\frac{1}{\rho}\frac{\partial}{\partial\rho}\Big(\rho\frac{\partial u}{\partial\rho}\Big)+\frac{1}{\rho^2}\frac{\partial^2 u}{\partial\varphi^2}+\frac{\partial^2 u}{\partial z^2}=\Delta u,\tag{4.2.2}$$

可以验证当 $P\neq P_0$ 时, $\ln\dfrac{1}{r_{PP_0}}$ 看成 P 的函数适合二维的拉普拉斯方程

$$\Delta u=\frac{\partial^2 u}{\partial x^2}+\frac{\partial^2 u}{\partial y^2}=0.$$

二维拉普拉斯方程的基本解的物理意义是: 设有一无穷长的导线垂直于 xy 平面, 经过一定点 $(x_0,y_0,0)$, 导线两端伸至无穷远处, 导线上分布着电荷, 电荷线密度为 $2\pi\varepsilon$, 则此带电导线在空间产生一静电场, 此静电场为一平行平面场, 也就是在一点 (x,y,z) 处的电位与点 $(x,y,0)$ 的相同, 在点 $P(x,y,0)$ 处的电位就是基本解.

现在来证明这件事.

元素 $\mathrm{d}z$ 在点 $P(x,0,0)$ 处所产生的电场强度沿 x 轴方向的分量为(如图 4.1 所示)

$$\mathrm{d}x=-\frac{1}{2}\frac{(x-x_0)\mathrm{d}z}{[(x-x_0)^2+z^2]^{\frac{3}{2}}},$$

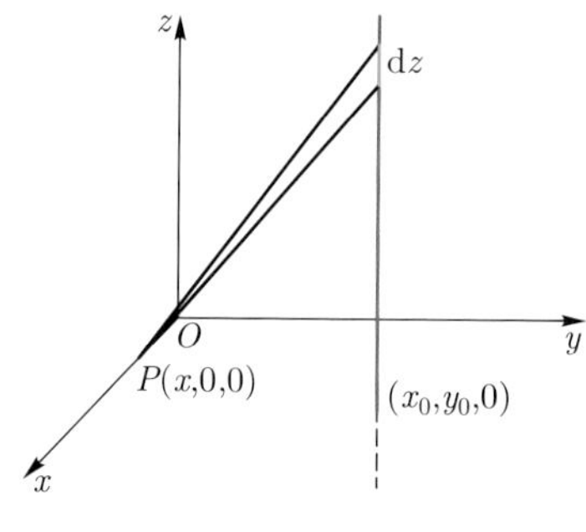

图 4.1

从而, 整个带电导线在 $P(x,0,0)$ 处的电场强度沿 x 轴方向的分量为

$$\begin{aligned}X&=-\frac{1}{2}\int_{-\infty}^{+\infty}\frac{(x-x_0)\mathrm{d}z}{[(x-x_0)^2+z^2]^{\frac{3}{2}}}\\&=-\frac{1}{2(x-x_0)}\int_{-\frac{\pi}{2}}^{\frac{\pi}{2}}\cos\alpha\mathrm{d}\alpha\\&=-\frac{1}{(x-x_0)}\quad\left(\text{令}\frac{\alpha}{(x-x_0)}=\tan\alpha\right).\end{aligned}$$

同理, 若 P 为点 $(x,y,0)$, 则点 P 处电场强度大小为 $-\dfrac{1}{r_{PP_0}}$, 方向为 $\overrightarrow{PP_0}$. 函数 $\ln\dfrac{1}{r_{PP_0}}$ 的梯度为 $-[(x-x_0)i+(y-y_0)j]r_{PP_0}^{-2}$, 其中 i,j 分别为 x 轴, y 轴方向的单位向量. 依据电位的定义, $\mathrm{grad}\,u=-E$, 其中 u 为电位, E 为电场强度, 可知这个电场的电位为 $\ln\dfrac{1}{r_{PP_0}}$.

2. 调和函数的积分表达式

这一段将给出泊松方程的解和调和函数的积分表达式, 在推导之前, 先复习一下奥–高公式

$$\iiint\limits_V \nabla A\mathrm{d}\Omega=\iint\limits_S A\cdot\mathrm{d}q, \tag{4.2.3}$$

其中 $A=X(x,y,z)i+Y(x,y,z)j+Z(x,y,z)k$, $\nabla=\dfrac{\partial}{\partial x}i+\dfrac{\partial}{\partial y}j+\dfrac{\partial}{\partial z}k$,

$\mathrm{d}q = (\cos\alpha i + \cos\beta j + \cos\gamma k)\mathrm{d}S$, α, β, γ 为 S 上任一点的外法线的方向角, i, j, k 分别为 x 轴, y 轴, z 轴方向的单位向量. 此外, 假定 $\dfrac{\partial X}{\partial x}$, $\dfrac{\partial Y}{\partial y}$, $\dfrac{\partial Z}{\partial z}$ 在 $V \cup S$ 上是连续的.

现在从奥 – 高公式导出三个对我们极为有用的公式. 设 $u=u(x,y,z)$, $v = v(x,y,z)$ 的一阶偏导函数在 $V \cup S$ 上连续, 二阶偏导函数在 V 内连续. 取 $A = u\,\mathrm{grad}\,v$, 则得

$$\iiint\limits_V \nabla \cdot u\,\mathrm{grad}\,v\mathrm{d}\Omega = \iint\limits_S u\,\mathrm{grad}\,v \cdot \mathrm{d}q,$$

亦即

$$\iiint\limits_V u\nabla \cdot \mathrm{grad}\,v\mathrm{d}\Omega + \iiint\limits_V \nabla u \cdot \mathrm{grad}\,v\mathrm{d}\Omega = \iint\limits_S u\,\mathrm{grad}\,v \cdot \mathrm{d}q,$$

亦即

$$\iiint\limits_V u\Delta v\mathrm{d}\Omega = \iint\limits_S u\frac{\partial v}{\partial n}\mathrm{d}S - \iiint\limits_V \left(\frac{\partial u}{\partial n}\frac{\partial v}{\partial x} + \frac{\partial u}{\partial y}\frac{\partial v}{\partial y} + \frac{\partial u}{\partial z}\frac{\partial v}{\partial z}\right)\mathrm{d}\Omega, \tag{4.2.4}$$

其中 $\dfrac{\partial}{\partial n} = \cos\alpha\dfrac{\partial}{\partial x} + \cos\beta\dfrac{\partial}{\partial y} + \cos\gamma\dfrac{\partial}{\partial z}$.

同理, 如取 $A = v\,\mathrm{grad}\,u$, 则得

$$\iiint\limits_V v\Delta u\mathrm{d}\Omega = \iint\limits_S v\frac{\partial u}{\partial n}\mathrm{d}S - \iiint\limits_V \left(\frac{\partial u}{\partial x}\frac{\partial v}{\partial x} + \frac{\partial u}{\partial y}\frac{\partial v}{\partial y} + \frac{\partial u}{\partial z}\frac{\partial v}{\partial z}\right)\mathrm{d}\Omega, \tag{4.2.5}$$

将 (4.2.4), (4.2.5) 两式左右两端相减, 可得

$$\iiint\limits_V (u\Delta v - v\Delta u)\mathrm{d}\Omega = \iint\limits_S \left(u\frac{\partial v}{\partial n} - v\frac{\partial u}{\partial n}\right)\mathrm{d}S. \tag{4.2.6}$$

公式 (4.2.4), (4.2.5), (4.2.6) 称为格林公式.

现在由 (4.2.6) 式来推导泊松公式, 从泊松公式便可导出泊松方程的

解和调和函数的积分表达式. 仅以三维情形为例.

设 $u(x,y,z)$ 的一阶偏导函数在 $V\cup S$ 上连续, 二阶偏导函数在 V 内连续. P_0 为 V 内任一点, 则恒有

$$u(P_0)=-\frac{1}{4\pi}\iiint\limits_V\frac{1}{r_{PP_0}}\Delta u\mathrm{d}\Omega_p-\frac{1}{4\pi}\iint\limits_S\left[u\frac{\partial}{\partial n}\left(\frac{1}{r_{PP_0}}\right)-\frac{1}{r_{PP_0}}\frac{\partial u}{\partial n}\right]\mathrm{d}S_p, \tag{4.2.7}$$

此公式叫做泊松公式.

证明 取 $v(x,y,z)=\dfrac{1}{r_{PP_0}}$, 为了能应用公式 (4.2.6), 取 K_ε 为球域, $r_{PP_0}<\varepsilon$, K_ε 的边界为 S_ε, 取 ε 充分小可使 S_ε 在 V 内. 在区域 $V\cup S\backslash K_\varepsilon$ 上, 使用公式 (4.2.6), 可得

$$\begin{aligned}&\iiint\limits_{V-K_\varepsilon}\left(u\Delta\frac{1}{r_{PP_0}}-\frac{1}{r_{PP_0}}\Delta u\right)\mathrm{d}\Omega\\&=\iint\limits_S\left[u\frac{\partial}{\partial n}\left(\frac{1}{r_{PP_0}}\right)-\frac{1}{r_{PP_0}}\frac{\partial u}{\partial n}\right]\mathrm{d}S+\iint\limits_{S_\varepsilon}\left[u\frac{\partial}{\partial n}\left(\frac{1}{r_{PP_0}}\right)-\frac{1}{r_{PP_0}}\frac{\partial u}{\partial n}\right]\mathrm{d}S,\end{aligned}$$

亦即

$$\begin{aligned}&-\iiint\limits_{V-K_\varepsilon}\frac{1}{r_{PP_0}}\Delta u\mathrm{d}\Omega\\&=\iint\limits_\Sigma\left[u\frac{\partial}{\partial n}\left(\frac{1}{r_{PP_0}}\right)-\frac{1}{r_{PP_0}}\frac{\partial u}{\partial n}\right]\mathrm{d}S+\iint\limits_{S_\varepsilon}\left[u\frac{\partial}{\partial n}\left(\frac{1}{r_{PP_0}}\right)-\frac{1}{r_{PP_0}}\frac{\partial u}{\partial n}\right]\mathrm{d}S.\end{aligned}\tag{4.2.8}$$

现在令 $\varepsilon\to 0$, 亦即让 K_ε 与 S_ε 缩向点 P_0, 看上式左右两端如何变化.

为此, 先考虑极限 $\lim\limits_{\varepsilon\to 0}\iint\limits_{S_\varepsilon}u\dfrac{\partial}{\partial n}\left(\dfrac{1}{r_{PP_0}}\right)\mathrm{d}S$ 和 $\lim\limits_{\varepsilon\to 0}\iint\limits_{S_\varepsilon}\dfrac{1}{r_{PP_0}}\left(\dfrac{\partial u}{\partial n}\right)\mathrm{d}S$.

由于在 Σ_ε 上, $\dfrac{1}{r_{PP_0}}=\dfrac{1}{\varepsilon}$, $\dfrac{\partial}{\partial n}\left(\dfrac{1}{r_{PP_0}}\right)=-\dfrac{\partial}{\partial r_{PP_0}}\left(\dfrac{1}{r_{PP_0}}\right)\Bigg|_{r_{PP_0}=\varepsilon}=$

$\dfrac{1}{\varepsilon^2}$, 从而

$$\iint\limits_{S_\varepsilon} u\frac{\partial}{\partial n}\left(\frac{1}{r_{PP_0}}\right)\mathrm{d}S=\frac{1}{\varepsilon^2}\iint\limits_{S_\varepsilon} u\mathrm{d}S=\frac{1}{\varepsilon^2}4\pi\varepsilon^2 u^*=4\pi u^*,$$

其中 u^* 为 u 在 Σ_ε 上某一点的函数值[1].

$$\iint\limits_{S_\varepsilon}\frac{1}{r_{PP_0}}\frac{\partial u}{\partial n}\mathrm{d}S=\frac{1}{\varepsilon}\iint\limits_{S_\varepsilon}\frac{\partial u}{\partial n}\mathrm{d}S=\frac{1}{\varepsilon}4\pi\varepsilon^2\left(\frac{\partial u}{\partial n}\right)^*=4\pi\varepsilon\left(\frac{\partial u}{\partial n}\right)^*,$$

其中 $\left(\dfrac{\partial u}{\partial n}\right)^*$ 为 $\dfrac{\partial u}{\partial n}$ 在 S_ε 上某一点的函数值[1].

于是, 得 $\lim\limits_{\varepsilon\to 0}u^*=u(P_0)$, 这是由于 $u(P)$ 是连续函数, u^* 是 u 在 S_ε 上一点的函数值, 而当 $\varepsilon\to 0$ 时,S_ε 缩于点 P_0 的缘故.$\lim\limits_{\varepsilon\to 0}4\pi\varepsilon\left(\dfrac{\partial u}{\partial n}\right)^*=0$, 这是由于 $u(P)$ 在 V 内具有一阶连续偏导函数, 所以能导出 $\dfrac{\partial u}{\partial n}=\dfrac{\partial u}{\partial x}\cos\alpha+\dfrac{\partial u}{\partial y}\cos\beta+\dfrac{\partial u}{\partial z}\cos\gamma=-\dfrac{\partial u}{\partial r_{PP_0}}$ 在点 P_0 的邻域上的有界性的缘故. 由此可知

$$\lim_{\varepsilon\to 0}\iint\limits_{S_\varepsilon} u\frac{\partial}{\partial n}\left(\frac{1}{r_{PP_0}}\right)\mathrm{d}S=4\pi u(P_0),$$

$$\lim_{\varepsilon\to 0}\iint\limits_{S_\varepsilon}\frac{1}{r_{PP_0}}\frac{\partial u}{\partial n}\mathrm{d}S=0.$$

由此进一步可知, 当 $\varepsilon\to 0$ 时, (4.2.8) 式右端趋于

$$\iint\limits_{S}\left[u\frac{\partial}{\partial n}\left(\frac{1}{r_{PP_0}}\right)-\frac{1}{r_{PP_0}}\frac{\partial u}{\partial n}\right]\mathrm{d}S+4\pi u(P_0).$$

---

1 此处利用了和定积分中值定理 $\int_a^b f(x)\mathrm{d}x=f(s)(b-a)$ 相类似的曲面积分中值定理 $\iint\limits_S f(x,y,z)\mathrm{d}S=f(\xi,\eta,\zeta)S$, 其中 S 为曲面 S 的面积, (ξ,η,ζ) 为 S 上某一点, 此定理成立的条件为 $f(x,y,z)$ 在 Σ 上连续.

因对充分小的 $\varepsilon > 0$, (4.2.8) 式左右两端恒相等, 故当 $\varepsilon \to 0$ 时, 左端极限亦等于同一值. 依据广义积分定义, 将左端记作 $-\iiint\limits_V \frac{1}{r_{PP_0}}\Delta u \mathrm{d}\Omega$, 则得

$$-\iiint\limits_V \frac{1}{r_{PP_0}}\Delta u \mathrm{d}\Omega = \iint\limits_S \left[u\frac{\partial}{\partial n}\left(\frac{1}{r_{PP_0}}\right) - \frac{1}{r_{PP_0}}\frac{\partial u}{\partial n}\right]\mathrm{d}S + 4\pi u(P_0),$$

亦即 (4.2.7) 式. 证毕.

将泊松公式分别应用到泊松方程 $\Delta u=-4\pi\rho$ 及拉普拉斯方程 $\Delta u=0$ 的解 $u_1(x,y,z)$ 与 $u(x,y,z)$ 可得

$$u_1(x_0,y_0,z_0)=\iiint\limits_V \frac{\rho}{r_{PP_0}}\mathrm{d}\Omega - \frac{1}{4\pi}\iiint\limits_S \left[u\frac{\partial}{\partial n}\left(\frac{1}{r_{PP_0}}\right) - \frac{1}{r_{PP_0}}\frac{\partial u}{\partial n}\right]\mathrm{d}S, \quad (4.2.9)$$

$$u(x_0,y_0,z_0)=\iint\limits_\Sigma \left[\frac{1}{r_{PP_0}}\frac{\partial u}{\partial n} - u\frac{\partial}{\partial n}\left(\frac{1}{r_{PP_0}}\right)\right]\mathrm{d}S. \quad (4.2.10)$$

对于二维情形, 可以得到和 (4.2.7) 式类似的结果, 推导方法是类似的, 只是二维情形是从格林公式出发, 并取 $v = \ln\frac{1}{r_{PP_0}}$, 而 $r_{PP_0} = \sqrt{(x-x_0)^2+(y-y_0)^2}$. 现在把结果写出来, 留给读者自行验证.

设 D 是由闭曲线 C 所包围的开区域, n 是 C 上各点的外法向量, 则当 $u(x,y)$ 的一阶偏导函数在 $D\cup C$ 上连续且二阶偏导函数在 D 内连续时, 有

$$\begin{aligned}u(x_0,y_0) = &-\frac{1}{2\pi}\int_C\left[u\frac{\partial}{\partial n}\left(\ln\frac{1}{r_{PP_0}}\right) - \ln\frac{1}{r_{PP_0}}\frac{\partial u}{\partial n}\right]\mathrm{d}l\\ &-\frac{1}{2\pi}\iint\limits_D \ln\frac{1}{r_{PP_0}}\Delta u\mathrm{d}\sigma,\end{aligned} \quad (4.2.11)$$

其中 (x_0,y_0) 为 D 内任一点. 由此, 可得二维调和函数的积分表达式.

3. 调和函数的性质

在上段的基础上, 现在来研究调和函数的性质.

性质 4.2.1　若 (1) $u(x,y,z)$ 在 T 内是调和的; (2) $u(x,y,z)$ 在 $V\cup S$ 上具有连续的一阶偏导函数, 则有

$$\iint\limits_{S}\frac{\partial u}{\partial n}\mathrm{d}S=0. \tag{4.2.12}$$

证明　在 (4.2.6) 式中, 取 $u(x,y,z)=u$, $v=1$, 立得.

性质 4.2.2　若 (1) $u(x,y,z)$ 的一阶偏导函数在 $V\cup S$ 内连续; (2) 在 V 内 $u(x,y,z)$ 是调和的; (3) M_0 为 V 内任一点, Σ_a 为以 M_0 为中心, 以 a 为半径的球面, 且 $\Sigma_a\subset V\cup S$, 则有

$$u(x_0,y_0,z_0)=u(M_0)=\frac{1}{4\pi a^2}\iint\limits_{\Sigma_a}u\mathrm{d}S. \tag{4.2.13}$$

公式 (4.2.13) 表示 $u(M_0)$ 等于 u 在 Σ_a 上各点函数值之平均值, 故通常称此性质为平均值定理.

证明　由公式 (4.2.10) 可知

$$u(M_0)=-\frac{1}{4\pi}\iint\limits_{\Sigma_a}\left[u\frac{\partial}{\partial n}\left(\frac{1}{r_{PM_0}}\right)-\frac{1}{r_{PM_0}}\frac{\partial u}{\partial n}\right]\mathrm{d}S,$$

而在 Σ_a 上, 令 $\dfrac{1}{r_{PM_0}}=\dfrac{1}{a}$, $\dfrac{\partial}{\partial n}\left(\dfrac{1}{r_{PM_0}}\right)=-\dfrac{1}{a^2}$, 故有

$$u(M_0)=\frac{1}{4\pi a^2}\iint\limits_{\Sigma_a}u\mathrm{d}S+\frac{1}{4\pi a}\iint\limits_{\Sigma_a}\frac{\partial u}{\partial n}\mathrm{d}S.$$

但由 (4.2.12) 式知 $\displaystyle\iint\limits_{\Sigma_a}\frac{\partial u}{\partial n}\mathrm{d}S=0$, 故 (4.2.13) 式获证.

性质 4.2.3 (极值原理)　若(1) $u(x,y,z)$在 $V\cup S$ 上连续;(2) $u(x,y,z)$ 在 V 内是调和的; (3) $u(x,y,z)$ 在 $V\cup S$ 上不恒等于一常数, 则 $u(x,y,z)$

在 $V\cup S$ 上的最大值和最小值只能在 S 上的点取得.

证明 用反证法来证明. 若结论不成立, 亦即 $u(x,y,z)$ 在 V 内一点 M_0 处取得最大值或最小值. 下面仅需从 $u(x,y,z)$ 在 T 内一点 M_0 处取得最大值, 导出与条件矛盾的结论, 便能证明极值原理成立. 因若 $u(x,y,z)$ 在 M_0 处取得最小值, 则 $-u(x,y,z)$ 在 M_0 处取得最大值, 所以最小值的情形可变成最大值的情形.

以 M_0 为中心作一球面 Σ_a, 且 $\Sigma_a\in T$, 由平均值定理可知

$$u(M_0)=\frac{1}{4\pi a^2}\iint\limits_{\Sigma_a}u\mathrm{d}S. \tag{4.2.14}$$

另一方面, $u(x,y,z)$ 在 M_0 处取得最大值, 从而在 Σ_a 上各点均有 $u(x,y,z)\leqslant u(M_0)$.

现在证明在 Σ_a 上各点均有 $u(x,y,z)=u(M_0)$, 因为否则, 在 Σ_a 上至少有一点 S_0, 使 $u(S_0)<u(M_0)$. 由 $u(x,y,z)$ 在 Σ_a 上的连续性可知, 在 Σ_a 上必有 S_0 的一个邻域 σ_0, 使得对 σ_0 内各点 S 均有 $u(S)<u(M_0)$, 由此可知

$$\begin{aligned}\frac{1}{4\pi a^2}\iint\limits_{\Sigma_a}u\mathrm{d}S&=\frac{1}{4\pi a^2}\iint\limits_{\Sigma_a-\sigma_0}u\mathrm{d}S+\frac{1}{4\pi a^2}\iint\limits_{\sigma_0}u\mathrm{d}S\\&<u(M_0)\left(\frac{4\pi a^2-m(\sigma_0)}{4\pi a^2}+\frac{m(\sigma_0)}{4\pi a^2}\right)=u(M_0),\end{aligned}$$

由 (4.2.14) 式知, $u(M_0)<u(M_0)$, 得一矛盾. 因此在 Σ_a 上 $u(x,y,z)\equiv u(M_0)$ 必成立.

因 a 是任意的, 故进一步可得出 $u(x,y,z)$ 在任一以 M_0 为中心且包含于 V 的球域 K_0 内恒等于 $u(M_0)$.

现在进一步来证明 $u(x,y,z)$ 在 $V\cup S$ 上恒等于 $u(M_0)$.

因为 $u(x,y,z)$ 在 $V\cup S$ 上是连续的, 因此只需证明 $u(x,y,z)$ 在 V 内恒等于 $u(M_0)$, 亦即证明对于 V 内任一点 M, 均有 $u(M)=u(M_0)$. 为

了证明这一结论, 先作一折线连接 M 与 M_0, 再依次作有限个属于 V 的球域 $K_0, K_1, \cdots, K_n$, 其中 K_{k+1} 的球心 M_{k+1} 在 K_k 内又在折线上, 且 $M \in K_n$, 因在 K_0 内 $u(x,y,z)$ 恒等于 $u(M_0)$, K_1 的球心 M_1 在 K_0 内, 故 $u(x,y,z)$ 在 M_1 处亦取得最大值. 用上述方法, 可以证明 $u(x,y,z)$ 在 K_1 内亦恒等于 $u(M_0)$. 用同一方法再重复几次, 便能证明 $u(x,y,z)$ 在 K_n 内亦恒等于 $u(M_0)$. 由此可知, 在 $V \cup S$ 上 $u(M) = u(M_0)$, 但这和条件 (3) 矛盾, 故性质 4.2.3 获证.

4. 边值问题的适定性

适定性通常指边值问题解的存在性、唯一性和稳定性. 各种定解问题的存在性在相当广泛的条件下已经证明. 对唯一性和稳定性, 我们只就狄利克雷内部问题和诺伊曼内部问题来详加证明.

先从调和函数的极值原理导出狄利克雷内部问题解的唯一性和稳定性.

定理 4.2.1 狄利克雷内部问题的解是唯一的.

证明 设 $u_1(x,y,z)$ 与 $u_2(x,y,z)$ 均是狄利克雷内部问题

$$\begin{cases} \Delta u = 0, & (x,y,z) \in V, \\ u(x,y,z) \text{ 是连续的}, & (x,y,z) \in V \cup S, \\ u = f_1, & (x,y,z) \in S \end{cases}$$

的解, 则 $u_1(x,y,z) - u_2(x,y,z)$ 是狄利克雷问题

$$\begin{cases} \Delta u = 0, & (x,y,z) \in V, \\ u(x,y,z) \text{ 是连续的}, & (x,y,z) \in V \cup S, \\ u = 0, & (x,y,z) \in S \end{cases}$$

的解, $u_1 - u_2$ 显然符合极值原理的条件 (否则 $u_1 - u_2 \equiv 0$), 故 $u_1 - u_2$ 在 $V \cup S$ 上的最大值与最小值必在 S 上取得. 但 $u_1 - u_2$ 在 S 上恒等于零, 故在 $V \cup S$ 上, $u_1 - u_2 \equiv 0$, 这就证明了唯一性.

用类似的方法可证明泊松方程狄利克雷问题 (内部) 的解也只有一个. 留作习题.

定理 4.2.2 狄利克雷内部问题的解是稳定的, 亦即, 若 $u_1=u_1(x,y,z)$ 与 $u_2=u_2(x,y,z)$ 分别是狄利克雷内部问题

$$\begin{cases}\Delta u=0, & (x,y,z)\in V,\\ u\text{ 是连续的}, & (x,y,z)\in V\cup S,\\ u=f_1, & (x,y,z)\in S\end{cases}$$

及

$$\begin{cases}\Delta u=0, & (x,y,z)\in V,\\ u\text{ 是连续的}, & (x,y,z)\in V\cup S,\\ u=f_2, & (x,y,z)\in S\end{cases}$$

的解, 且在 S 上恒有 $|u_1-u_2|=|f_1-f_2|<\varepsilon$. 此处 $\varepsilon>0$ 为一定数, 则在 $V\cup S$ 上亦恒有 $|u_1-u_2|<\varepsilon$.

证明 易见 u_1-u_2 是狄利克雷内部问题

$$\begin{cases}\Delta u=0, & (x,y,z)\in V,\\ u\text{ 是连续的}, & (x,y,z)\in V\cup S,\\ u=f_1-f_2, & (x,y,z)\in S\end{cases}$$

的解, u_1-u_2 显然符合极值原理的条件 (1), 故 u_1-u_2 的最大值与最小值必在 S 上取得. 但在 S 上 $|u_1-u_2|<\varepsilon$, 故在 $V\cup S$ 上也必有 $|u_1-u_2|<\varepsilon$, 稳定性获证.

用类似的方法, 即依据极值原理推论, 可以证明: 三维的狄利克雷外部问题解的唯一性和稳定性; 二维的狄利克雷内部和外部问题解的唯一性和稳定性.

现在来研究诺伊曼内部问题, 主要结论如下:

定理 4.2.3 诺伊曼内部问题

$$\begin{cases}\Delta u=0, & (x,y,z)\in V,\\ \dfrac{\partial u}{\partial n}=f_2, & (x,y,z)\in S\end{cases}$$

有解的充要条件为 $\iint\limits_S f_2\mathrm{d}S=0$, 且若有解, 则解一定不是唯一的. 同一问题任意两解之间的差为一常数.

证明 只证明必要性 (充分性的证明要用单层势和弗雷德霍姆 (Fredholm) 积分方程理论), 证时由调和函数性质 (I) 立得.

若有解, 则解不唯一是易于验证的, 因为若 $u(x,y,z)$ 是解, 则 $u(x,y,z)+C$ (C 为任一常数) 亦是解.

进一步证明若 u_1,u_2 是同一诺伊曼问题的解, 则 u_1-u_2 必为某一常数, 证明时主要利用 (4.2.4) 式. 注意 u_1-u_2 是诺伊曼问题

$$\begin{cases}\Delta u=0, & (x,y,z)\in V,\\ \dfrac{\partial u}{\partial n}=0, & (x,y,z)\in S\end{cases}$$

的解, 利用公式 (4.2.4), 并取 $u=v=u_1-u_2$, 得

$$0=\iiint\limits_V\left\{\left[\frac{\partial(u_1-u_2)}{\partial x}\right]^2+\left[\frac{\partial(u_1-u_2)}{\partial y}\right]^2+\left[\frac{\partial(u_1-u_2)}{\partial z}\right]^2\right\}\mathrm{d}\Omega.$$

由于 u_1-u_2 在 $V\cup S$ 上有连续的一阶偏导函数, 故在 $V\cup S$ 上处处有

$$\left[\frac{\partial(u_1-u_2)}{\partial x}\right]^2+\left[\frac{\partial(u_1-u_2)}{\partial y}\right]^2+\left[\frac{\partial(u_1-u_2)}{\partial z}\right]^2\equiv 0,$$

亦即

$$\frac{\partial(u_1-u_2)}{\partial x}\equiv\frac{\partial(u_1-u_2)}{\partial y}\equiv\frac{\partial(u_1-u_2)}{\partial z}\equiv 0,$$

于是, 在 $V\cup S$ 上 u_1-u_2 恒为某一常数, 证毕.

从物理上来解释定理 4.2.3, 从 4.1 节中讲到温度分布问题来看, 热场有

且只有在流经边界曲面 S 的总热量等于零的情况下, 亦即, 当 $\iint\limits_S f_2\mathrm{d}S=0$ 时, 才能是稳定的. 又从物理上看出, 只知道热量流出流进的情况, 并不能确定热场的温度分布, 但如果还知道 V 内一点的温度, 就能唯一地确定整个热场的温度分布.

三维的诺伊曼外部问题的解是唯一的. 它不同于诺伊曼内部问题, 是由于多加了一个定解条件. 二维的诺伊曼外部和内部问题的解不是唯一的. 这些仿照定理 4.2.3 均可得到证明.

对实际中提出的定解问题, 存在性和唯一性一般没有问题, 从物理上可以分析出来, 因而重要的便是能把解找出, 下面研究如何找解.

4.3 格林方法

在本节中, 我们将介绍解拉普拉斯方程和泊松方程狄利克雷问题的格林方法以及找格林函数的电像法. 由于对有些特殊形状的区域, 用电像法容易找到格林函数, 因而, 本节所介绍的方法对解某些区域内的狄利克雷问题特别有效.

1. 格林函数及其物理意义

由 4.2 节可知拉普拉斯方程的解 $u(x,y,z)$ 可由

$$u(x_0,y_0,z_0)=\frac{1}{4\pi}\iint\limits_S\left[\frac{1}{r_{PP_0}}\frac{\partial u}{\partial n}-u\frac{\partial}{\partial n}\left(\frac{1}{r_{PP_0}}\right)\right]\mathrm{d}S \qquad (4.2.10)'$$

表示. 用这个公式还不能给出狄利克雷内部问题

$$\begin{cases}\Delta u=0, & (x,y,z)\in V,\\ u\ \text{是连续的}, & (x,y,z)\in V\cup S,\\ u=f_1, & (x,y,z)\in S\end{cases} \qquad (4.3.1)$$

的解, 这是由于 $\dfrac{\partial u}{\partial n}$ 在 S 上的值并未给出. 因此, 要想用格林公式来表

示狄利克雷问题的解是有困难的. 为了克服这个困难, 引入格林函数.

设 $u(P)$ 是问题 (4.3.1) 的解且 $u(P)$ 的一阶导函数在 $V \cup S$ 上是连续的. 取 $v(P)$ 为 V 内任一调和函数, 且 $v(P)$ 在 $V \cup S$ 上有连续的一阶导函数, 则由 (4.2.6) 式可得

$$0 = \frac{1}{4\pi} \iint_S \left(v \frac{\partial u}{\partial n} - u \frac{\partial v}{\partial n} \right) \mathrm{d}S. \tag{4.3.2}$$

将 (4.3.2) 式和 (4.2.10)′ 式相加, 可得

$$u(x_0, y_0, z_0) = \frac{1}{4\pi} \iint_S \left(G \frac{\partial u}{\partial n} - u \frac{\partial G}{\partial n} \right) \mathrm{d}S, \tag{4.3.3}$$

其中 $G = \dfrac{1}{r_{PP_0}} + v(P)$. 因 $v(P)$ 是任意的, 为了消去 (4.3.3) 式中的 $\dfrac{\partial u}{\partial n}$, 特取 $v(P)$ 使得对 $P \in S$, $P_0 \in V$ 均有 $\dfrac{1}{r_{PP_0}} + v(P) = 0$. 这样选取的 $v(P)$ 应是狄利克雷问题

$$\begin{cases} \Delta v = 0, & (x, y, z) \in V, \\ v \text{ 是连续的}, & (x, y, z) \in V \cup S, \\ v = -\dfrac{1}{r_{PP_0}}, & (x, y, z) \in S \end{cases} \tag{4.3.4}$$

(其中 P_0 在 V 内) 的解.

由于这个 $v(P)$ 通常亦因 P_0 而异, 所以实际上它应是点 P_0 与 P 的函数, 应改记作 $v(P, P_0)$. 利用这个 $v(P, P_0)$, 可确定函数 $G(P, P_0) = \dfrac{1}{r_{PP_0}} + v(P, P_0)$. 由 $\dfrac{1}{r_{PP_0}}$ 及 $v(P, P_0)$ 的性质可知 $G(P, P_0)$ 具有性质:

(1) 对定点 $P_0 \in V$, 当 $P \neq P_0$, $P \in V$ 时, $\Delta G(P, P_0) = 0$;

(2) 对定点 $P_0 \in V$, 当 $P \in S$ 时, $G(P, P_0) = 0$;

(3) 在 $P = P_0$ 附近, $G(P, P_0)$ 可写成 $\dfrac{1}{r_{PP_0}}$ 和一个调和函数 $v(P, P_0)$ 之和.

具有性质 (1) (2) (3) 的函数 $G(P,P_0)$ 叫做拉普拉斯算子在区域 $V\cup S$ 上的格林函数. 通过这种函数 $G(P,P_0)$ 可将问题 (4.3.1) 的解表示成

$$u(x_0,y_0,z_0)=-\frac{1}{4\pi}\iint\limits_S f_1\frac{\partial G}{\partial n}\mathrm{d}S. \tag{4.3.5}$$

在一定条件下[1], 可以证明这个积分所确定的函数是问题 (4.3.1) 的解. 从而, 通过格林函数便可确定问题 (4.3.1) 的解, 这样的解法叫做格林方法.

仿照上面的方法, 利用格林函数可将泊松方程狄利克雷内部问题

$$\begin{cases}\Delta u=-4\pi\rho, & (x,y,z)\in V,\\ u\ \text{是连续的}, & (x,y,z)\in V\cup S,\\ u=f_1, & (x,y,z)\in S\end{cases}$$

的解表示成

$$u(x_0,y_0,z_0)=-\frac{1}{4\pi}\iint\limits_S f_1\frac{\partial G}{\partial n}\mathrm{d}S+\iiint\limits_V \rho G(P,P_0)\mathrm{d}V. \tag{4.3.6}$$

在一定条件下[1], 也可以证明这个积分所确定的函数便是要找的解, 所以, 格林方法亦适用于解泊松方程狄利克雷问题.

现在研究格林函数的性质与物理意义. 了解它的物理意义对于用电像法来找它有很大帮助.

格林函数 $G(P,P_0)$ 具有性质:

(1) 唯一性: 一个区域内只有一个格林函数;

(2) 对称性: $G(P,P_0)=G(P_0,P)$;

(3) 在 V 内, $G(P,P_0)>0$.

性质 (1) (2) (3) 均可利用极值原理来证, 留作习题.

在 V 内任一点 P 处, 放置一点电荷 $4\pi\varepsilon$, 并假定 V 的边界为一接地的导电面 S, 则 V 内另一点 P 处的电位等于

$$\frac{1}{r_{PP_0}}+v_1(P,P_0)=u(P,P_0),$$

---

1 当 Σ 是所谓里阿巴诺夫曲面, f_1 在 S 上连续, ρ 在 $V\cup S$ 上有连续的一阶导函数时, 即能保证.

其中 $v_1(P,P_0)$ 是导电面 S 因 P_0 处的点电荷而产生的感应电场在点 P 处的电位, 由于 S 是接地的, 所以, 在 S 上各点 P 处均有 $u(P,P_0)\equiv 0$. 由于 $v_1(P,P_0)$ 是感应电场的电位, 所以, 它在 V 内是 P 的调和函数. 从而, $u(P,P_0)$ 具有 $G(P,P_0)$ 的性质 (1) (2) 及 (3), 亦是格林函数.

由格林函数的唯一性可知, $u(P,P_0)\equiv G(P,P_0)$, 这个等式说明格林函数 $G(P,P_0)$ 的物理意义是: 在接地导电面所包围的区域 V 内, 任一点 P_0 处的点电荷 $4\pi\varepsilon$ 在 V 内另一点 P 处的电位. $\dfrac{1}{r_{PP_0}}$ 及 $v(P,P_0)$ 分别表示点电荷的电位和感应电场的电位. 因此, 物理上把格林函数叫做源函数.

依据 $\delta(P,P_0)$ 的物理意义, 可以把格林函数看成泊松方程狄利克雷问题

$$\begin{cases}\Delta u=-4\pi\delta(P,P_0), & P\in V,\\ u=0, & P\in S\end{cases}$$

的解.

2. 电像法、例题

电像法的基本思想是: 先在 V 内任一点 P_0 处放置一点电荷 $4\pi\varepsilon$, 然后在 $V\cup S$ 之外适当放置若干点电荷 (有限或无限多个), 使在这些点电荷 (包括在 V 内预先放置的点电荷) 所产生的电场中, S 为电位为零的等位面, 那么, 在这个电场中, V 内各点的电位便是所要找的格林函数 (后面结合例题来验证). S 外所放置的点电荷叫做 P_0 处所放置的点电荷 $4\pi\varepsilon$ 的电像, 电像法得名于此.

从格林函数的物理意义可知, 寻找格林函数相当于在 $V\cup S$ 上确定一个静电场, 在这个静电场中, 有且只有一个点电荷在 V 内, 而 S 是电位为零的等位面. 另外, 我们知道点电荷产生的电位, 除一点处外, 处处适合拉普拉斯方程, 所有这些便使我们产生电像法的想法.

现在结合例子来介绍如何用电像法找格林函数.

例 4.3.1 用电像法找上半空间的格林函数, 并用格林方法解狄利克雷问题

$$\begin{cases} \Delta u = 0, & z > 0, \\ u \text{ 是连续的}, & z \geqslant 0, \\ u = f_1(x, y), & z = 0, \\ \lim\limits_{\sqrt{x^2+y^2+z^2} \to +\infty} u(x, y, z) = 0, & z \geqslant 0. \end{cases} \tag{4.3.7}$$

解 先应注意, 因上半空间是无界的, 所以, 有关格林函数的定义中, 还应加一个条件:

(4) 当 $z \geqslant 0$ 时,

$$\lim_{\sqrt{x^2+y^2+z^2} \to +\infty} G(P, P_0) = 0, \quad \text{其中 } P_0 \text{ 在上半空间内.}$$

用电像法找 $G(P, P_0)$ 时, 先在上半空间任一点 $P_0(x_0, y_0, z_0)$ 处放置一点电荷 $4\pi\varepsilon$, 易于验证这个点电荷的电像在点 $\overline{P}_0(x_0, y_0, -z_0)$ 处, 电量为 $-4\pi\varepsilon$. 这是由于在这两个点电荷的电场中任一点 P 处的电位应为

$$\frac{1}{r_{PP_0}} - \frac{1}{r_{P\overline{P}_0}} = \frac{1}{\sqrt{(x-x_0)^2 + (y-y_0)^2 + (z-z_0)^2}} - \frac{1}{\sqrt{(x-x_0)^2 + (y-y_0)^2 + (z+z_0)^2}},$$

把 $z = 0$ 代入, 立即可看出 $z = 0$ 为电位为零的等位面, 这说明这个电位具有 $G(P, P_0)$ 的性质 (2). 由基本解的性质可知, 它亦具有性质 (1) 及 (3), 至于 (4) 亦不难验证. 因此,

$$\frac{1}{r_{PP_0}} - \frac{1}{r_{P\overline{P}_0}} = G(P, P_0).$$

利用这个 $G(P, P_0)$, 可将问题 (4.3.7) 的解表示成

$$u(x_0, y_0, z_0) = -\frac{1}{4\pi} \iint\limits_{z=0} \frac{\partial G}{\partial n} f_1 \mathrm{d}x\mathrm{d}y. \tag{4.3.8}$$

这个公式的推导方法与 (4.3.5) 式类似. 在一定条件下[1], (4.3.8) 式所确定的函数将是问题 (4.3.7) 的解, 在进行计算

$$\left.\frac{\partial G}{\partial n}\right|_{z=0}=-\left.\frac{\partial G}{\partial z}\right|_{z=0}=-\left.\left[-\frac{z-z_0}{r_{PP_0}^3}+\frac{z+z_0}{r_{P\overline{P}_0}^3}\right]\right|_{z=0}$$

$$=-2\frac{z_0}{[(x-x_0)^2+(y-y_0)^2+z_0^2]^{\frac{3}{2}}}$$

后, 把结果代入 (4.3.8) 式中可得解的表达式

$$u(x_0,y_0,z_0)=\frac{1}{2\pi}\int_{-\infty}^{+\infty}\int_{-\infty}^{+\infty}\frac{z_0f_1(x,y)\mathrm{d}x\mathrm{d}y}{[(x-x_0)^2+(y-y_0)^2+z_0^2]^{\frac{3}{2}}}. \qquad (4.3.9)$$

例 4.3.2 用电像法找球内区域的格林函数, 并用格林方法解球内狄利克雷问题.

解 为强调物理意义, 找格林函数时用下面的方法. 设球内区域 $V=\{(x,y,\ z)\big|\sqrt{x^2+y^2+z^2}=r<R\}$, $S=\{(x,y,z)\big|\sqrt{x^2+y^2+z^2}=R\}$ 为球面.

如图 4.2 所示, 先在球内任一点 P_0 处放置点电荷 $4\pi\varepsilon$, 现在来找它的电像, 即确定电像的位置和电量.

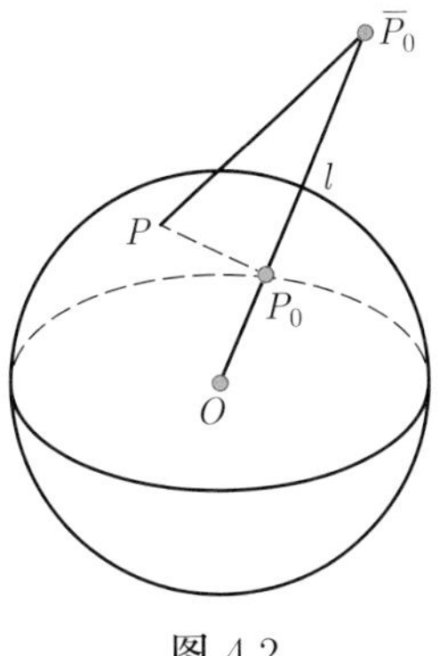

图 4.2

过垂直于球心 O 和 P_0 的连线 l 任取一平面, 假定这个平面和 S 的交线为 C, 容易看出, 在 P_0 处放置的点电荷的电场中, C 上各点电位均相同, 因而不难看出, 若这个点电荷的电像为另一点电荷, 则后者必在 l 上. 由此可见, 给定 P_0 后, 要找电像只要求出后者与球心的距离和电量. 为简单计, 不妨假定 P_0 是 z 轴上的点 $(0,0,h)$, $\overline{P}_0$ 为点 $(0,0,h_1)$, $\overline{P}_0$ 处放置的点电荷电量为 q. 在这两个点电荷所产生的电场中, 点 P 处的电位为 $\dfrac{1}{r_{PP_0}}+\dfrac{q}{4\pi\varepsilon r_{P\overline{P}_0}}$. 为了

1 当 "$f_1(x,y)$ 在 $z=0$ 上连续且有界" 便可以.

使 S 为电位为零的等位面, 应取且只需取 q 和 h 使等式

$$\frac{1}{r_{PP_0}}+\frac{q}{4\pi\varepsilon r_{P\overline{P}_0}}=0 \tag{4.3.10}$$

当 P 在 S 上时成立. 因在 S 上 $x^2+y^2+z^2=R^2$. 故上式可改写成

$$R^2\left[(4\pi\varepsilon)^2-q^2\right]+\left[(4\pi\varepsilon)^2h_1^2-q^2h^2\right]+2z\left[hq^2-(4\pi\varepsilon)^2h_1\right]=0,$$

此处 $-R\leqslant z\leqslant R$. 因 $q,h_1,h,\varepsilon,\pi,R$ 均为常数, 故这个恒等式成立的充要条件为

$$hq^2-(4\pi\varepsilon)^2h_1=0, \tag{4.3.11}$$

且

$$\left[(4\pi\varepsilon)^2-q^2\right]R^2+\left[(4\pi\varepsilon)^2h_1^2-q^2h^2\right]=0. \tag{4.3.12}$$

由 (4.3.11) 式得 $\dfrac{h}{h_1}=\left(\dfrac{4\pi\varepsilon}{q}\right)^2$, 把这个结果代入 (4.3.12) 式中得

$$(h-h_1)(R^2-hh_1)=0,$$

亦即 $h=h_1$ 或 $h_1=\dfrac{R^2}{h}$. 但 $\overline{P}_0$ 应在球外, 故 $h=h_1$ 不合理. 当 $h_1=\dfrac{R^2}{h}$ 时, 由 (4.3.10) 式得 $q=\pm\dfrac{4\pi\varepsilon R}{h}$. 因 S 为电位为零的等位面, 故 q 只能是 $-\dfrac{4\pi\varepsilon R}{h}$.

一般而言, 若点 $P_0(\rho,\theta_0,\varphi_0)$ 处放置的点电荷电量是 $4\pi\varepsilon$, 则关于球的电像在点 $\left(\dfrac{R^2}{\rho},\theta_0,\varphi_0\right)$ 处, 电量为 $-\dfrac{4\pi\varepsilon R}{\rho}$. 由此可知, 在这两个点电荷的电场中, 点 P 的电位应为 $\dfrac{1}{r_{PP_0}}-\dfrac{R}{\rho r_{P\overline{P}_0}}$. 仿例 4.3.1 可以验证 $G(P,P_0)=\dfrac{1}{r_{PP_0}}-\dfrac{R}{\rho r_{P\overline{P}_0}}$ 相等. 于是便找到了格林函数.

为了能利用公式 (4.3.5) 写出球内狄利克雷问题

$$\begin{cases}\Delta u=0, & (x,y,z)\in V,\\ u\text{ 是连续的}, & (x,y,z)\in V\cup S,\\ u=f(P), & P(x,y,z)\in S\end{cases} \tag{4.3.13}$$

的解, 先来计算 $\dfrac{\partial G}{\partial n}$ 在 S 上的值.

首先应注意

$$\frac{\partial G}{\partial n}=\frac{1}{4\pi}\left[\frac{\partial}{\partial n}\left(\frac{1}{r_{PP_0}}\right)-\frac{R}{\rho}\frac{\partial}{\partial n}\left(\frac{1}{r_{P\overline{P}_0}}\right)\right],$$

此处 n 是 S 的外法向量, 而

$$\frac{\partial}{\partial n}\left(\frac{1}{r_{PP_0}}\right)=\frac{\partial}{\partial r_{PP_0}}\left(\frac{1}{r_{PP_0}}\right)\frac{\partial r_{PP_0}}{\partial n}=-\frac{1}{r_{PP_0}^2}\frac{\partial r_{PP_0}}{\partial n}, \tag{4.3.14}$$

$$\frac{\partial}{\partial n}\left(\frac{1}{r_{P\overline{P}_0}}\right)=\frac{\partial}{\partial r_{P\overline{P}_0}}\left(\frac{1}{r_{P\overline{P}_0}}\right)\frac{\partial r_{P\overline{P}_0}}{\partial n}=-\frac{1}{r_{P\overline{P}_0}^2}\frac{\partial r_{P\overline{P}_0}}{\partial n}, \tag{4.3.15}$$

其中

$$\frac{\partial r_{PP_0}}{\partial n}=\frac{\partial r_{PP_0}}{\partial x}\cos(n,x)+\frac{\partial r_{PP_0}}{\partial y}\cos(n,y)+\frac{\partial r_{PP_0}}{\partial z}\cos(n,z),$$

$$\frac{\partial r_{P\overline{P}_0}}{\partial n}=\frac{\partial r_{P\overline{P}_0}}{\partial x}\cos(n,x)+\frac{\partial r_{P\overline{P}_0}}{\partial y}\cos(n,y)+\frac{\partial r_{P\overline{P}_0}}{\partial z}\cos(n,z),$$

此处 $(n,x),(n,y),(n,z)$ 是 n 与 x 轴, y 轴, z 轴的夹角, 因 S 是球面, n 是 S 的外法向量, 故可算得 $\cos(n,x)=\dfrac{x}{R}$, $\cos(n,y)=\dfrac{y}{R}$, $\cos(n,z)=\dfrac{z}{R}$, 又由于 $\dfrac{\partial r_{PP_0}}{\partial x}=\dfrac{x-x_0}{r_{PP_0}}$, 因此可得

$$\frac{\partial r_{PP_0}}{\partial n}=\frac{R^2+r_{PP_0}^2-\rho^2}{2Rr_{PP_0}},\quad \frac{\partial r_{P\overline{P}_0}}{\partial n}=\frac{R^2+r_{P\overline{P}_0}^2-\dfrac{R^4}{\rho^2}}{2Rr_{P\overline{P}_0}}. \tag{4.3.16}$$

当 P 在 S 上, 由 (4.3.10) 式及 $q=-\dfrac{4\pi\varepsilon R}{\rho}$ 可知, $r_{P\overline{P}_0}=\dfrac{R}{\rho}r_{PP_0}$. 故在 S 上,

$$\frac{\partial r_{P\overline{P}_0}}{\partial n}=\frac{\rho^2+r_{PP_0}^2-R^2}{2\rho r_{PP_0}}. \tag{4.3.17}$$

由 (4.3.14)—(4.3.17) 式, 最后, 经整理, 在 S 上, 可得

$$\frac{\partial G}{\partial n}=-\frac{1}{4\pi R}\frac{R^2-\rho^2}{r_{PP_0}^3}.$$

由 (4.3.5) 式知, 问题 (4.3.13) 的解为

$$u(x_0,y_0,z_0)=\frac{1}{4\pi R}\iint\limits_S f(P)\frac{R^2-\rho^2}{r_{PP_0}^3}\mathrm{d}S. \tag{4.3.18}$$

引入以球心为坐标原点的球坐标系.设点 P 为 (R,θ,φ), P_0 为 $(\rho,\theta_0,\varphi_0)$, 又设向量 $\overrightarrow{OP}$ 与 $\overrightarrow{OP_0}$ 的夹角为 β, 依据余弦定理, (4.3.18) 式可改写成

$$u(\rho,\theta_0,\varphi_0)=\frac{R}{4\pi}\int_0^{2\pi}\int_0^{\pi}f(\theta,\varphi)\frac{(R^2-\rho^2)\sin\theta\mathrm{d}\theta\mathrm{d}\varphi}{(R^2-2R\rho\cos\beta+\rho^2)^{\frac{3}{2}}}, \tag{4.3.19}$$

此公式叫做球的泊松积分.

可以证明球外区域的格林函数[1]为

$$G(P,P_0)=\frac{1}{4\pi}\left(\frac{1}{r_{PP_0}}-\frac{R}{\rho r_{P\overline{P}_0}}\right), \tag{4.3.20}$$

其中 $P_0(\rho,\theta_0,\varphi_0)$ 为球外一点, $\overline{P}_0\left(\dfrac{R^2}{\rho},\theta_0,\varphi_0\right)$ 为球内一点.

考虑到球内问题与球外问题中的外法向量方向相反, 因而球外问题的解应该是

$$u(\rho,\theta_0,\varphi_0)=\frac{R}{4\pi}\int_0^{2\pi}\int_0^{\pi}f(\theta,\varphi)\frac{(\rho^2-R^2)\sin\theta\mathrm{d}\theta\mathrm{d}\varphi}{(R^2-2R\rho\cos\gamma+\rho^2)^{\frac{3}{2}}}, \tag{4.3.21}$$

其中 $f(\theta,\varphi)$ 为球面上边值条件所满足的等式右边的函数.

从上面两个例子可以看出格林方法和电像方法的基本思想. 在这两个例子的基础上, 用电像法可找出一些特殊区域的格林函数.

若两个点 P_0 与 $\overline{P}_0$ 在一平面 P 的异侧, 连线 $P_0\overline{P}_0$ 为 P 所垂直等分, 则称 P_0 与 $\overline{P}_0$ 关于 P 是对称的.

若两个点 P_0 与 $\overline{P}_0$ 在一球面 S 的异侧, 连线 $P\overline{P}_0$ 经过 S 的中心 O, $|P_0O||\overline{P}_0O|=R^2$, R 为 S 的半径, 则称 P_0 与 $\overline{P}_0$ 关于 S 是对称的.

---

1 球外区域第一问题和球内的提法不同, 格林函数定义亦不同, 读者应注意.

例 4.3.1 和例 4.3.2 中确定电像的位置, 实际上是找对称点, 因而, 利用对称点可找格林函数.

例 4.3.3　求上半球域的格林函数.

解　设上半球域如图 4.3 所示. 先在点 P_0 处放置点电荷 $4\pi\varepsilon$, 找出 P_0 关于 S 的对称点 $\overline{P}_{10}$, 并在 $\overline{P}_{10}$ 处放置点电荷 $-\dfrac{4\pi\varepsilon R}{\rho}$, ρ 为 P_0 到 O 的距离, 找出 $\overline{P}_{10}$ 与 P_0 对平面 $z=0$ 的对称点 $\overline{P}_{20}$ 与 $\overline{P}_{30}$, 在 $\overline{P}_{20}$ 与 $\overline{P}_{30}$ 处分别放置点电荷 $\dfrac{4\pi\varepsilon R}{\rho}$ 及 $-4\pi\varepsilon$, 则利用例 4.3.1 与例 4.3.2 的结果, 可以验证这四个点电荷在上半球域内各点 P 所产生的电位便是所要求的格林函数.

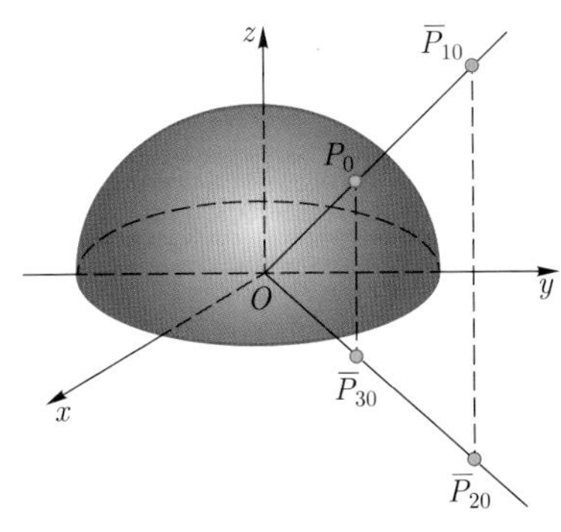

图 4.3

用同样的方法可求下列区域上的格林函数:

(Ⅰ) 四分之一空间; (Ⅱ) 八分之一空间; (Ⅲ) 八分之一球内区域; (Ⅳ) 两平行平面所夹的空间无界区域; (Ⅴ) 两平面所夹夹角为 $\dfrac{\pi}{n}$ (n 为一正整数) 的空间区域之一, 等等. 这些均留作习题.

3. 二维问题的格林函数

对于二维的狄利克雷问题, 仿照本节 1 中引入格林函数的方法, 亦可引入问题

$$\begin{cases} \Delta u = 0, & (x,y) \in D, \\ u \text{ 是连续的}, & (x,y) \in D \cup C, \\ u = f_1, & (x,y) \in C. \end{cases} \tag{4.3.22}$$

格林函数具有性质:

(1) 对 D 中每一定点 P_0, 当 $P \neq P_0$ 时, $\Delta G(P, P_0) = 0$;

(2) 对 D 中每一定点 P_0, 当 $P \in C$ 时, $G(P, P_0) = 0$;

(3) 对 D 中每一定点 P_0, 当 P 在 P_0 附近时, $G(P, P_0)$ 可写成 $\ln \dfrac{1}{r_{PP_0}}$ 加上一个调和函数.

利用这个格林函数, 可将问题 (4.3.22) 的解写成

$$u(P_0) = -\frac{1}{2\pi} \int_C f_1 \frac{\partial G}{\partial n} \mathrm{d}l_p, \tag{4.3.23}$$

在一定条件下, 它给出问题 (4.3.22) 的解.

例 4.3.4 找出圆域上的格林函数, 并探讨解圆内第一问题的格林方法.

解 假定问题 (4.3.22) 中, 取 C 为圆

$$x^2 + y^2 = R^2,$$

则 D 为 $x^2 + y^2 < R^2$.

对于圆 C, 仿照上面对于球面 S 那样定义圆内或圆外点 $P_0(\rho, \varphi_0)$ 的对称点为 $\overline{P}_0\left(\dfrac{R^2}{\rho}, \varphi_0\right)$, 利用对称点便可写出要找的格林函数为

$$G(P, P_0) = \left(\ln \frac{1}{r_{PP_0}} - \ln \frac{R}{\rho} \frac{1}{r_{P\overline{P}_0}}\right), \tag{4.3.24}$$

可以验证它适合定义中的条件.

现在利用公式 (4.3.23) 来写出圆内第一问题的解. 仿照例 4.3.2 中的计算法可算得: 当 P 在 C 上时,

$$\frac{\partial G}{\partial n} = -\frac{1}{2\pi R}\frac{R^2-\rho^2}{r_{PP_0}^2}.$$

在极坐标中, 若 P 为 (r,φ), P_0 为 (ρ,φ_0), 则由余弦定理可知 $r_{PP_0}^2 = R^2+\rho^2-2R\rho\cos(\varphi-\varphi_0)$, 由

$$u(\rho,\varphi_0) = \frac{1}{2\pi}\int_C f(P)\frac{R^2-\rho^2}{r_{PP_0}^2}\frac{\mathrm{d}l}{R},$$

可改写得圆的泊松积分

$$u(\rho,\varphi_0) = \frac{1}{2\pi}\int_0^{2\pi}\frac{R^2-\rho^2}{R^2+\rho^2-2R\rho\cos(\varphi-\varphi_0)}f_1(\theta)\mathrm{d}\theta. \tag{4.3.25}$$

改写时, 应注意 u 在 C 上等于 $f_1(\theta)$, $\mathrm{d}l = R\mathrm{d}\theta$.

对于圆外第一问题也可得类似的公式.

例 4.3.5 找出上半平面的格林函数, 并探讨解上半平面的第一问题

$$\begin{cases} \Delta u = 0, & y>0, \\ u \text{ 是连续的}, & y \geqslant 0, \\ u = f_1(x,y), & y=0, \\ \lim\limits_{\sqrt{x^2+y^2}\to+\infty} u(x,y)\text{是有界的}, & y>0 \end{cases} \tag{4.3.26}$$

的格林方法.

解 若 $P_0(x_0,y_0)$ 是上半平面中任一点, 则 $\overline{P}_0(x_0,-y_0)$ 是 P_0 关于 $y=0$ 的对称点, 可以验证 $\ln\dfrac{1}{r_{PP_0}} - \ln\dfrac{1}{r_{P\overline{P}_0}}$ 是问题 (4.3.26) 的格林函数 (应如何定义, 请读者自行补出) $G(P,P_0)$. 利用这个 $G(P,P_0)$, 可将问题 (4.3.26) 的解表示成

$$u(x_0,y_0) = -\frac{1}{2\pi}\int_{y=0} f_1(x)\frac{\partial G}{\partial n}\mathrm{d}l_p,$$

这个公式的推导与 (4.3.23) 式类似. 在一定条件下[1], 可以验证, 由这个积分所确定的 $u(x_0,y_0)$ 是问题 (4.3.26) 的解. 当 $y=0$ 时, 不难进行计算

$$\frac{\partial G}{\partial n}=-\frac{\partial G}{\partial y}=\frac{\partial r_{PP_0}}{\partial y}\frac{1}{r_{PP_0}}-\frac{\partial r_{P\overline{P}_0}}{\partial y}\frac{1}{r_{P\overline{P}_0}}=-\frac{2y_0}{(x-x_0)^2+y_0^2},$$

故问题 (4.3.26) 的解为

$$u(x_0,y_0)=\frac{y_0}{\pi}\int_{-\infty}^{+\infty}\frac{f_1(x)}{(x-x_0)^2+y_0^2}\mathrm{d}x. \tag{4.3.27}$$

在例 4.3.4 和例 4.3.5 的基础上, 不难找出下列区域上的格林函数. 均留作习题:

(Ⅰ) 四分之一平面; (Ⅱ) 四分之一圆内区域; (Ⅲ) 两平行直线所夹的平面区域; (Ⅳ) 相交两直线夹角为 $\dfrac{\pi}{n}$ (n 为正整数) 的平面区域之一.

由于利用保角变换通常可以把区域 $D\cup C$ 上 (D 是任意的单连通区域) 第一、二边值问题化为圆内或上半平面的第一边值问题来解, 因而公式 (4.3.25) 及 (4.3.27) 就特别有用.

学完这一节以后, 读者也许会想到对第二边值问题引入和格林函数相似的函数, 并通过找这种函数来解第二边值问题, 但应该指出, 由于找出这种函数较困难 (依据它的物理意义, 得不到和电像法那样简单的找法), 所以, 在解决实际问题时, 通常不这样做, 虽然理论上做这种探讨是可以的.

4.4 积分方程方法

积分方程方法是以场位型积分 (体位势、单层势、双层势) 的性质和弗雷德霍姆积分方程及奇异积分方程为理论依据. 本节只准备介绍一下场位型积分的性质以及如何把边值问题化为积分方程. 至于积分方程定解问题的研究, 限于篇幅从略.

---

1 例如, 假定在 $y=0$ 上, $f_1(x)$ 是连续且有界的.

1. 体位势

积分 $I_1(P) = \iiint\limits_V \dfrac{\rho(P_0)}{r_{PP_0}}\mathrm{d}\Omega_{P_0}$ 叫做体位势. 它代表体电荷密度为 $4\pi\varepsilon\rho(P_0)$ $(P_0 \in V)$ 的物体 V 在整个空间各点 P 产生的电位.

若 $\rho(P_0)$ 在 $V\cup S$ 上有连续的一阶导函数, 那么, 可以证明 $I_1(P)$ 具有下列性质:

(1) $I_1(P)$ 及 $\operatorname{grad} I_1(P)$ 在整个空间是连续的;

(2) $\Delta I_1(P)$ 在 S 之外处处存在, 且恒等于零;

(3) $\Delta I_1(P)$ 在 V 内处处存在, 且 $\Delta I_1(P) = -4\pi\rho(P)$.

利用性质 (3), 可将泊松方程边值问题化为与拉普拉斯方程同类的边值问题, 这主要因为方程和边值条件均是线性的. 仅以第一问题为例, 说明化法.

令 $I_1(P) = \iiint\limits_V \dfrac{\rho(P_0)}{r_{PP_0}}\mathrm{d}\Omega_{p_0}$. 设 $u_1(P)$ 是边值问题

$$\begin{cases}\Delta u_1 = -4\pi\rho(P), & P\in V,\\ u_1 \text{ 是连续的}, & P\in V\cup S,\\ u_1 = f_1, & P\in S\end{cases} \tag{4.4.1}$$

的解, 则 $u(P) = u_1(P) - I_1(P)$ 是边值问题

$$\begin{cases}\Delta u = 0, & P\in V,\\ u \text{ 是连续的}, & P\in V\cup S,\\ u = f_1 - I_1(P), & P\in S\end{cases} \tag{4.4.2}$$

的解, 由于在 4.2 节中我们已证明泊松方程第一边值问题的解是唯一的, 因而, 若 $u(P)$ 是问题 (4.3.29) 的解, 则 $u(P) + I_1(P)$ 将是问题 (4.3.28) 的解, 且问题 (4.3.28) 的解必可写成这样, 这就说明了化法. 就第一边值问题来讲, 有时这样解泊松方程不及用格林方法来解简单.

2. 单层位势

$I_2(P)=\iint\limits_S f_2(P_0)\dfrac{1}{r_{PP_0}}\mathrm{d}S_{P_0}$ 叫做单层位势. 它代表面密度为 $4\pi\varepsilon\rho(P)$ 的带电曲面 S 在整个空间所产生的电场在点 P 处的电位.

若 $f_2(P_0)$ 在 S 上连续, S 相当光滑, 则 $I_2(P)$ 具有性质:

(1) $I_2(P)$ 在整个空间是连续的;

(2) $I_2(P)$ 在 S 内外均是调和函数 (可从物理上解释).

假定 Q 是 S 上任一点, n 是 S 在点 Q 处的外法向量, 在不属于 S 的点 P 处沿 n 的方向导数为

$$\frac{\partial I_2(P)}{\partial n}=\iint\limits_S \frac{\partial}{\partial n}\left(\frac{1}{r_{PP_0}}\right)f_2(P_0)\mathrm{d}S_{P_0}.$$

当 P 与 Q 重合时, 此积分仍有意义. 将它记作 $\left[\dfrac{\partial I_2(P)}{\partial n}\right]_{P=Q}$, 它在 S 上是连续的. 可以证明 $\lim\limits_{P\to Q}\left[\dfrac{\partial I_2(P)}{\partial n}\right]$ (P 在 S 内) 与 $\lim\limits_{P\to Q}\left[\dfrac{\partial I_2(P)}{\partial n}\right]$ (P 在 S 外) 均存在, 分别记作 $\left[\dfrac{\partial I_2(Q)}{\partial n}\right]_e$, $\left[\dfrac{\partial I_2(Q)}{\partial n}\right]_i$.

(3) $\left[\dfrac{\partial I_2(P)}{\partial n}\right]_{P=Q}$, $\left[\dfrac{\partial I_2(Q)}{\partial n}\right]_e$, $\left[\dfrac{\partial I_2(Q)}{\partial n}\right]_i$ 应满足关系式

$$\left[\frac{\partial I_2(Q)}{\partial n}\right]_i=\left[\frac{\partial I_2(P)}{\partial n}\right]_{P=Q}+2\pi f_2(Q), \tag{4.4.3}$$

$$\left[\frac{\partial I_2(Q)}{\partial n}\right]_e=\left[\frac{\partial I_2(P)}{\partial n}\right]_{P=Q}-2\pi f_2(Q), \tag{4.4.4}$$

这两个关系说明 $\dfrac{\partial I_2(P)}{\partial n}$ 当 P 穿过 S 时有跳跃.

3. 双层位势

$I_3(P)=\iint\limits_S f_3(P_0)\dfrac{\partial}{\partial n}\left(\dfrac{1}{r_{PP_0}}\right)\mathrm{d}S_{P_0}$ 叫做双层位势, 其中 n 是 S

的外法向量.

为了说明它的物理意义, 先介绍偶极子的概念. 设有两个点电荷 $4\pi\varepsilon q$ 和 $-4\pi\varepsilon q$, 位于 l 轴上相距 $h>0$ 处 (参见图 4.4), 都趋于点 O, 并在任何时刻, 由 $-4\pi\varepsilon q$ 到 $4\pi\varepsilon q$ 的方向和 l 轴正方向总是一致的. 于是, 在任一点 Q 处的电位等于 $\dfrac{q}{r_{P_0Q}}-\dfrac{q}{r_{P_0'Q}}$, 这个电位随这两个点电荷间距趋于零而趋于零 (点 O 例外). 如果在这两个点电荷的距离 h 趋于零时, 电量 $4\pi\varepsilon q$ 与 h 恒保持关系式 $qh=p=$ 常数, 那么, 点 Q 处的电位的极限等于

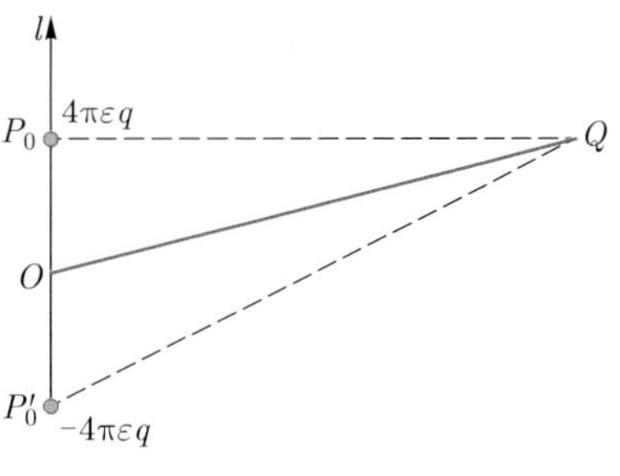

图 4.4

$$u(Q)=\lim q\left(\frac{1}{r_{P_0Q}}-\frac{1}{r_{P_0'Q}}\right)=p\frac{\partial}{\partial l}\left(\frac{1}{r_{OQ}}\right),$$

电荷这种极限的分布在物理上叫做偶极子, p 叫做偶极子距, 而 l 轴称为偶极子轴.

在静电场的理论中, 点电荷电场、偶极子所产生的极化电场同样都是最简单的电场, 利用它们作为工具来研究静电场很方便.

设 S 相当光滑, 在 S 上分布了具有极化密度为 $f_3(P)$ 的偶极子, 并且每一点 P_0 处的偶极子轴的正方向与 S 在点 P_0 处的外法向量方向相同, 那么, 这个偶极子在点 P 处所产生的电位等于

$$\iint\limits_S f_3(P_0)\frac{\partial}{\partial n}\left(\frac{1}{r_{PP_0}}\right)\mathrm{d}S_{P_0}.$$

当 h 充分小时, 所考虑的偶极子分布可以近似地用 S 上两个具有密度为 $\dfrac{1}{h}f_3(P)$ 和 $-\dfrac{1}{h}f_3(P)$, 相距 (沿 S 的外法向量方向) h 的电荷分布来表示, 所以, 我们称 $I_3(P)$ 为双层势.

若 $f_3(P)$ 在 S 上连续, S 相当光滑, 则 $I_3(P)$ 具有性质:

(1) $I_3(P)$ 在 S 内及 S 外, 处处是调和的;

(2) $I_3(P)$ 在 S 上任一点 Q 处亦有定义, 记作 $I_3(Q)$;

(3) 极限值 $\lim\limits_{P\to Q} I_3(P)$ (P 在 S 内), $\lim\limits_{P\to Q} I_3(P)$ (P 在 S 外) 均存在, Q 为 S 上任一点, 将分别记作 $[I_3(Q)]_i$ 与 $[I_3(Q)]_e$.

$[I_3(Q)]$, $[I_3(Q)]_i$ 及 $[I_3(Q)]_e$ 满足关系式

$$[I_3(Q)]_i = [I_3(Q)] + 2\pi f_3(Q), \tag{4.4.5}$$

$$[I_3(Q)]_e = [I_3(Q)] - 2\pi f_3(Q), \tag{4.4.6}$$

(4.3.32), (4.3.33) 式说明当 P 穿过 S 时, $I_3(Q)$ 有跳跃.

4. 化边值问题为积分方程

以狄利克雷内部问题为例, 来说明如何化边值问题为积分方程.

设双层势 $I_3(P) = \iint\limits_S u(P_0)\dfrac{\partial}{\partial n}\left(\dfrac{1}{r_{PP_0}}\right)\mathrm{d}S_{P_0}$ 是狄利克雷内部问题

$$\begin{cases}\Delta u = 0, & P\in V,\\ u \text{ 是连续的}, & P\in V\cup S,\\ u = f_1, & P\in S\end{cases} \tag{4.4.7}$$

的解, 其中 $u(P_0)$ 为待定函数, 由 (4.3.32) 式可知, 当 $Q\in S$ 时恒有

$$f_1(Q) = 2\pi u(Q) + \iint\limits_S u(P_0)\frac{\partial}{\partial n}\left(\frac{1}{r_{P_0Q}}\right)\mathrm{d}S_{P_0},$$

亦即 $u(Q)$ 是积分方程

$$u(Q) = \frac{1}{2\pi}f_1(Q) - \frac{1}{2\pi}\iint\limits_S u(P_0)\frac{\partial}{\partial n}\left(\frac{1}{r_{P_0Q}}\right)\mathrm{d}S_{P_0} \tag{4.4.8}$$

的解. 这个方程属于第二类弗雷德霍姆积分方程. 反过来, 若 $\mu(P)$ 是方程 (4.3.35) 的解, 则利用双层势性质可以验证由 $I_3(P) = \iint\limits_S \mu(P_0)\dfrac{\partial}{\partial n}\left(\dfrac{1}{r_{PP_0}}\right)\mathrm{d}S_{P_0}$ 所确定的函数将是问题 (4.3.34) 的解. 因而, 可以通过积分方程 (4.3.35) 来研究问题 (4.3.34).

同理, 可将狄利克雷外部问题化为同一类积分方程. 诺伊曼内部和

外部问题亦可以化为同一类积分方程, 转化时要用到单层势及其性质 (4.3.30), (4.3.31). 第三边值问题亦可以化成积分方程. 二维情形亦类似.

椭圆型方程各类边值问题的存在性和唯一性, 通过对积分方程理论的研究可以被完善地解决.

4.5　傅里叶方法

在 4.3 节中介绍的格林方法, 由于找格林函数比较困难, 只适用于解某些特殊形状区域上的狄利克雷问题. 本节中准备介绍的傅里叶方法, 也仅对于解某些特殊形状的区域上的定解问题较为方便, 但不限于狄利克雷问题.

傅里叶方法在第二章和第三章中均曾介绍过, 用它来解椭圆型方程定解问题时, 用法上大体相同, 不同之处在于双曲型或抛物型方程有初值条件, 椭圆型方程没有, 因而对齐次的椭圆型方程来讲, 傅里叶级数的系数要由边值条件或部分边值条件决定.

本节通过例子介绍用傅里叶方法来解非齐次椭圆型方程定解问题的两个方法.

例 4.5.1　用傅里叶方法解圆内狄利克雷问题

$$\begin{cases}\Delta u=0, & x^2+y^2<R^2,\\ u=f, & x^2+y^2=R^2.\end{cases}\tag{4.5.1}$$

解　引进以圆心为极坐标原点, 以 x 轴正半轴为极轴的极坐标 (ρ,φ), 则方程 $\Delta u=0$ 可写成

$$\Delta u=\frac{1}{\rho}\frac{\partial}{\partial\rho}\left(\rho\frac{\partial u}{\partial\rho}\right)+\frac{1}{\rho^2}\frac{\partial^2 u}{\partial\varphi^2}=0.\tag{4.5.2}$$

现在来找方程 (4.5.2) 形如 $u(\rho,\varphi)=R(\rho)\varPhi(\varphi)$ 的特解, 这种特解适合条件 (1) $|R(\rho)|$ 在圆内有界; (2) $u(\rho,\varphi+2\pi)=u(\rho,\varphi)$, 亦即 $\varPhi(\varphi+2\pi)=\varPhi(\varphi)$;(3) 不恒等于零.

把 $u(\rho,\varphi)=R(\rho)\varPhi(\varphi)$ 代入 (4.5.2) 式, 可得 $R(\rho)$ 及 $\varPhi(\varphi)$ 应满足

$$\frac{\dfrac{\mathrm{d}}{\mathrm{d}\rho}\left(\rho\dfrac{\mathrm{d}R}{\mathrm{d}\rho}\right)}{\dfrac{R}{\rho}}=-\frac{\varPhi''}{\varPhi}=\lambda,\quad \text{此处 } \lambda \text{ 为一常数,}$$

亦即 $R(\rho)$ 及 $\varPhi(\varphi)$ 应分别满足方程

$$\varPhi''(\varphi)+\lambda\varPhi(\varphi)=0 \tag{4.5.3}$$

及

$$\rho\frac{\mathrm{d}}{\mathrm{d}\rho}\left(\rho\frac{\mathrm{d}R}{\mathrm{d}\rho}\right)-\lambda R=0. \tag{4.5.4}$$

方程 (4.5.3) 的一般解为 $\varPhi(\varphi)=A\cos\sqrt{\lambda}\varphi+B\sin\sqrt{\lambda}\varphi$, 由于要求 $\varPhi(\varphi)$ 以 2π 为周期, 故 $\sqrt{\lambda}$ 应等于整数 n. 因此, $\varPhi_n(\varphi)=A_n\cos n\varphi+B_n\sin n\varphi$ (A_n, B_n 为任意常数).

以 n^2 代替方程 (4.5.4) 中的 λ, 得

$$\rho\frac{\mathrm{d}}{\mathrm{d}\rho}\left(\rho\frac{\mathrm{d}R}{\mathrm{d}\rho}\right)-n^2R=0. \tag{4.5.5}$$

其解法如下: 找方程 (4.5.5) 的形式为 ρ^μ (μ 为一待定常数) 的特解, 把 $R(\rho)=\rho^\mu$ 代入方程 (4.5.5) 可得 $\mu^2=n^2$, 亦即 $\mu=\pm n$, 所以方程 (4.5.5) 的一般解为 $R(\rho)=C\rho^n+D\rho^{-n}$ (此处 C 及 D 皆为任意常数), 要使 $|R(\rho)|$ 在圆内有界, 应取特解 $R(\rho)=\rho^n$ (n 为正整数).

这样, 我们便找到方程 (4.5.2) 的无穷多个特解

$$\rho^n(A_n\cos n\varphi+B_n\sin n\varphi),\quad n=0,1,2,\cdots,$$

其中 A_n, B_n 皆为任意常数. 把这些解叠加起来, 于是得到方程的形式为

$$u(\rho,\varphi)=\sum_{n=0}^{+\infty}\rho^n(A_n\cos n\varphi+B_n\sin n\varphi)$$

的解.

利用边值条件 $u=f$ 来确定系数 A_n 与 B_n. 令 $\rho=R$,

$$u(R,\varphi)=f=\sum_{n=0}^{+\infty}R^n(A_n\cos n\varphi+B_n\sin n\varphi), \tag{4.5.6}$$

假定 f 为 φ 的函数, 并且设 $f(\varphi)$ 的傅里叶级数展开式为

$$f(\varphi)=\frac{\alpha_0}{2}+\sum_{n=1}^{+\infty}(\alpha_n\cos n\varphi+\beta_n\sin n\varphi), \tag{4.5.7}$$

其中

$$\alpha_0=\frac{1}{\pi}\int_{-\pi}^{\pi}f(\psi)\mathrm{d}\psi,$$

$$\alpha_n=\frac{1}{\pi}\int_{-\pi}^{\pi}f(\psi)\cos n\psi\mathrm{d}\psi,$$

$$\beta_n=\frac{1}{\pi}\int_{-\pi}^{\pi}f(\psi)\sin n\psi\mathrm{d}\psi.$$

比较级数 (4.5.6) 与 (4.5.7), 则得

$$A_0=\frac{\alpha_0}{2},\quad A_n=\frac{\alpha_n}{R^n},\quad B_n=\frac{\beta_n}{R^n}.$$

这样, 我们便找到了问题 (4.5.1) 的解为

$$u(\rho,\varphi)=\frac{\alpha_0}{2}+\sum_{n=1}^{+\infty}\left(\frac{\rho}{R}\right)^n(\alpha_n\cos n\varphi+\beta_n\sin n\varphi).$$

同理可解圆外狄利克雷问题、圆内与圆外的诺伊曼问题, 均留作习题.

例 4.5.2 用傅里叶方法解球内狄利克雷问题

$$\begin{cases}\Delta u=0, & x^2+y^2+z^2<R^2,\\ u\ \text{是连续的}, & x^2+y^2+z^2\leqslant R^2,\\ u=f, & x^2+y^2+z^2=R^2.\end{cases} \tag{4.5.8}$$

解 以球心为原点取球坐标 (ρ,θ,φ), 设点 $P(x,y,z)$ 的球坐标为 (ρ,θ,φ), 则 $\rho=|OP|$, θ 为 $\overrightarrow{OP}$ 与 z 轴正方向的夹角, φ 为 $\overrightarrow{OP}$ 在 xy 平面上的投影向量 $\overrightarrow{OP_1}$ 与 x 轴正方向的夹角. 在球坐标内, 方程 $\Delta u=0$ 可写成

$$\frac{1}{\rho^2}\frac{\partial}{\partial \rho}\left(\rho^2\frac{\partial u}{\partial \rho}\right)+\frac{1}{\rho^2\sin\theta}\frac{\partial}{\partial \theta}\left(\sin\theta\frac{\partial u}{\partial \theta}\right)+\frac{1}{\rho^2\sin^2\theta}\frac{\partial^2 u}{\partial \varphi^2}=0. \quad (4.5.9)$$

现在找方程 (4.5.9) 适合下列条件的特解 $u(\rho,\theta,\varphi)$:

(1) $u(\rho,\theta,\varphi)=R(\rho)H(\theta)\varPhi(\varphi)=R(\rho)Y(\theta,\varphi)$, 且不恒等于零;

(2) 当 $0\leqslant\rho\leqslant R$ 时, $R(\rho)$ 有界;

(3) 当 $0\leqslant\theta\leqslant 2\pi$ 时, $H(\theta)$ 有界;

(4) $\varPhi(2\pi+\varphi)=\varPhi(\varphi)$.

这些条件为什么要加, 可从整个解题过程看出.

把 $u(\rho,\theta,\varphi)=R(\rho)Y(\theta,\varphi)$ 代入方程 (4.5.9), 可得

$$\frac{1}{R(\rho)}\frac{\mathrm{d}}{\mathrm{d}\rho}\left(\rho^2\frac{\mathrm{d}R}{\mathrm{d}\rho}\right)=-\frac{1}{Y(\theta,\varphi)}\left\{\frac{1}{\sin\theta}\frac{\partial}{\partial\theta}\left(\sin\theta\frac{\partial Y(\theta,\varphi)}{\partial\theta}\right)+\frac{1}{\sin^2\theta}\frac{\partial^2 Y(\theta,\varphi)}{\partial\varphi^2}\right\}=\lambda,$$

其中 λ 为常数. 亦即, $R(\rho)$ 及 $Y(\theta,\varphi)$ 分别应满足方程

$$\frac{\mathrm{d}}{\mathrm{d}\rho}\left(\rho^2\frac{\mathrm{d}R}{\mathrm{d}\rho}\right)-\lambda R=0, \quad (4.5.10)$$

$$\frac{1}{\sin\theta}\frac{\partial}{\partial\theta}\left(\sin\theta\frac{\partial Y(\theta,\varphi)}{\partial\theta}\right)+\frac{1}{\sin^2\theta}\frac{\partial Y^2(\theta,\varphi)}{\partial\varphi^2}+\lambda Y(\theta,\varphi)=0. \quad (4.5.11)$$

把 $Y(\theta,\varphi)=H(\theta)\varPhi(\varphi)$ 代入方程 (4.5.11) 可得

$$-\frac{1}{\varPhi(\varphi)}\frac{\mathrm{d}^2\varPhi}{\mathrm{d}\varphi^2}=\frac{\sin\theta}{H(\theta)}\frac{\mathrm{d}}{\mathrm{d}\theta}\left(\sin\theta\frac{\mathrm{d}H}{\partial\theta}\right)+\lambda\sin^2\theta=\mu,$$

其中 μ 为常数, 亦即, $\varPhi(\varphi)$ 及 $H(\theta)$ 分别应满足方程

$$\frac{\mathrm{d}^2\varPhi(\varphi)}{\mathrm{d}\varphi^2}+\mu\varPhi(\varphi)=0, \quad (4.5.12)$$

$$\frac{1}{\sin\theta}\frac{\mathrm{d}}{\mathrm{d}\theta}\left(\sin\theta\frac{\mathrm{d}H}{\mathrm{d}\theta}\right)+\left(\lambda-\frac{\mu}{\sin^2\theta}\right)H=0. \quad (4.5.13)$$

令 $x=\cos\theta$, $v(x)=H(\theta)$, 则利用关系式

$$\frac{\mathrm{d}H}{\mathrm{d}\theta}=\frac{\mathrm{d}v}{\mathrm{d}x}\frac{\mathrm{d}x}{\mathrm{d}\theta}=-\frac{\mathrm{d}v}{\mathrm{d}x}\sin\theta,$$

$$\frac{1}{\sin\theta}\frac{\mathrm{d}}{\mathrm{d}\theta}\left(\sin\theta\frac{\mathrm{d}H}{\mathrm{d}\theta}\right)=\frac{\mathrm{d}}{\mathrm{d}x}\left((1-x^2)\frac{\mathrm{d}v}{\mathrm{d}x}\right)$$

可将方程 (4.5.13) 化为

$$\frac{\mathrm{d}}{\mathrm{d}x}\left((1-x^2)\frac{\mathrm{d}v}{\mathrm{d}x}\right)+\left(\lambda-\frac{\mu}{1-x^2}\right)v=0. \tag{4.5.14}$$

方程 (4.5.12) 的一般解为 $\varPhi(\varphi)=C_1\cos\sqrt{\mu}\varphi+C_2\sin\sqrt{\mu}\varphi$, 由条件 (4) 可知 $\mu=m^2$ (m^2 为一正整数).

由条件 (3) 可知 $v(x)$ 在 $-1\leqslant x=\cos\theta\leqslant 1$ 上有界, 当 $\mu=m^2$ 时, 若方程 (4.5.14) 有有界解, 应取 $\lambda=n(n+1)$, n 为正整数, 且 $0\leqslant m\leqslant n$, 则方程 (4.5.14) 变为

$$\frac{\mathrm{d}}{\mathrm{d}x}\left((1-x^2)\frac{\mathrm{d}v}{\mathrm{d}x}\right)+\left(n(n+1)-\frac{m^2}{1-x^2}\right)v=0. \tag{4.5.15}$$

这个方程便是伴随的勒让德方程, 它在 $[-1,1]$ 上的有界特解为

$$P_n^m(x)=(1-x^2)^{\frac{m}{2}}\frac{1}{2^n n}\frac{\mathrm{d}^{m+n}(x^2-1)^n}{\mathrm{d}x^{m+n}},\quad m=0,1,2,\cdots,n;\ \ n=0,1,2,\cdots,$$

故方程 (4.5.13) 的有界特解为 $P_n^m(\cos\theta)(m=0,1,2,\cdots,n;\ \ n=0,1,2,\cdots)$.

当 $\lambda=n(n+1)$ 时, 方程 (4.5.10) 变成

$$\frac{\mathrm{d}}{\mathrm{d}\rho}\left(\rho^2\frac{\mathrm{d}R}{\mathrm{d}\rho}\right)-n(n+1)R=0. \tag{4.5.16}$$

今找欧拉方程 (4.5.16) 的 $R(\rho)=\rho^\sigma$ 型 (σ 为待定常数) 的特解, 把 $R(\rho)=\rho^\sigma$ 代入方程 (4.5.16), 可得 $\left[\sigma(\sigma+1)-n(n+1)\right]\rho^\sigma\equiv 0$, 即 $\sigma=n$ 或 $\sigma=-(n+1)$, 由条件 (2) 知 $R(\rho)=\rho^n$ 为所要找的有界特解.

综上所述, 所要找的特解为

$$\rho^n Y_n^{(-m)}(\theta,\varphi)=\rho^n\cos m\varphi P_n^m(\cos\theta),\quad m=0,1,2,\cdots,n;\ \ n=0,1,2,\cdots,$$

$$\rho^n Y_n^{(m)}(\theta,\varphi)=\rho^n\sin m\varphi P_n^m(\cos\theta),\quad m=0,1,2,\cdots,n;\ \ n=0,1,2,\cdots,$$

这些函数叫做球体函数, $Y_n^{(m)}(\theta,\varphi)$ 与 $Y_n^{(-m)}(\theta,\varphi)$ 叫做球面函数.

把这些特解叠加起来, 就得到方程 (4.5.8) 的形式为

$$u(\rho,\theta,\varphi)=\sum_{n=0}^{+\infty}\rho^n\left[\sum_{m=0}^{n}\left(A_n^m\cos m\varphi+B_n^m\sin m\varphi\right)P_n^m(\cos\theta)\right]\tag{4.5.17}$$

的解, 其中 A_n^m, $B_n^m(m=0,1,2,\cdots,n;\ n=0,1,2,\cdots)$ 为待定常数.

已知 f 是 θ 与 φ 的函数 $f(\theta,\varphi)$, 用上式令 $\rho=R$, 则得

$$f(\theta,\varphi)=\sum_{n=0}^{+\infty}R^n\left[\sum_{m=0}^{n}\left(A_n^m\cos m\varphi+B_n^m\sin m\varphi\right)P_n^m(\cos\theta)\right].\tag{4.5.18}$$

依据 $Y_n^{(-m)}(\theta,\varphi)$, $Y_n^{(m)}(\theta,\varphi)$ 在单位球面上的正交性, 亦即, 当 $n_1\neq n_2$ 或 $m_1\neq m_2$ 时, 恒有

$$\int_{-\pi}^{\pi}\int_0^{\pi}Y_{n_1}^{(m_1)}(\theta,\varphi)Y_{n_2}^{(m_2)}(\theta,\varphi)\sin\theta\mathrm{d}\theta\mathrm{d}\varphi=0$$

及公式

$$\int_{-\pi}^{\pi}\int_0^{\pi}\left[P_n^m(\cos\theta)\cos m\varphi\right]^2\sin\theta\mathrm{d}\theta\mathrm{d}\varphi=\frac{2\pi}{2n+1}\frac{(n+m)!}{(n-m)!},$$
$$m=0,1,2,\cdots,n;\ \ n=0,1,2,\cdots,$$

$$\int_{-\pi}^{\pi}\int_0^{\pi}\left[P_n^m(\cos\theta)\sin m\varphi\right]^2\sin\theta\mathrm{d}\theta\mathrm{d}\varphi=\frac{2\pi}{2n+1}\frac{(n+m)!}{(n-m)!},$$
$$m=0,1,2,\cdots,n;\ \ n=0,1,2,\cdots,$$

由 (4.5.18) 式来确定 A_n^m, B_n^m. 在 (4.5.18) 式两端乘 $Y_n^{(-m)}(\theta,\varphi)$ 后, 并在单位球面上积分, 可得

$$A_n^m=\frac{(n-m)!}{(n+m)!}\frac{2n+1}{2\pi}\frac{1}{R^n}\int_{-\pi}^{\pi}\int_0^{\pi}f(\theta,\varphi)Y_n^{(-m)}(\theta,\varphi)\sin\theta\mathrm{d}\theta\mathrm{d}\varphi,$$
$$m=0,1,2,\cdots,n;\ \ n=0,1,2,\cdots,$$

同理, 可得

$$B_n^m=\frac{(n-m)!}{(n+m)!}\frac{2n+1}{2\pi}\frac{1}{R^n}\int_{-\pi}^{\pi}\int_0^{\pi}f(\theta,\varphi)Y_n^{(m)}(\theta,\varphi)\sin\theta\mathrm{d}\theta\mathrm{d}\varphi,$$
$$m=0,1,2,\cdots,n;\ \ n=0,1,2,\cdots.$$

规定 $B_n^0(n=1,2,\cdots)$ 皆为零, 把所求得的 A_n^m, B_n^m 代入 (4.5.17) 式即得问题 (4.5.8) 的解.

同理, 可解球外狄利克雷问题、球内和球外诺伊曼问题, 均留作习题. 例 4.5.2 中 $f(\theta,\varphi)$ 若与 φ 无关, 结果可以化简, 也留作习题.

以上介绍的例题的边界曲线或曲面, 在极坐标及球坐标中分别为坐标线或坐标面, 所以比较简单, 下面再举两个比它们略复杂的例子.

例 4.5.3 用傅里叶方法解边值问题

$$\begin{cases}\Delta u=0, & 0\leqslant x\leqslant a, 0\leqslant y\leqslant b,\\ u|_{x=0}=u_1,\quad u|_{x=a}=u_3, & 0\leqslant y\leqslant b,\\ u|_{y=0}=u_2,\quad u|_{y=b}=u_4, & 0\leqslant x\leqslant a.\end{cases} \tag{4.5.19}$$

解 由于边值由两类坐标线组成, 把它分成两个问题来解:

$$\begin{cases}\Delta v_1=0, & 0\leqslant x\leqslant a, 0\leqslant y\leqslant b,\\ v_1|_{x=0}=u_1,\quad v_1|_{x=a}=u_3, & 0\leqslant y\leqslant b,\\ v_1|_{y=0}=0,\quad v_1|_{y=b}=0, & 0\leqslant x\leqslant a.\end{cases} \tag{4.5.20}$$

$$\begin{cases}\Delta v_2=0, & 0\leqslant x\leqslant a, 0\leqslant y\leqslant b,\\ v_2|_{x=0}=0,\quad v_2|_{x=a}=0, & 0\leqslant y\leqslant b,\\ v_2|_{y=0}=u_2,\quad v_2|_{y=b}=u_4, & 0\leqslant x\leqslant a.\end{cases} \tag{4.5.21}$$

v_1+v_2 便是问题 (4.5.19) 的解.

解问题 (4.5.19) 时, 找适合下列条件的 $\Delta u=0$ 的特解:

(1) $u(x,y)=X(x)Y(y)$, 且不恒等于零;

(2) $Y(0)=Y(b)=0$.

利用这些特解, 通过叠加, 确定系数, 再找问题 (4.5.20) 的解. 用类似的方法可以解问题 (4.5.21), 最后便可得出问题 (4.5.19) 的解. 详细过程留作习题.

例 4.5.4 用例 4.5.2 所示的方法可解杆的扭转问题

$$\begin{cases}\Delta u=0, & 0<x<a,0<y<b,\\ u(\pm a,y)=\dfrac{1}{2}(y^2+a^2), & 0<y<b,\\ u(x,\pm b)=\dfrac{1}{2}(x^2+b^2), & 0<x<a.\end{cases} \tag{4.5.22}$$

但此题亦可令 $u(x,y)=v(x,y)+\dfrac{1}{2}(x^2-y^2)+b^2$, 通过找 $v(x,y)$ 再找 $u(x,y)$, 这样来求解 $u(x,y)$ 较为方便.

例 4.5.5 用傅里叶方法解柱形区域 $(0\leqslant r\leqslant R,\ |z|\leqslant h,\ 0\leqslant\varphi\leqslant 2\pi)$ 上的狄利克雷内部问题.

解 仿例 4.5.3 分成两个问题来解, 解时要用到贝塞尔函数.

下面介绍用傅里叶方法解泊松方程的定解问题, 方法有两种, 今分别通过例子介绍如下:

例 4.5.6 用傅里叶方法解泊松方程定解问题

$$\begin{cases}\Delta u=-4\pi\rho(x,y), & 0<x<a,0<y<b,\\ u|_{x=0}=u|_{x=a}=0, & 0\leqslant y\leqslant b,\\ u|_{y=0}=u|_{y=b}=0, & 0\leqslant x\leqslant a.\end{cases} \tag{4.5.23}$$

解 先解本征值问题

$$\begin{cases}\Delta u+\lambda u=0, & 0<x<a,0<y<b,\\ u|_{x=0}=u|_{x=a}=0, & 0\leqslant y\leqslant b,\\ u|_{y=0}=u|_{y=b}=0, & 0\leqslant x\leqslant a\end{cases} \tag{4.5.24}$$

得本征值与本征函数分别为 (解法与第二章中相同)

$$\lambda_{n,m}=\left(\frac{n\pi}{a}\right)^2+\left(\frac{m\pi}{b}\right)^2,\quad \sin\frac{n\pi}{a}x\sin\frac{m\pi}{b}y,\quad m,n=1,2,\cdots.$$

利用本征值问题 (4.5.24) 的本征函数系的完备正交性, 将问题 (4.5.23) 的解 $u(x,y)$ 展开成级数

$$u(x,y)=\sum_{n=1}^{+\infty}\sum_{m=1}^{+\infty}A_{n,m}\sin\frac{n\pi}{a}x\sin\frac{m\pi}{b}y. \tag{4.5.25}$$

通过确定 $A_{n,m}$ 来确定 $u(x,y)$, (4.5.25) 式所定义的 $u(x,y)$ 必适合问题 (4.5.23) 的边值条件, 若要求定适合问题 (4.5.23) 的方程, 则应有

$$\sum_{n=1}^{+\infty}\sum_{m=1}^{+\infty}\lambda_{n,m}A_{n,m}\sin\frac{n\pi}{a}x\sin\frac{m\pi}{b}y=-4\pi\rho(x,y).$$

若 $\rho(x,y)$ 可展开成

$$-4\pi\rho(x,y)=\sum_{n=1}^{+\infty}\sum_{m=1}^{+\infty}\rho_{n,m}\sin\frac{n\pi}{a}x\sin\frac{m\pi}{b}y,$$

则得 $A_{n,m}=\dfrac{\rho_{n,m}}{\lambda_{n,m}}(m,n=1,2,\cdots)$. 把 $A_{n,m}$ 代入 (4.5.25) 式得出问题 (4.5.23) 的解 $u(x,y)$.

例 4.5.7　用傅里叶方法解泊松方程定解问题 (混合问题)

$$\begin{cases}\Delta u=-4\pi\rho(x,y), & 0<x<a,0<y<b,\\ \left.\dfrac{\partial u}{\partial x}\right|_{x=0}=\left.\dfrac{\partial u}{\partial y}\right|_{x=a}=0, & 0\leqslant y\leqslant b,\\ u|_{y=0}=\varphi_0(x),\quad u|_{y=b}=\varphi_b(x), & 0\leqslant x\leqslant a.\end{cases}\tag{4.5.26}$$

解　先解本征值问题

$$\begin{cases}X''+\lambda X=0, & 0<x<a,\\ X'(0)=X'(a)=0\end{cases}$$

得本征值与本征函数分别为

$$\lambda_n=\left(\frac{n\pi}{a}\right)^2,\quad X_n(x)=\cos\frac{n\pi}{a}x,\quad n=0,1,2,\cdots.$$

利用本征值问题本征函数系的完备正交性, 把上述泊松方程混合问题的解 $u(x,y)$ 展开成级数

$$u(x,y)=\sum_{n=0}^{+\infty}Y_n(y)\cos\frac{n\pi}{a}x,\tag{4.5.27}$$

其中 $Y_n(y)$ 是待定函数, 通过确定 $Y_n(y)$ 来确定 $u(x,y)$.

现在通过 $u(x,y)$ 应满足方程 $\Delta u=-4\pi\rho$ 及边值条件 $u|_{y=0}=\varphi_0(x)$

和 $u|_{y=b}=\varphi_b(x)$ 来确定 $Y_n(y)(n=0,1,2\cdots)$. 把 $u(x,y)$ 代入方程 $\Delta u=-4\pi\rho$ 得

$$\sum_{n=0}^{+\infty}\left[Y_n''-\left(\frac{n\pi}{a}\right)^2Y_n\right]\cos\frac{n\pi}{a}x=-4\pi\rho(x,y).$$

若把 $\rho(x,y)$ 展开成

$$\rho(x,y)=\sum_{n=0}^{+\infty}\rho_n(y)\cos\frac{n\pi}{a}x,$$

得

$$Y_n''-\left(\frac{n\pi}{a}\right)^2Y_n=-4\pi\rho_n(y),\quad n=0,1,2,\cdots.$$

把 $u(x,y)$ 代入边值条件 $u|_{y=0}=\varphi_0(x)$, 可得

$$\sum_{n=0}^{+\infty}Y_n(0)\cos\frac{n\pi}{a}x=\varphi_0(x).$$

把 $\varphi_0(x)$ 展开成

$$\varphi_0(x)=\sum_{n=0}^{+\infty}\varphi_{0n}\cos\frac{n\pi}{a}x,$$

则得

$$Y_n(0)=\varphi_{0n},\quad n=0,1,2,\cdots.$$

同理, 若

$$\varphi_b(x)=\sum_{n=0}^{+\infty}\varphi_{bn}\cos\frac{n\pi}{a}x,$$

则得

$$Y_n(b)=\varphi_{bn},\quad n=0,1,2,\cdots.$$

现在, 由常微分方程边值问题

$$\begin{cases}Y_n''(y)-\left(\dfrac{n\pi}{a}\right)^2Y_n(y)=-4\pi\rho_n(y),\\ Y_n(0)=\varphi_{0n},\quad Y_n(b)=\varphi_{bn},\quad b=1,2,\cdots\end{cases}$$

来确定 $Y_n(y)$. 先写出微分方程的通解

$$Y_n(y)=C_n\mathrm{e}^{(\frac{n\pi}{a})y}+D_n\mathrm{e}^{-(\frac{n\pi}{a})y}-\frac{4a}{n}\int_0^y\left[\sin\frac{n\pi}{a}(y-\tau)\right]\rho_n(\tau)\mathrm{d}\tau.$$

把通解代入边值条件得

$$C_n+D_n=\varphi_{0n},$$

$$\varphi_{bn}=C_n\mathrm{e}^{(\frac{n\pi}{a})b}+D_n\mathrm{e}^{-(\frac{n\pi}{a})b}-\frac{4a}{n}\int_0^b\left[\sin\frac{n\pi}{a}(b-\tau)\right]\rho_n(\tau)\mathrm{d}\tau.$$

从前一方程组可以求出 C_n 与 D_n, $Y_n(y)$ 便因此确定.

至于 $Y_0(y)$, 从边值问题

$$\begin{cases}Y_0''(y)=-4\pi\rho_0(y),\\ Y_0(0)=\varphi_{00},\quad Y_0(b)=\varphi_{b0},\quad b=1,2,\cdots\end{cases}$$

来确定. 微分方程的通解为

$$Y_0(y)=C_1y+C_2-4\pi\int_0^y\int_0^y\rho_0(y)\mathrm{d}y\mathrm{d}y.$$

代入边值条件可求出 C_1 与 C_2, 接着便确定 $Y_0(y)$.

把已确定的 $Y_n(y)(n=0,1,2,\cdots)$ 代入 (4.5.27) 式的右端, 所得的 $u(x,y)$ 便是问题 (4.5.26) 的解.

4.6 椭圆型方程补注

本节对椭圆型方程给出若干补注内容.

设 $\Omega\subset\mathbb{R}^n$ 为有界区域, $\partial\Omega$ 为 Ω 的边界. 我们考虑 Ω 上的二阶线性椭圆型方程

$$Lu=\sum_{i,j=1}^n a_{ij}(x)\frac{\partial^2 u}{\partial x_i\partial x_j}+\sum_{i=1}^n b_i(x)\frac{\partial u}{\partial x_i}+c(x)u=f(x),\quad x\in\Omega,\tag{4.6.1}$$

其中 $a_{ij}(x),b_i(x),c(x),f(x)$ 在 $\overline{\Omega}$ 上连续, $c(x)\leqslant 0$ 且 $a_{ij}(x)=a_{ji}(x)(x\in\Omega)$ 以及存在常数 $\lambda>0$ 使得对任意 $x\in\overline{\Omega}$ 和任意的 $\xi=(\xi_1,\xi_2,\cdots,\xi_n)\in$

$\mathbb{R}^n$ 有

$$\sum_{i,j=1}^{n} a_{ij}(x)\xi_i\xi_j \geqslant \lambda \sum_{i=1}^{n} \xi_i^2,$$

这里 $x=(x_1,x_2,\cdots,x_n)$.

设 $u(x)$ 是方程 (4.6.1) 的古典解, 即 $Lu(x)=f(x)(x\in\Omega)$, u 在 Ω 上二次连续可微, 在 $\overline{\Omega}$ 上连续, 且不为常数. 当 $f(x)\leqslant 0(x\in\Omega)$ (或者 $f(x)\geqslant 0(x\in\Omega)$) 时, $u(x)$ 不能在 Ω 的内部取非正最小值 (或非负最大值).

若边界 $\partial\Omega$ 上的任一点 P 处都可作一球, 使其在点 P 与 $\partial\Omega$ 相切且完全包含在区域 Ω 内, 则有以下结论:

设 $u(x)$ 是方程 (4.6.1) 的古典解, 且在 Ω 内不为常数. 若 $f(x)\leqslant 0, x\in\Omega$ (或 $f(x)\geqslant 0, x\in\Omega$), 且 u 在 $\partial\Omega$ 上的某点 P 处取非正最小值 (或非负最大值), 只要外法向导数 $\dfrac{\partial u}{\partial\mathcal{N}}(P)$ 存在, 则

$$\frac{\partial u(P)}{\partial\mathcal{N}}<0 \quad \left(\text{或}\frac{\partial u(P)}{\partial\mathcal{N}}>0\right).$$

上述两个结论是椭圆型方程的极值原理.

椭圆型方程通常有以下三种定解条件:

第一边值条件: $lu\equiv u(\xi)=\varphi(\xi) \quad (\xi\in\partial\Omega)$;

第二边值条件: $lu\equiv \dfrac{\partial u}{\partial\mathcal{N}}(\xi)=\psi(\xi) \quad (\xi\in\partial\Omega)$;

第三边值条件: $lu\equiv a(\xi)\dfrac{\partial u}{\partial\mathcal{N}}(\xi)+b(\xi)u(\xi)=\psi(\xi) \quad (\xi\in\partial\Omega)$,

其中 $\varphi(\xi),\psi(\xi),a(\xi),b(\xi)$ 在 $\partial\Omega$ 上连续, $\mathcal{N}$ 是 $\partial\Omega$ 的外法向量, $a(\xi)\geqslant 0$, $b(\xi)\leqslant 0$, $a^2(\xi)+b^2(\xi)\neq 0$.

由极值原理, 设 $c(x)$ 及 $b(\xi)$ 不同时恒为零, 若定解问题 $Lu=f(x), x\in\Omega$ 及 $lu=\psi$ 的 (古典) 解存在, 则必是唯一的. 设 $c(x)$ 及 $b(\xi)$ 恒为零, 若定解问题 $Lu=f$, $x\in\Omega$ 及 $lu=\psi$ 的解存在, 则除相差

一个常数外, 解是唯一的.

为了简单介绍一些椭圆型方程的广义解内容, 我们先引入一些相关的准备知识.

对多重指标 $\alpha=(\alpha_1,\alpha_2,\cdots,\alpha_n)$, 记 $|\alpha|=\sum\limits_{i=1}^{n}\alpha_i$, 这里 $\alpha_i\geqslant 0$ 为整数, 且 $\alpha!=\alpha_1!\alpha_2!\cdots\alpha_n!$. 此外, $\alpha\leqslant\beta\Leftrightarrow\alpha_i\leqslant\beta_i(1\leqslant i\leqslant n)$, $\beta-\alpha=(\beta_1-\alpha_1,\beta_2-\alpha_2,\cdots,\beta_n-\alpha_n)$, $\begin{pmatrix}\beta\\ \alpha\end{pmatrix}=\dfrac{\beta!}{\alpha!(\beta-\alpha)!}$. 另外, 对 $x=(x_1,x_2,\cdots,x_n)$, 记 $|x|=\sqrt{\sum\limits_{i=1}^{n}x_i^2}$, $x^\alpha=x_1^{\alpha_1}x_2^{\alpha_2}\cdots x_n^{\alpha_n}$, 而偏导数 $\partial_x^\alpha=\partial_{x_1}^{\alpha_1}\partial_{x_2}^{\alpha_2}\cdots\partial_{x_n}^{\alpha_n}=\dfrac{\partial^{|\alpha|}}{\partial x_1^{\alpha_1}\partial x_2^{\alpha_2}\cdots\partial x_n^{\alpha_n}}$.

再给出几个函数空间.

$C^m(\Omega)=\big\{u:\Omega\subset\mathbb{R}^n\to\mathbb{R}\big|u$ 在 Ω 上有直到 m 阶的连续偏导数$\big\}$. 类似地有 $C^m(\overline{\Omega})$. 再记 $C^\infty(\Omega)=\bigcap\limits_{m=0}^{\infty}C^m(\Omega)$, $C^\infty(\overline{\Omega})=\bigcap\limits_{m=0}^{\infty}C^m(\overline{\Omega})$.

对于偏微分方程的现代理论来说, 广义函数论是非常重要的工具. 所谓开集 Ω 上的广义函数就是函数空间 $C_0^\infty(\Omega)$ 上的一个连续线性泛函, 亦即若 f 是 Ω 上的广义函数, 记 $f\in\mathcal{D}'(\Omega)$, 则 f 满足以下条件:

(1) $f:C_0^\infty(\Omega)\to\mathbb{R}$ 是线性泛函, 对 $k_1,k_2\in\mathbb{R}$, $\varphi_1,\varphi_2\in C_0^\infty(\Omega)$ 有 $<f,k_1\varphi_1+k_2\varphi_2>=k_1<f,\varphi_1>+k_2<f,\varphi_2>$, 这里 $<f,\varphi>$ 表示 f 在 φ 取值.

(2) 对任意的 $\varphi_j\xrightarrow[j\to\infty]{C_0^\infty(\Omega)}\varphi$ 都有 $\lim\limits_{j\to\infty}<f,\varphi_j>=<f,\varphi>$, 其中 $\varphi_j\xrightarrow[j\to\infty]{C_0^\infty(\Omega)}\varphi$ 的含义如下:

(i) $\varphi_j(j=1,2,\cdots)$ 和 φ 都是 $C_0^\infty(\Omega)$ 中函数, 即 φ_j 和 φ 都是 $C^\infty(\Omega)$ 中函数且分别存在有界闭集 $K_j\subset\Omega$, $K\subset\Omega$ 使得 $\varphi_j(x)=0$ $(x\in\Omega\backslash K_j),\varphi(x)=0\ (x\in\Omega\backslash K)$.

(ii) 存在一个有界闭集 $F \subset \Omega$ 使得 $(\bigcup_{j=1}^{\infty} K_j) \cup K \subset F$.

(iii) 对任意多重指标 α 有 $\lim_{j\to\infty} \max_{x\in F} |\partial_x^\alpha \varphi_j(x) - \partial_x^\alpha \varphi(x)| = 0$.

区域 Ω 上的广义函数还有一个等价条件, 即 $f \in \mathcal{D}'(\Omega) \Leftrightarrow f$ 是 $C_0^\infty(\Omega)$ 上线性泛函且对任意有界闭集 $K \subset \Omega$ 有一个常数 $C(K) > 0$ 和非负整数 $k(K)$ 使得

$$|< f, \varphi >| \leqslant \sum_{|\alpha| \leqslant k(K)} \max_{x\in K} |\partial_x^\alpha \varphi_(x)|, \quad \forall \varphi \in C_0^\infty(\Omega). \tag{4.6.2}$$

广义函数是通常的局部可积函数的本质推广, 一个新的成果就是所谓的狄拉克函数 (也称 δ 函数). δ 函数的定义如下:

$$< \delta_a, \varphi >= \varphi(a), \quad \forall \varphi \in C_0^\infty(\Omega), \tag{4.6.3}$$

其中 $a \in \Omega$.

广义函数之间的线性运算可以自然定义, 因而 $\mathcal{D}'(\Omega)$ (Ω 上的广义函数全体) 可以成为一个线性空间. 广义函数的微商运算是通常的分部积分运算的推广.

通常的分部积分运算如下:

若 $\psi \in C^\infty(\Omega), \varphi \in C_0^\infty(\Omega)$, 则

$$\int_\Omega \psi \partial_x^\alpha \varphi \mathrm{d}x = (-1)^{|\alpha|} \int_\Omega \varphi \partial_x^\alpha \psi \mathrm{d}x, \tag{4.6.4}$$

于是可以引入广义函数的微商定义. 若 $f \in \mathcal{D}'(\Omega)$, 则定义

$$< \partial^\alpha f, \varphi >= (-1)^{|\alpha|} < f, \partial^\alpha \varphi >, \quad \forall \varphi \in C_0^\infty(\Omega). \tag{4.6.5}$$

可以验证 $\partial^\alpha f$ 是 $C_0^\infty(\Omega)$ 上的一个连续线性泛函, 即 $\partial^\alpha f \in \mathcal{D}'(\Omega)$, 称 $\partial^\alpha f$ 为广义函数 f 的微商. 显然, 这样一来, 对广义函数而言是可以求无穷次微商的.

当 f 是 Ω 上的局部可积函数时, 即 f 在 Ω 中的任一个有界闭子集上可积, 那么当然有 $f \in \mathcal{D}'(\Omega)$ 且 (4.6.5) 式成立. 若 $f \in C^\infty(\Omega)$, 则 (4.6.5) 式就是 (4.6.4) 式.

为了下面的讨论需要, 可以引入以下的几个函数空间. 考虑

$$H^k(\Omega)=\left\{u\in L^2(\Omega)\,\middle|\,\partial^\alpha u\in L^2(\Omega),|\alpha|\leqslant k,k\geqslant 0\ \text{为整数}\right\},\qquad(4.6.6)$$

其中 $H^k(\Omega)$ 关于通常的线性运算构成线性空间.

在 $H^k(\Omega)$ 中引入范数如下:

$$\|u\|_{H^k(\Omega)}^2=\sum_{|\alpha|\leqslant k}\int_\Omega|\partial^\alpha u|^2\mathrm{d}x,\qquad(4.6.7)$$

于是

(1) $\|u\|_{H^k(\Omega)}\geqslant 0,\forall u\in H^k(\Omega)$ 且 $\|u\|_{H^k(\Omega)}=0$ 等价于 u 几乎处处为零.

(2) 对任意 $\lambda\in\mathbb{R},u\in H^k(\Omega)$ 有

$$\|\lambda u\|_{H^k(\Omega)}=|\lambda|\|u\|_{H^k(\Omega)}.$$

(3) 对任意 $u,v\in H^k(\Omega)$ 有

$$\|u+v\|_{H^k(\Omega)}\leqslant\|u\|_{H^k(\Omega)}+\|v\|_{H^k(\Omega)}.$$

上述 (3) 称为范数的三角不等式.

我们考虑实值函数, 于是可以定义内积

$$(u,v)_{H^k(\Omega)}=\sum_{|\alpha|\leqslant k}\int_\Omega\partial^\alpha u(x)\partial^\alpha v(x)\mathrm{d}x,$$

显然有

(1) $(u,v)_{H^k(\Omega)}\geqslant 0,u,v\in H^k(\Omega)$ 且 $(u,v)_{H^k(\Omega)}=0$ 等价于 u 几乎处处为零;

(2) $(u,v)=(v,u)$, $u,v\in H^k(\Omega)$;

(3) $(u,\lambda_1v_1+\lambda_2v_2)_{H^k(\Omega)}=\lambda_1(u,v_1)_{H^k(\Omega)}+\lambda_2(u,v_2)_{H^k(\Omega)},\lambda_1,\lambda_2\in\mathbb{R}$, u, v_1, $v_2\in H^k(\Omega)$.

定义 $u_m\xrightarrow[m\to\infty]{H^k(\Omega)}u\Leftrightarrow\lim\limits_{m\to\infty}\|u_m-u\|_{H^k(\Omega)}=0$.

现在可以引入一个重要的函数空间

$$H_0^k(\Omega) = \overline{C_0^\infty(\Omega)}^{\|\cdot\|_{H^k(\Omega)}}, \tag{4.6.8}$$

这里 (4.6.8) 式的含义是 $H_0^k(\Omega)$ 是 $C_0^\infty(\Omega)$ 在范数 $\|\cdot\|_{H^k(\Omega)}$ 下的完备集合, 亦即, 对任意的 $u \in H_0^k(\Omega)$, 都有一个序列 $\{u_m\}_{m=1}^\infty \subset C_0^\infty(\Omega)$ 使得

$$\lim_{m\to\infty} \|u_m - u\|_{H^k(\Omega)} = 0, \tag{4.6.9}$$

也就是说 $H_0^k(\Omega)$ 是 $C_0^\infty(\Omega)$ 在范数 $\|\cdot\|_{H^k(\Omega)}$ 下的一个完备空间.

我们先介绍一下 $H^1(\Omega)$ 空间上的拉克斯–米尔格拉姆 (Lax-Milgram) 定理 (其实对一般的相关空间也成立):

若 $a(u,v)$ 是 $H^1(\Omega)$ 上的双线性泛函, 即 $a(u,v)$ 关于 u 和 v 分别是线性函数, 并且存在 $M>0$ 使有界性成立:

$$|a(u,v)| \leqslant M\|u\|_{H^1(\Omega)}\|v\|_{H^1(\Omega)}, \tag{4.6.10}$$

以及满足强制性条件: 存在 $\delta > 0$ 使得

$$a(u,u) \geqslant \delta\|u\|_{H^1(\Omega)}^2, \quad u \in H^1(\Omega), \tag{4.6.11}$$

则对 $H^1(\Omega)$ 上的任意有界线性泛函 f, 存在唯一的 $u_f \in H^1(\Omega)$ 使得以下变分方程成立:

$$a(u_f, v) =< f, v >, \quad v \in H^1(\Omega). \tag{4.6.12}$$

上述结论就是著名的拉克斯–米尔格拉姆定理. 对于 $H^k(\Omega)$ 空间来说, 以下等价范数定理也是非常有用的.

设 $l_1, l_2, \cdots, l_m$ 是 $H^k(\Omega)(k \geqslant 1)$ 上的有界线性泛函. 用 $P_{k-1}(\Omega)$ 表示次数不超过 $k-1$ 次的 Ω 上的多元多项式空间. 若对 $P_{k-1}(\Omega)$ 中任意非零的多项式 p 有 $\sum\limits_{i=1}^m l_i^2(p) > 0$, 则存在常数 $C_1 > 0$ 和 $C_2 > 0$ 使得对一切 $u \in H^k(\Omega)$ 有

$$C_1\|u\|_{H^k(\Omega)} \leqslant |u|_{H^k(\Omega)} + \sum_{i=1}^m |l_i(u)| \leqslant C_2\|u\|_{H^k(\Omega)}, \tag{4.6.13}$$

其中 $|u|^2_{H^k(\Omega)} = \sum\limits_{|\alpha|=k} \int_\Omega |\partial^\alpha u|^2 \mathrm{d}x.$

下面用拉克斯–米尔格拉姆定理和等价范数定理考虑两个关于椭圆型方程广义解的存在唯一性问题的例子. 在数学分析的连续可微意义下的解称为偏微分方程的古典解或经典解. 古典解一定是广义解, 反之不一定成立. 要想证明偏微分方程问题中的广义解是古典解, 一般需要证明广义解在一定条件下的光滑性信息, 即所谓的正则性.

例 4.6.1 考虑第三边值问题

$$\begin{cases} -\Delta u = f, & x \in \Omega \subset \mathbb{R}^n, \\ \dfrac{\partial u}{\partial \nu} + b(x)u = g, & x \in \partial\Omega, \end{cases} \tag{4.6.14}$$

其中 $f \in L^2(\Omega)$, $g \in L^2(\partial\Omega)$, $b \in C(\partial\Omega)$ 且 $b(x) \geqslant \delta > 0$ $(x \in \partial\Omega)$, 即 f 是 Ω 上的平方可积函数, g 是 $\partial\Omega$ 上的平方可积函数, b 是 $\partial\Omega$ 上的连续有正下界的函数.

如果在一定条件下问题 (4.6.14) 有古典解 $u \in C^2(\Omega) \cap C^1(\overline{\Omega})$, 那么古典解 u 一定满足

$$a(u,v) = F(v), \quad \forall v \in C^\infty(\overline{\Omega}), \tag{4.6.15}$$

其中

$$a(u,v) = \sum_{i=1}^n \int_\Omega \frac{\partial u}{\partial x_i}\frac{\partial v}{\partial x_i}\mathrm{d}x + \int_{\partial\Omega} buv\mathrm{d}\sigma, \tag{4.6.16}$$

$$F(v) = \int_\Omega fv\mathrm{d}x + \int_{\partial\Omega} gv\mathrm{d}x. \tag{4.6.17}$$

由此可以给出问题 (4.6.14) 的弱解 (一种广义解) 的定义如下:

弱解的提法: 求弱解 $u \in H^1(\Omega)$ 使得 (4.6.15) 式对一切的 $v \in H^1(\Omega)$ 成立. (4.6.18)

为了应用拉克斯–米尔格拉姆定理来证明问题 (4.6.18) 存在唯一弱解, 我们还需一个准备知识, 也就是说函数及其导数在 Ω 上的平方可积

范数是如何控制函数在边界 $\partial\Omega$ 上的限制函数的平方可积范数的, 即所谓的“迹估计”.

迹估计: 若 $u\in C(\overline{\Omega})\cap C^1(\Omega)$, 则对任意 $\varepsilon>0$, 存在仅依赖于 ε 和 Ω 的常数 C_ε, 使得

$$\left(\int_{\partial\Omega}|u|^2\mathrm{d}\sigma\right)^{\frac{1}{2}}\leqslant\varepsilon\left(\sum_{i=1}^n\int_\Omega\left|\frac{\partial u}{\partial x_i}\right|^2\mathrm{d}x\right)^{\frac{1}{2}}+C_\varepsilon\left(\int_\Omega|u|^2\mathrm{d}x\right)^{\frac{1}{2}},\tag{4.6.19}$$

由迹估计 (4.6.19) 式, 事实上, 我们可以得到, 若 $u\in H^1(\Omega)$, 则

$$\left(\int_{\partial\Omega}|u|^2\mathrm{d}\sigma\right)^{\frac{1}{2}}\leqslant\|u\|_{H^1(\Omega)},\tag{4.6.20}$$

其中 u 在 $\partial\Omega$ 上的严格意义这里不作介绍.

于是, 由 (4.6.20) 式, 对 $u,v\in H^1(\Omega)$ 有 $M>0$ 使

$$|a(u,v)|\leqslant M\|u\|_{H^1(\Omega)}\|v\|_{H^1(\Omega)},\tag{4.6.21}$$

再考虑强制性的证明. 令 $l(u)=\displaystyle\int_{\partial\Omega}u\mathrm{d}\sigma$, 在等价范数定理中取 $k=1$, $m=1$, 则存在 $C_1>0,C_2>0$ 使

$$C_1\|u\|_{H^1(\Omega)}\leqslant|u|_{H^1(\Omega)}+\left|\int_{\partial\Omega}u\mathrm{d}\sigma\right|\leqslant C_2\|u\|_{H^1(\Omega)},\tag{4.6.22}$$

从 (4.6.22) 式可得

$$\begin{aligned}a(u,u)&=\int_\Omega|\nabla u|^2\mathrm{d}x+\int_{\partial\Omega}bu^2\mathrm{d}\sigma\\&\geqslant\min\{1,\delta\}\left(\int_\Omega|\nabla u|^2\mathrm{d}x+\int_{\partial\Omega}|u|^2\mathrm{d}\sigma\right)\\&\geqslant\alpha\|u\|^2_{H^1(\Omega)},\end{aligned}\tag{4.6.23}$$

其中$\alpha>0$ 为常数, $\min\{1,\delta\}$ 表示 1 和 δ 中较小的数, $\nabla u=\left(\dfrac{\partial u}{\partial x_1},\dfrac{\partial u}{\partial x_2},\cdots,\dfrac{\partial u}{\partial x_n}\right)$.

所以由 (4.6.21), (4.6.23) 式推出存在唯一的 $u\in H^1(\Omega)$ 使得问

题 (4.6.18) 成立, 即证明了问题 (4.6.14) 存在唯一弱解.

例 4.6.1 在 $n=1$ 的情形可以用初等方法来验证拉克斯–米尔格拉姆定理, 进而得到弱解的存在唯一性.

例 4.6.2 考虑常微分方程边值问题

$$\begin{cases}-\dfrac{\mathrm{d}^2u}{\mathrm{d}x^2}+q(x)u=f(x), \quad x\in(a,b),\\ u(a)=u(b)=0,\end{cases} \tag{4.6.24}$$

其中 q 是 $[a,b]$ 上的连续函数 $\big(q\in C[a,b]\big), q(x)\geqslant 0$, 且 $f\in L^2[a,b]$ 是 $[a,b]$ 上的平方可积函数.

令

$$a(u,v)=\int_a^b\left(\frac{\mathrm{d}u}{\mathrm{d}x}\frac{\mathrm{d}v}{\mathrm{d}x}+q(x)uv\right)\mathrm{d}x, \tag{4.6.25}$$

$$(f,v)=\int_a^b f(x)v(x)\mathrm{d}x, \tag{4.6.26}$$

则问题 (4.6.24) 的弱解提法如下:

求 $u\in H_0^1\big((a,b)\big)$ 使

$$a(u,v)=(f,v), \quad \forall v\in H_0^1\big((a,b)\big). \tag{4.6.27}$$

对于 $u\in H_0^1\big((a,b)\big)$ 有所谓的庞加莱 (Poincaré) 不等式:

$$\|u\|_{L^2(\Omega)}\leqslant C\left\|\frac{\mathrm{d}u}{\mathrm{d}x}\right\|_{L^2(\Omega)}, \tag{4.6.28}$$

由 (4.6.28) 式, 有正数 $\delta>0$ 使

$$a(u,u)\geqslant \delta\|u\|^2_{H^1((a,b))}, \quad \forall u\in H_0^1\big((a,b)\big), \tag{4.6.29}$$

又显然存在 $M>0$ 使

$$|a(u,v)|\leqslant M\|u\|_{H^1((a,b))}\|v\|_{H^1((a,b))}, \quad \forall u,v\in H_0^1\big((a,b)\big), \tag{4.6.30}$$

所以由拉克斯–米尔格拉姆定理推出问题 (4.6.27) 存在唯一弱解.

可以证明弱解 $u\in H^1\big((a,b)\big)$ 有更高的正则性 $u\in H^2\big((a,b)\big)$.

事实上, 取 $\varphi\in C_0^\infty\big((a,b)\big)$, 于是由弱解定义推出

$$\begin{aligned}\int_a^b u\varphi''\mathrm{d}x &= -\int_a^b u'\varphi'\mathrm{d}x \\ &= \int_a^b q(x)u(x)\varphi(x)\mathrm{d}x - \int_a^b f(x)\varphi(x)\mathrm{d}x \\ &= \int_a^b \big(q(x)u - f\big)\varphi\mathrm{d}x,\end{aligned}$$

此即

$$\int_a^b u\varphi''\mathrm{d}x = \int_a^b \big(q(x)u - f\big)\varphi\mathrm{d}x, \quad \forall\varphi \in C_0^\infty\big((a,b)\big), \tag{4.6.31}$$

由广义函数的微商定义知 $u'' = qu - f \in L^2\big((a,b)\big)$, 所以 $u \in H^2\big((a,b)\big)$. 在一定条件下, 具有较高正则性的弱解可以是古典解的问题这里不再讨论, 因为涉及函数空间 $H^2\big((a,b)\big)$ 向连续函数空间 $C\big([a,b]\big)$ 中嵌入的问题.

本节的最后一段介绍一些有关牛顿位势及其应用的内容.

定义

$$G(x) = \frac{1}{n(n-2)\omega_n}\frac{1}{|x|^{n-2}}, \quad x \neq 0, n \geqslant 3, \tag{4.6.32}$$

其中 ω_n 是 $\mathbb{R}^n$ 中单位球的体积. 我们有以下性质:

(1) $G_{x_i}(x) = \dfrac{1}{n\omega_n}\dfrac{x_i}{|x|^n}, \quad x \neq 0;$

(2) $G_{x_ix_j}(x) = \dfrac{1}{n\omega_n}\left(\dfrac{\delta_{ij}}{|x|^n} - \dfrac{nx_ix_j}{|x|^{n+2}}\right), x \neq 0$, 其中 $\delta_{ii} = 1, \delta_{ij} = 0$ $(i \neq j)$;

(3) $|G_{x_i}(x)| \leqslant \dfrac{C}{|x|^{n-1}}, \quad x \neq 0;$

(4) $|G_{x_ix_j}(x)| \leqslant \dfrac{C}{|x|^n}, \quad x \neq 0.$

对于勒贝格 (Lebesgue) 可积函数 $f \in L^1(\Omega)$, 我们称

$$w(x) = \int_\Omega G(x-y)f(y)\mathrm{d}y$$

为 f 在 Ω 上的牛顿位势.

此外, 赫尔德 (Hölder) 连续性对研究偏微分方程的光滑解是很有意义的. 对 $0<\alpha<1$, 给出以下的定义:

(1) $[u]_{\alpha,\Omega}=[u]_\alpha=\sup\limits_{\substack{x,y\in\Omega\\ x\neq y}}\dfrac{|u(x)-u(y)|}{|x-y|^\alpha}$;

(2) $\|u\|_{C^{0,\alpha}(\overline{\Omega})}=\sup\limits_{\Omega}|u|+[u]_\alpha$;

(3) $\|u\|_{C^{1,\alpha}(\overline{\Omega})}=\sup\limits_{\Omega}|u|+\sum\limits_{i=1}^n(\sup\limits_{\Omega}|u_{x_i}|+[u_{x_i}]_\alpha)$;

(4) $\|u\|_{C^{2,\alpha}(\overline{\Omega})}=\sup\limits_{\Omega}|u|+\sum\limits_{i=1}^n\sup\limits_{\Omega}|u_{x_i}|+\sum\limits_{i,j=1}^n\left(\sup\limits_{\Omega}|u_{x_ix_j}|+[u_{x_ix_j}]_\alpha\right)$.

若 f 在 Ω 上有界可测, 则 f 的牛顿位势 $w\in C^1(\Omega)$ 且

$$w_{x_i}(x)=\int_\Omega G_{x_i}(x-y)f(y)\mathrm{d}y,\quad i=1,2,\cdots,n. \tag{4.6.33}$$

若存在 $\alpha_0\in(0,1]$ 使 $f\in C^{\alpha_0}(\overline{\Omega})$, 则 f 的牛顿位势 $w\in C^2(\Omega)$ 且

$$\begin{aligned}w_{x_ix_j}(x)=&\int_{\Omega_0}G_{x_ix_j}(x-y)[f(x)-f(y)]\mathrm{d}y-\\&f(x)\int_{\partial\Omega_0}G_{x_i}(x-y)\nu_j(y)\mathrm{d}\sigma,\quad x\in\Omega,i,j=1,2,\cdots,n,\end{aligned}$$

其中 Ω_0 是包含 Ω 的任意光滑区域, f 延拓到 $\Omega_0\backslash\Omega$ 上为 $f\equiv0$, $\nu=(\nu_1,\nu_2,\cdots,\nu_n)$ 为 $\partial\Omega_0$ 的单位外法向量.

考虑泊松方程

$$\Delta u=f,\quad x\in\Omega. \tag{4.6.34}$$

当 f 连续但非 $C^\alpha(\overline{\Omega})$ 中函数时, 方程 (4.6.34) 未必有古典解. 这一点体现了与常微分方程不同的属性. 当 f 是赫尔德连续函数时, 即 $f\in C^\alpha(\overline{\Omega})$ (对某个 $\alpha\in(0,1]$), 则 f 的牛顿位势 w 是方程 (4.6.34) 的古典解.

关于二阶椭圆型方程的现代理论主要是线性与非线性情形方程解的各种先验估计及结合拓扑不动点定理的可解性问题. 相关的解的正则性问题也是非常重要的. 例如, 二阶椭圆型方程解的 L^2 估计、L^p 估计、绍德尔估计、德乔治–纳什估计和克雷洛夫–萨法诺夫估计等的建立过程,

是对椭圆型方程学习具有挑战性的能力培养过程.

关于椭圆型方程的更多理论, 读者可以查阅相关文献来进行研读.

4.7 应用问题模型

关于椭圆型方程的应用, 我们主要介绍一下在半导体载流子量子传输问题中的相关模型问题. 对于椭圆型方程在其他方向的应用, 读者可以通过查阅文献来完成学习.

首先, 对固体的晶格结构引入以下的数学模型表述.

理想晶格:

$$L=\left\{n_1a_1+n_2a_2+n_3a_3\middle|n_1,n_2,n_3\ \text{为整数}\right\},\tag{4.7.1}$$

其中 a_1,a_2,a_3 是三维实空间 $\mathbb{R}^3$ 中的三个线性无关的基向量.

对偶晶格:

$$L^*=\left\{n_1a_1^*+n_2a_2^*+n_3a_3^*\middle|n_1,n_2,n_3\ \text{为整数}\right\},\tag{4.7.2}$$

其中

$$a_j^*=2\pi\frac{a_l\times a_m}{a_1\cdot(a_2\times a_3)},\tag{4.7.3}$$

这里 (j,l,m) 是 (1,2,3), (2,3,1) 或 (3,1,2).

再引入以下的晶格基本细胞集合:

$$D=\left\{x\in\mathbb{R}^3\middle|x=\sum_{i=1}^{3}\alpha_ia_i,\alpha_i\in\left[-\frac{1}{2},\frac{1}{2}\right]\right\},\tag{4.7.4}$$

$$B=\left\{k\in\mathbb{R}^3\middle|k=\sum_{j=1}^{3}\beta_ja_j^*,\beta_j\in\left[-\frac{1}{2},\frac{1}{2}\right]\right\}.\tag{4.7.5}$$

上述 D 和 B 分别称为晶格 L 及其对偶晶格 L^* 的基本区域. $x\in L$ 表示空间位置, $k\in L^*$ 表示拟波向量. 于是有

$$\mathbb{R}^3=\bigcup_{x\in L}(D+x)=\bigcup_{k\in L^*}(B+k).\tag{4.7.6}$$

在微观世界, 表示原子核及其核外电子运动的基本工具就是量子力学, 而载流子的量子态可以用复值的波函数 $\phi(x,t)$ 来描述, 其中 $x\in\mathbb{R}^3$ 表示空间位置, $t>0$ 表示时间. 波函数 $\phi(x,t)$ 满足以下薛定谔方程

$$\begin{cases}\mathrm{i}h\dfrac{\partial\phi}{\partial t}=H\phi, & x\in\mathbb{R}^3, t>0,\\ \phi(x,0)=\phi_I, & \text{初始态},\end{cases}\tag{4.7.7}$$

其中 $\mathrm{i}^2=-1$, 而 H 是哈密顿算子, 对单一电子而言, 有

$$H=-\frac{h^2}{2m}\Delta-qV(x),\quad x\in\mathbb{R}^3,\tag{4.7.8}$$

这里 h 是普朗克常数, m 是电子质量, q 是基本电荷, $V(x)$ 是静电位势.

问题 (4.7.7) 的稳态波函数的导出方式可用以下的分离变量形式:

$$\phi(x,t)=\mathrm{e}^{-\frac{\mathrm{i}Et}{h}}\psi(x).\tag{4.7.9}$$

把 (4.7.9) 式代入问题 (4.7.7) 的方程式得到稳态薛定谔方程

$$H\psi=E\psi,\tag{4.7.10}$$

这里对单一电子情形有

$$-\frac{h^2}{2m}\Delta\psi-qV(x)\psi=E\psi,\quad x\in\mathbb{R}^3.\tag{4.7.11}$$

实际上, 特征值问题 (4.7.10) 或 (4.7.11) 中的特征值 E 和特征函数 $\psi(x)$ 表示量子态是稳态的. 物理上称 ψ 是能量状态, 而 E 是能级.

通过物理学中的布洛赫 (Bloch) 波分解以及理想晶格情形的周期电位导致的周期特征值问题, 我们可以把问题 (4.7.11) 分解成晶格基本细胞 D 上的特征值问题. 进而再由有界区域上椭圆型方程的特征值理论可以得到能级的递增状态

$$E_1(k)\leqslant E_2(k)\leqslant\cdots\leqslant E_n(k)\leqslant\cdots.\tag{4.7.12}$$

而对应于能级 $E_n(k)$ 的能量状态 $\psi_{n,k}(x)$ 可以用来表述量子力学中微观粒子的量子跃迁现象. 值得说明的是, 固体晶格中的具有拟波向量 k 的载流子在空间位置 x, 量子状态是用能级 $E_n(k)$ 中的相应特征态 $\psi_{n,k}(x)$

来描述的.

对于固体中载流子的能级间隔大小可以给出固体是否半导体的现代物理学定义.

下面关于自由边值问题进行简单介绍, 主要以椭圆型方程相关的自由边值问题为例.

在数学上, 设 $\Omega \subset \mathbb{R}^n$ 是有界区域, 而 f 是 Ω 上的平方可积函数, φ 是 $\overline{\Omega}$ 上的连续函数, g 是 Ω 上的连续可微函数.

令

$$G(u)=\int_{\Omega}|\nabla u|^2\mathrm{d}x-2\int_{\Omega}fu\mathrm{d}x, \tag{4.7.13}$$

$$K=\left\{u\in C^1(\Omega)\cap C(\overline{\Omega})\middle|u=g\ \text{在}\partial\Omega\ \text{上}, u\geqslant\varphi\ \text{在}\ \Omega\ \text{上}\right\}, \tag{4.7.14}$$

其中 $g(x)\geqslant\varphi(x)(x\in\partial\Omega)$.

若 $u\in K$ 使得

$$G(u)=\min_{v\in K}G(v), \tag{4.7.15}$$

则 u 是以下椭圆变分不等式问题的解:

$$\begin{cases}\Delta u+f\leqslant 0, & x\in\Omega,\\ u\geqslant\varphi, & x\in\Omega,\\ (-\Delta u+f)(u-\varphi)=0, & x\in\Omega,\end{cases} \tag{4.7.16}$$

也就是说, 变分问题 (4.7.15) 的解是自由边值问题 (4.7.16) 的解. 在一定的条件下可以建立问题 (4.7.15) 与 (4.7.16) 的等价性.

自由边值问题是非线性强度较大的非线性问题, 这里的自由边值条件起到了重要的作用. 用变分不等式工具处理自由边值问题是行之有效的途径之一. 在椭圆型方程情形, 自由边值问题主要的例子有障碍问题和水坝问题等, 这里不再赘述.

4.8 有限差分方法

对于实际问题中提出的很多数学物理方程定解问题, 通常要想找到解的精确表达式是有困难的, 而且有时找到的表达式并不实用, 因而求问题的数值解便成了非常重要的问题. 例如, 在设计大型重力坝时, 要计算水坝内应力分布, 就会遇到找双调和方程 $\Delta(\Delta u)=0$ 的边值问题的数值解. 又如在原子能反应堆的理论中, 有时会遇到找扩散方程定解问题的数值解的问题.

最近几十年来, 生产实践推动了计算数学和计算技术的飞速发展. 反过来, 正是由于计算数学的深入研究和快速电子计算机的出现, 大大加快了计算速度, 找数值解已不像过去那样困难, 可以在短期内得到结果, 这也推动了生产实践的发展.

本节主要通过用有限差分方程解二维拉普拉斯方程狄利克雷问题, 来介绍用有限差分方法解偏微分方程边值问题的基本思想.

1. 偏微分方程边值问题近似化为差分方程边值问题

由偏导函数的定义可知

$$
\begin{aligned}
\frac{\partial u}{\partial x} &\approx \frac{u(x+h,y)-u(x,y)}{h},\\
\frac{\partial^2 u}{\partial x^2} &\approx \frac{\dfrac{u(x+h,y)-u(x,y)}{h}-\dfrac{u(x,y)-u(x-h,y)}{h}}{h}\\
&=\frac{u(x+h,y)-2u(x,y)+u(x-h,y)}{h^2},
\end{aligned}
$$

同理,

$$
\frac{\partial^2 u}{\partial y^2} \approx \frac{u(x,y+h)-2u(x,y)+u(x,y-h)}{h^2}.
$$

由此可知, 拉普拉斯方程 $\Delta u=\dfrac{\partial^2 u}{\partial x^2}+\dfrac{\partial^2 u}{\partial y^2}=0$ 可近似地以

$$\frac{1}{h^2}\big[u(x+h,y)+u(x,y+h)+u(x-h,y)+u(x,y-h)-4u(x,y)\big]=0$$

来代替, 可得

$$u(x+h,y)+u(x,y+h)+u(x-h,y)+u(x,y-h)-4u(x,y)=0, \tag{4.8.1}$$

亦即

$$u(x,y)=\frac{1}{4}\big[u(x+h,y)+u(x,y+h)+u(x-h,y)+u(x,y-h)\big]. \tag{4.8.2}$$

由于 (4.8.1) 式和 (4.8.2) 式中出现了未知函数 $u(x,y)$ 的差分, 因此它们均是有限差分方程. 方程 (4.8.1), (4.8.2) 给出未知函数 $u(x,y)$ 相邻五个点的函数值之间的关系.

对于预先给出的任一正数 h, 可在 xy 平面上作出两组互相垂直的直线所构成的网格, 所有平行线彼此之间的距离均为 h (参见图 4.5), 各直线间的交点叫做结点. 让我们研究区域 D 上的拉普拉斯方程的狄利克雷内部问题

$$\begin{cases}\Delta u=0, & (x,y)\in D,\\ u \text{ 是连续的}, & (x,y)\in D\cup C,\\ u=f, & (x,y)\in C,\end{cases} \tag{4.8.3}$$

其中 f 在 C 上是连续的.

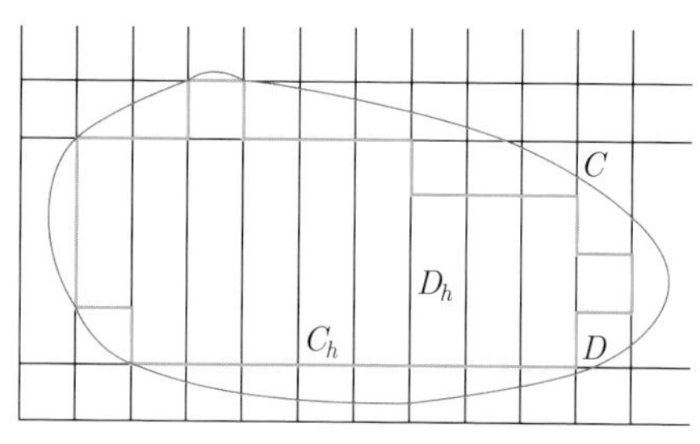

图 4.5

设 D_h 是由网格中完全在 $D\cup C$ 内的所有小正方形所组成的区域, C_h 是 D_h 的边界. 现在来规定一个在 C_h 的结点上有定义的函数 f_h, 令

它在 C_h 各结点上的取值等于 f 在 C 上与此结点最相近的一点处取的值 (倘若有几个最近的点, 则任选其中一点的值).

差分方程的边界问题:

试求一函数在 D_h 内部的结点 $M_{l,k}(x_l, y_k)$ 上适合有限差分方程

$$u_{l,k}^{(h)} = \frac{1}{4}\left[u_{l+1,k}^{(h)} + u_{l,k+1}^{(h)} + u_{l-1,k}^{(h)} + u_{l,k-1}^{(h)}\right], \tag{4.8.4}$$

其中 $u_{l,k}^{(h)} = u(x_l, y_k)$, 并在 C_h 上的结点处取到 f_h 在同一点的值, 近似地来替代问题 (4.8.3). 解上述有限差分方程边值问题, 可得未知函数在结点 $M_{l,k}$ 处的值 $u_{l,k}^{(h)}$, 这些值确定一个在 $D_h + C_h$ 上各结点处有定义的函数 u_h, 通常把 u_h 当作问题 (4.8.3) 的近似解.

用这样的方法来找问题 (4.8.3) 的近似解, 需要解差分方程的边值问题 (4.8.4), 故名有限差分方法.

由于在 D_h 中每个结点 $M_{l,k}$ 处, 均可列出 (4.8.4) 中的一个方程, 由于 C_h 上各结点处的 $u_{l,k}^{(h)}$ 已知, 因此差分方程边值问题 (4.8.4) 实际上是一组非齐次的一次联立方程组, 且方程个数和未知数的个数均等于 D_h 中的结点数. 以下把这个差分方程边值问题改称为方程组 (4.8.4).

现在来证明方程组 (4.8.4) 有唯一解. 由线性代数中学过的结论可知, 方程组 (4.8.4) 有唯一解的充要条件是对应的齐次方程 (亦即取 $f_h = 0$ 时) 只有零解 (所有 $u_{l,k}^{(h)} = 0$).

当 $f_h = 0$ 时, 可用下列方法证明方程组 (4.8.4) 只有零解.

用反证法来证. 设方程组 (4.8.4) 存在一组非零解 $\{u_{l,k}^{(h)}\}$, 在这组解中至少有一 $u_{l,k}^{(h)} \neq 0$, 不妨假定它大于零 (否则 $-u_{l,k}^{(h)} > 0$), 由于 f_h 均等于零, 所以, 在 c_h 中必有一结点处的 $u_{l,k}^{(h)}$ 达到最大值, 设为 $u_{l_0,k_0}^{(h)}$, 则所有 $u_{l,k}^{(h)}$ 均小于等于 $u_{l_0,k_0}^{(h)}$. 但另一方面,

$$u_{l_0,k_0}^{(h)} = \frac{1}{4}\left[u_{l_0+1,k_0}^{(h)} + u_{l_0,k_0+1}^{(h)} + u_{l_0-1,k_0}^{(h)} + u_{l_0,k_0-1}^{(h)}\right],$$

所以必有

$$u_{l_0,k_0}^{(h)}=u_{l_0+1,k_0}^{(h)}=u_{l_0,k_0+1}^{(h)}=u_{l_0-1,k_0}^{(h)}=u_{l_0,k_0-1}^{(h)},$$

否则, 前一等式不能成立. 对 $u_{l_0+1,k_0}^{(h)}$, $u_{l_0+2,k_0}^{(h)}$ 等亦可作出类似的推理. 经过若干次推理后, 便会达到 C_k 上的结点处. 但由假定知, 在 C_h 上的结点处 $u_{l_0,k_0}^{(h)}$ 应等于零, 这就得出与 $u_{l_0,k_0}^{(h)}>0$ 相矛盾的结果, 故方程组 (4.8.4) 只有零解.

由上可知, 一定可以通过方程组 (4.8.4) 确定问题 (4.8.3) 的近似解 u_{h_0}.

在数学上已证明当 $h>0$ 足够小时, u_k 与问题 (4.8.3) 的平均解的差可以任意小.

2. 用迭代法解方程组 (4.8.4)

用差分方法解偏微分方程边值问题时, 遇到的联立方程组的方程个数一般较大, 有时会有几万甚至几百万个 (例如, 解有关水坝内应力分布问题的双调和方程边值问题时, 便会如此). 在这种情况下, 用行列式来求解, 技术上会发生困难. 由于这个原因, 通常采用迭代法或松弛法来求解, 如果条件允许可以依靠超级计算机来运行.

用迭代法来解方程组 (4.8.4) 的基本思想是:

(1) 先找出一组数 $\left\{u_{l,k}^{(h)(0)}\right\}$ 当作方程组 (4.8.4) 的第一近似解;

(2) 把 $\left\{u_{l,k}^{(h)(0)}\right\}$ 代入公式

$$\begin{cases}u_{l,k}^{(h)(1)}=\dfrac{1}{4}\left[u_{l+1,k}^{(h)(0)}+u_{l,k+1}^{(h)(0)}+u_{l-1,k}^{(h)(0)}+u_{l,k-1}^{(h)(0)}\right], & \text{在 } D_h \text{ 内的结点处},\\ u_{l,k}^{(h)(1)}=f_h, & \text{在} C_h \text{ 上的结点处},\end{cases}$$

可确定一组数 $\left\{u_{l,k}^{(h)(1)}\right\}$, 即第二近似解;

(3) 仿 (2) 依次把 $\left\{u_{l,k}^{(h)(m)}\right\}$ 代入公式

$$\begin{cases}u_{l,k}^{(h)(m+1)}=\dfrac{1}{4}\left[u_{l+1,k}^{(h)(m)}+u_{l,k+1}^{(h)(m)}+u_{l-1,k}^{(h)(m)}+u_{l,k-1}^{(h)(m)}\right], & \text{在 } D_h \text{ 内的结点处},\\ u_{l,k}^{(h)(m+1)}=f_h, & \text{在 } C_h \text{ 上的结点处},\end{cases}$$

可得第 $m+2$ 个近似解 $\left\{u_{l,k}^{(h)(m+1)}\right\}$. 理论上已经证明极限 $\lim u_{l,k}^{(h)(m)}$ 一定存在且等于 $u_{l,k}^{(h)}$ (对所有 l,k) 且 $\{u_{l,k}^{(h)}\}$ 是方程组 (4.8.4) 的精确解, 所以通过迭代法可以求出方程组 (4.8.4) 的近似解. 从而, 问题 (4.8.3) 的近似解亦能得到.

应该指出无论第一近似解如何取, 上述极限值总是同一个, 但第一近似解的选取对 $\left\{u_{l,k}^{(h)(m)}\right\}$ 趋于 $\left\{u_{l,k}^{(h)}\right\}$ 的快慢有影响.

在实际计算时, 第一近似解的选取若结合区域形状等具体条件来给, 会好一些.

椭圆型方程第二、第三边值问题亦可以用差分方法来求解. 就椭圆型方程来讲, 数值解除了有限差分方法外, 还有变分方法中的吕兹 (Ritz) 方法和伽辽金 (Galerkin) 方法.

第五章　偏微分算子

5.1 混合变化率

在多元微积分中的混合偏导数就是最简单情形的偏微分算子对多元函数的作用结果. 在现代数学中, 混合偏导数可以有不同层面上的形式. 微积分中的偏导数是经典导数, 而广义函数论中的偏导数是广义导数. 我们研究偏微分算子的理论也是在这两个层面上开展.

这一节的内容与 4.6 节的内容略有重复. 为了完整起见, 我们给出以下内容.

为了引入混合偏导数, 我们先介绍多重指标等相关记号. $\alpha=(\alpha_1,\alpha_2,\cdots,\alpha_n)$ 称为多重指标, 其中 $\alpha_j\geqslant 0$ 为整数 $(j=1,2,\cdots,n)$, 记 $|\alpha|=\alpha_1+\alpha_2+\cdots+\alpha_n$, $\alpha!=\alpha_1!\alpha_2!\cdots\alpha_n!$. 对多重指标 $\beta=(\beta_1,\beta_2,\cdots,\beta_n)$, $\beta_j\geqslant\alpha_j$ $(j=1,2,\cdots,n)$, 记 $\beta\geqslant\alpha$, $\beta-\alpha=(\beta_1-\alpha_1,\beta_2-\alpha_2,\cdots,\beta_n-\alpha_n)$, $\begin{pmatrix}\beta\\ \alpha\end{pmatrix}=\dfrac{\beta!}{\alpha!(\beta-\alpha)!}$.

设 $x=(x_1,x_2,\cdots,x_n)\in\mathbb{R}^n$ (n 维实数空间), $|x|=\left(\sum\limits_{j=1}^n x_j^2\right)^{\frac{1}{2}}$, $x^\alpha=x_1^{\alpha_1}x_2^{\alpha_2}\cdots x_n^{\alpha_n}$. 混合偏导数记为 $\partial_x^\alpha=\dfrac{\partial^{|\alpha|}}{\partial x_1^{\alpha_1}\partial x_2^{\alpha_2}\cdots\partial x_n^{\alpha_n}}=\partial_{x_1}^{\alpha_1}\partial_{x_2}^{\alpha_2}\cdots\partial_{x_n}^{\alpha_n}$ 和 $\mathrm{D}_x^\alpha=\mathrm{D}_{x_1}^{\alpha_1}\mathrm{D}_{x_2}^{\alpha_2}\cdots\mathrm{D}_{x_n}^{\alpha_n}=\left(\dfrac{1}{\mathrm{i}}\dfrac{\partial}{\partial x_1}\right)^{\alpha_1}\left(\dfrac{1}{\mathrm{i}}\dfrac{\partial}{\partial x_2}\right)^{\alpha_2}\cdots\left(\dfrac{1}{\mathrm{i}}\dfrac{\partial}{\partial x_n}\right)^{\alpha_n}=\dfrac{1}{\mathrm{i}^{|\alpha|}}\dfrac{\partial^{|\alpha|}}{\partial x_1^{\alpha_1}\partial x_2^{\alpha_2}\cdots\partial x_n^{\alpha_n}}$, 这里 i 是虚数单位 $(\mathrm{i}^2=-1)$.

考虑实变量的实值或复值可微函数 $F(x)=\mathrm{Re}F(x)+\mathrm{i}\ \mathrm{Im}F(x)$, 那么 $\partial_x^\alpha F(x)=\partial_x^\alpha(\mathrm{Re}F(x))+\mathrm{i}\partial_x^\alpha(\mathrm{Im}F(x))$, $\mathrm{D}_x^\alpha F(x)=\mathrm{D}_x^\alpha(\mathrm{Re}F(x))+\mathrm{i}\ \mathrm{D}_x^\alpha(\mathrm{Im}F(x))$. 我们也记 $\partial_x=\nabla_x=\left(\dfrac{\partial}{\partial x_1},\dfrac{\partial}{\partial x_2},\cdots,\dfrac{\partial}{\partial x_n}\right)$, $\mathrm{D}_x=\dfrac{1}{\mathrm{i}}\partial_x=\left(\dfrac{1}{\mathrm{i}}\dfrac{\partial}{\partial x_1},\dfrac{1}{\mathrm{i}}\dfrac{\partial}{\partial x_2},\cdots,\dfrac{1}{\mathrm{i}}\dfrac{\partial}{\partial x_n}\right)$.

设开集 $\Omega\subset\mathbb{R}^n$, 用 $C^\infty(\Omega)$ 表示 Ω 上无穷次可微函数的集合, 其实 $C^\infty(\Omega)=\bigcap\limits_{k=0}^{\infty}C^k(\Omega)$, $C^k(\Omega)$ 是 Ω 上 k 次连续可微函数的集合. 如果函数 $\varphi(x)\in C^\infty(\Omega)$ 且设 $\varphi(x)$ 不为零的点 x 都位于 Ω 的一个有界闭集 (也称紧集) $K\subset\Omega$ 之内, 就说 φ 是 Ω 上具有紧支集的无穷次可微函数. 显然 $\varphi(x)\equiv 0(x\in\Omega\backslash K)$.

在 $C^\infty(\Omega)$ 和 $C_0^\infty(\Omega)$ 中分别引入线性运算和拓扑结构, 那么就变成了相应的函数空间 $\mathcal{E}(\Omega)$ 和 $\mathcal{D}(\Omega)$.

对 $\lambda_1,\lambda_2\in\mathbb{R}$, $\varphi_1,\varphi_2\in C^\infty(\Omega)$ 有线性运算 $(\lambda_1\varphi_1+\lambda_2\varphi_2)(x)=\lambda_1\varphi_1(x)+\lambda_2\varphi_2(x)$, 所以 $C^\infty(\Omega)$ 成为了一个线性空间 ($C_0^\infty(\Omega)$ 也如此). 我们在 $C^\infty(\Omega)$ 和 $C_0^\infty(\Omega)$ 中分别引入以下拓扑:

$\varphi_j\xrightarrow[j\to\infty]{C^\infty(\Omega)}\varphi\overset{\text{def}}{\Longleftrightarrow}$ 对任意紧集 $K\subset\Omega$, 对任意多重指标 α, 有

$$\lim_{j\to\infty}\sup_{x\in K}|\partial_x^\alpha\varphi_j(x)-\partial_x^\alpha\varphi(x)|=0. \tag{5.1.1}$$

$\varphi_j\xrightarrow[j\to\infty]{C_0^\infty(\Omega)}\varphi\overset{\text{def}}{\Longleftrightarrow}$ 存在紧集 $K\subset\Omega$ 使得 $\left(\bigcup\limits_{j=1}^{\infty}\mathrm{supp}\varphi_j\right)\cup\mathrm{supp}\varphi\subset K$ 且对任意多重指标 α, 有

$$\lim_{j\to\infty}\sup_{x\in K}|\partial_x^\alpha\varphi_j(x)-\partial_x^\alpha\varphi(x)|=0. \tag{5.1.2}$$

其中 $\mathrm{supp}f$ 的含义是使 $f(x)$ 不为零的点 x 所成集合的闭包, 也称为 f 的支集.

这样一来, $\mathcal{E}(\Omega)$ 就是 $C^\infty(\Omega)$ 带有拓扑 (5.1.1) 的函数空间, $\mathcal{D}(\Omega)$ 是 $C_0^\infty(\Omega)$ 结合拓扑 (5.1.2) 的函数空间. 这里我们不准备用局部凸拓扑线性空间的语言来深入描述 $\mathcal{E}(\Omega)$ 和 $\mathcal{D}(\Omega)$.

现在考虑函数空间 $\mathcal{D}(\Omega)$ 和 $\mathcal{E}(\Omega)$ 的对偶空间. 若 $T:\mathcal{D}(\Omega)\to\mathbb{R}$ (不妨考虑实值情形) 满足

(1) $<T,\lambda_1\varphi_1+\lambda_2\varphi_2>=\lambda_1<T,\varphi_1>+\lambda_2<T,\varphi_2>,\lambda_1,\lambda_2\in\mathbb{R},\varphi_1,\varphi_2\in\mathcal{D}(\Omega)$;

(2) 若 $\varphi_j \xrightarrow[j\to\infty]{C_0^\infty(\Omega)} \varphi$, 则 $\lim\limits_{j\to\infty} < T, \varphi_j > = < T, \varphi >$.

则称 T 是 Ω 上的广义函数, 并记 $T \in \mathcal{D}'(\Omega)$. 类似地, $\mathcal{E}(\Omega)$ 上的连续线性泛函集合记为 $\mathcal{E}'(\Omega)$, 它是 $\mathcal{D}'(\Omega)$ 的一个子集合.

在 $\mathcal{D}'(\Omega)$ 中引入线性运算: 对 $\lambda_1, \lambda_2 \in \mathbb{R}, T_1, T_2 \in \mathcal{D}'(\Omega)$, 定义

$$< \lambda_1 T_1 + \lambda_2 T_2, \varphi > = \lambda_1 < T_1, \varphi > + \lambda_2 < T_2, \varphi >, \quad \varphi \in \mathcal{D}(\Omega), \tag{5.1.3}$$

则 $\mathcal{D}'(\Omega)$ 是线性空间.

在 $\mathcal{D}'(\Omega)$ 中引入微分运算: 对 $T \in \mathcal{D}'(\Omega)$ 及多重指标 α, 定义

$$< \partial_x^\alpha T, \varphi > = (-1)^{|\alpha|} < T, \partial_x^\alpha \varphi >, \quad \varphi \in \mathcal{D}(\Omega), \tag{5.1.4}$$

显然可以验证 $\partial_x^\alpha T \in \mathcal{D}'(\Omega)$.

在 $\mathcal{D}'(\Omega)$ 中引入乘子运算: 对 $a(x) \in C^\infty(\Omega)$ 和 $T \in \mathcal{D}'(\Omega)$, 定义

$$< aT, \varphi > = < T, a\varphi >, \quad \varphi \in \mathcal{D}(\Omega), \tag{5.1.5}$$

那么可以验证 $aT \in \mathcal{D}'(\Omega)$.

在 $\mathcal{D}'(\Omega)$ 中还可以引入收敛性: 对 $T_j, T \in \mathcal{D}'(\Omega)(j = 1, 2, \cdots)$ 定义

$$T_j \xrightarrow[j\to\infty]{\mathcal{D}'(\Omega)} T \Longleftrightarrow \lim_{j\to\infty} < T_j, \varphi > = < T, \varphi >, \quad \varphi \in \mathcal{D}(\Omega). \tag{5.1.6}$$

对于 $\mathcal{D}'(\Omega)$ 中广义函数 T 还有两个重要概念, 即广义函数的支集 $\mathrm{supp}T$ 和奇异支集 $\mathrm{singsupp}T$.

广义函数 $T \in \mathcal{D}'(\Omega)$ 在 Ω 上为零的含义是指 $< T, \varphi > = 0, \varphi \in \mathcal{D}(\Omega)$. 其实可以谈 T 在 Ω 的一个开子集 ω 上为零这件事, 即 $< T, \varphi > = 0, \varphi \in C_0^\infty(\omega)$. 可以证明的是, 若 ω_1 和 ω_2 是 Ω 的开子集且 T 在 ω_1 和 ω_2 上分别为零, 那么 T 在 $\omega_1 \cup \omega_2$ 上一定也为零. 如此一来, T 在其上为零的最大开集 ($\subset \Omega$) 的余集就是值得关注的对象了, 我们称之为 T 的支集, 记为 $\mathrm{supp}T$.

Ω 上的广义函数 T_1 与 T_2 在 Ω 的一个开子集 ω 上相等是指

$< T_1,\varphi >=< T_2,\varphi >,\varphi \in C_0^\infty(\omega)$. 于是, 我们可以谈广义函数 $T \in \mathcal{D}'(\Omega)$ 与光滑函数 $a(x) \in C^\infty(\Omega)$ 在 Ω 的一个开子集 ω 上相等的事宜, 因为 $a(x) \in C^\infty(\Omega)$ 也是广义函数. 同样地, 两个广义函数在不同的两个开子集上相等, 那么一定在扩大的并集上也相等. 我们称在其上 T 与光滑函数相等的最大开集 $(\subset \Omega)$ 的余集为 $T \in \mathcal{D}'(\Omega)$ 的奇异支集, 记为 $\mathrm{singsupp}T$.

显然对 $T \in \mathcal{D}'(\Omega)$ 有

$$\mathrm{singsupp}T \subset \mathrm{supp}T. \tag{5.1.7}$$

下面两节我们要讨论的问题 (偏微分算子的正则性与拟微分算子的次椭圆性) 都可以与广义函数奇异支集建立联系.

广义函数论还有一个核心内容, 那就是缓增广义函数空间 $\mathcal{S}'(\mathbb{R}^n)$, 这是对应缓增连续函数而产生的速降函数空间 $\mathcal{S}(\mathbb{R}^n)$ 上的连续线性泛函.

速降函数空间 $\mathcal{S}(\mathbb{R}^n)$ 由如下的速降函数组成:

$$\mathcal{S}(\mathbb{R}^n)=\Big\{\varphi \in C^\infty(\mathbb{R}^n)\Big|\ \text{对任意多重指标 } \alpha,\beta, \text{有} \sup_{x\in\mathbb{R}^n}\Big|x^\alpha\,\partial_x^\beta\varphi(x)\Big|<+\infty\Big\}. \tag{5.1.8}$$

显然 $\varphi(x) = \mathrm{e}^{-|x|^2}$ 是 $\mathcal{S}(\mathbb{R}^n)$ 中的典型代表. 在 $\mathcal{S}(\mathbb{R}^n)$ 中可以引入通常的线性运算使之成为线性空间, 而其拓扑结构可以如此引入:

$\varphi_j \xrightarrow[j\to\infty]{\mathcal{S}(\mathbb{R}^n)} \varphi \overset{\text{def}}{\Longleftrightarrow}$ 对任意多重指标 α,β, 有

$$\lim_{j\to\infty}\sup_{x\in\mathbb{R}^n}\Big|x^\alpha\big(\partial_x^\beta\varphi_j(x) - \partial_x^\beta\varphi(x)\big)\Big| = 0. \tag{5.1.9}$$

于是 $\mathcal{S}'(\mathbb{R}^n)$ 就是 $\mathcal{S}(\mathbb{R}^n)$ 的对偶空间, 即 $\mathcal{S}(\mathbb{R}^n)$ 上连续线性泛函的全体. 同样地, $\mathcal{S}'(\mathbb{R}^n)$ 可以是线性空间, 其实有

$$\mathcal{D}(\mathbb{R}^n) \subset \mathcal{S}(\mathbb{R}^n) \subset \mathcal{E}(\mathbb{R}^n), \tag{5.1.10}$$

及

$$\mathcal{E}'(\mathbb{R}^n) \subset \mathcal{S}'(\mathbb{R}^n) \subset \mathcal{D}'(\mathbb{R}^n). \tag{5.1.11}$$

我们需要证明的是 $\mathcal{E}'(\mathbb{R}^n)$ 中的广义函数具有紧支集, $\mathcal{S}'(\mathbb{R}^n)$ 中的

广义函数是缓增广义函数, 而 $\mathcal{D}'(\mathbb{R}^n)$ 是一般的广义函数. 显然也有

$$\mathcal{D}(\Omega) \subset \mathcal{E}(\Omega), \tag{5.1.12}$$

及

$$\mathcal{E}'(\Omega) \subset \mathcal{D}'(\Omega). \tag{5.1.13}$$

上述 (5.1.10)—(5.1.13) 式实际上是嵌入关系, 亦即前面空间中收敛必然导致在后面空间中也收敛. 例如, 可以记为 $\mathcal{E}'(\Omega) \hookrightarrow \mathcal{D}'(\Omega)$, 等等.

在 $\mathcal{S}(\mathbb{R}^n)$ 和 $\mathcal{S}'(\mathbb{R}^n)$ 中, 傅里叶分析理论根深叶茂. 傅里叶变换的乐园就在这里.

对 $\varphi \in \mathcal{S}(\mathbb{R}^n)$, 定义 φ 的傅里叶变换 $\hat{\varphi}$ 和傅里叶逆变换 $F^{-1}\varphi$ 为

$$\hat{\varphi}(\xi) = (F\varphi)(\xi) = \int_{\mathbb{R}^n} \varphi(x)\mathrm{e}^{-\mathrm{i}x\cdot\xi}\mathrm{d}x, \tag{5.1.14}$$

$$(F^{-1}\varphi)(\xi) = \frac{1}{(2\pi)^n}\int_{\mathbb{R}^n} \varphi(x)\mathrm{e}^{\mathrm{i}x\cdot\xi}\mathrm{d}x, \tag{5.1.15}$$

其中 $x\cdot\xi = \sum_{j=1}^{n} x_j\xi_j, x = (x_1, x_2, \cdots, x_n), \xi = (\xi_1, \xi_2, \cdots, \xi_n)$.

傅里叶变换的反演性质是十分重要的, 即

$$\varphi(x) = F^{-1}(\hat{\varphi})(x) = \int_{\mathbb{R}^n} \hat{\varphi}(\xi)\mathrm{e}^{\mathrm{i}x\cdot\xi}\bar{\mathrm{d}}\xi, \tag{5.1.16}$$

其中 $\bar{\mathrm{d}}\xi = \dfrac{1}{(2\pi)^n}\mathrm{d}\xi$.

事实上, 傅里叶变换 $F\colon \mathcal{S}(\mathbb{R}^n) \to \mathcal{S}(\mathbb{R}^n)$ 是拓扑同胚映射, 即 F 是线性的双射且 F 和其逆其映射 F^{-1} 都是连续的.

对 $T \in \mathcal{S}'(\mathbb{R}^n)$, 定义傅里叶变换 $\widehat{T}$:

$$< \widehat{T}, \varphi > = < T, \hat{\varphi} >, \quad \varphi \in \mathcal{S}(\mathbb{R}^n). \tag{5.1.17}$$

于是可以验证傅里叶变换 $F\colon \mathcal{S}'(\mathbb{R}^n) \to \mathcal{S}'(\mathbb{R}^n)$ 是拓扑同胚映射.

例 5.1.1 设 $\delta \in \mathcal{S}'(\mathbb{R}^n), < \delta, \varphi > = \varphi(0), \varphi \in \mathcal{S}(\mathbb{R}^n)$, 则

(1) $\hat{\delta} = 1$;

(2) $\hat{1} = \delta$.

事实上, 对 $\varphi \in \mathcal{S}(\mathbb{R}^n)$, 有

$$< \hat{\delta}, \varphi > = < \delta, \hat{\varphi} > = \hat{\varphi}(0) = < 1, \varphi >,$$

于是 $\hat{\delta} = 1$.

另外, 对 $\varphi \in \mathcal{S}(\mathbb{R}^n)$, 由定义及 (5.1.16) 式有

$$< \hat{1}, \varphi > = < 1, \hat{\varphi} > = < \hat{\delta}, \hat{\varphi} > = < \delta, \hat{\hat{\varphi}} > = < \delta, \breve{\varphi} > = < \delta, \varphi >,$$

其中 $\breve{\varphi}(x) = \varphi(-x)$, 所以 $\hat{1} = \delta$.

上述 δ 是最著名的狄拉克广义函数. §4.6 已经介绍了这个函数. δ 函数不是局部可积函数这类普通的广义函数, 但它却和局部可积函数有一定的极限联系.

例 5.1.2　设 $\varepsilon > 0, f_\varepsilon(x) = \dfrac{1}{2\varepsilon}(|x| \leqslant \varepsilon), f_\varepsilon(x) = 0(|x| > \varepsilon)$, 则有收敛性 $f_\varepsilon \xrightarrow[\varepsilon \to 0^+]{\mathcal{D}'(\mathbb{R}^n)} \delta$.

事实上, 对任意 $\varphi \in \mathcal{D}(\mathbb{R})$, 有

$$\lim_{\varepsilon \to 0^+} \int_{-\infty}^{+\infty} f_\varepsilon(x)\varphi(x)\mathrm{d}x = \lim_{\varepsilon \to 0^+} \int_{-\varepsilon}^{+\varepsilon} \frac{\varphi(x)}{2\varepsilon}\mathrm{d}x = \varphi(0),$$

即

$$\lim_{\varepsilon \to 0^+} < f_\varepsilon, \varphi > = < \delta, \varphi >, \quad \varphi \in \mathcal{D}(\mathbb{R}).$$

关于广义函数的进一步内容, 读者可以参考本书的相关参考文献.

为了下两节的需要, 我们从广义函数的蓝天白云落到实变函数论的肥沃土地上看一些结果.

多元微积分中一个最有深远意义的光滑函数为

$$j(x) = \begin{cases} C\mathrm{e}^{\frac{1}{|x|^2 - 1}}, & |x| < 1, \\ 0, & |x| \geqslant 1. \end{cases} \tag{5.1.18}$$

对 $\varepsilon > 0$, 作展缩核函数族 $j_\varepsilon(x) = \dfrac{1}{\varepsilon^n} j\left(\dfrac{x}{\varepsilon}\right)$, 注意 $\displaystyle\int_{\mathbb{R}^n} j(x)\mathrm{d}x = 1$. 于是

$j_\varepsilon(x) \in C^\infty(\mathbb{R}^n)$,

$$\mathrm{supp} j_\varepsilon = \left\{x \in \mathbb{R}^n \big| |x| \leqslant \varepsilon\right\}, \quad \int_{\mathbb{R}^n} j_\varepsilon(x)\mathrm{d}x = 1.$$

$C_0^\infty(\Omega)$ 中的函数可以通过 $\{j_\varepsilon(x)\}_{\varepsilon>0}$ 与局部可积函数作卷积式磨光而得到.

事实上, 若 $u : \Omega \subset \mathbb{R}^n \to \mathbb{R}$ 是 Ω 上的有紧支集 $\mathrm{supp}u$ 的可积函数(黎曼 (Riemann) 可积或勒贝格可积), 记 $(\mathrm{supp}u)_\varepsilon = \left\{x \in \mathbb{R}^n \big| \mathrm{dist}(x, \mathrm{supp}u) \leqslant \varepsilon\right\}$ $(\varepsilon > 0)$ 以及

$$u_\varepsilon(x) = \int_\Omega u(y) j_\varepsilon(x-y)\mathrm{d}y, \tag{5.1.19}$$

则当 $\varepsilon > 0$ 充分小时, $u_\varepsilon(x) \in C_0^\infty(\Omega)$, 且 $\mathrm{supp}u_\varepsilon \subset (\mathrm{supp}u)_\varepsilon$.

上述结论可由实变函数论中的勒贝格控制收敛定理得到. 这个使得可积函数紧支光滑化的过程称为磨光技术.

对于开集 $\Omega \subset \mathbb{R}^n$, 若紧集 $K \subset \Omega$, 则存在 $\chi(x) \in C_0^\infty(\mathbb{R}^n)$ 使得 $0 \leqslant \chi(x) \leqslant 1 (x \in \mathbb{R}^n), \chi(x) = 1 (x \in K)$. 函数 $\chi(x)$ 称为 K 上的截断函数. 这个结论的证明主要是从紧集 K 到边界 $\partial\Omega$ 的距离 $\mathrm{dist}(K, \partial\Omega) > 0$ 出发, 利用上面的磨光技术.

从截断函数的存在性可以推出一个在广义函数论中很有用的分析技术——“单位分解定理”:

对任意开集 $X \subset \mathbb{R}^n$, 若 $X \subset \bigcup\limits_{U\in\Gamma} U$, 其中 Γ 是 $\mathbb{R}^n$ 中由开集组成的一个集合, 则存在 $W = \left\{f \in C_0^\infty(\mathbb{R}^n) \big| 0 \leqslant f \leqslant 1\right\}$ 满足

(1) 任给 $f \in W$, 存在 $U \in \Gamma$ 使得 $\mathrm{supp} f \subset U$;

(2) 若紧集 $K \subset \Omega$, 则 $\mathrm{supp} f \cap K$ 非空仅对有限个 $f \in W$ 成立;

(3) $\sum\limits_{f\in W} f(x) = 1 (x \in X)$,

这里的函数族 W 称为 X 的从属于开覆盖 Γ 的一个单位分解.

上述单位分解技术无论是在现代数学还是在现实社会中都是有理论

价值和微积分视野价值的.

回过来对 $\mathbb{R}^n$ 上的平方可积函数 $f \in L^2(\mathbb{R}^n)$, 令 $\varepsilon > 0$ 及

$$(J_\varepsilon f)(x) = f_\varepsilon(x) = (f * j_\varepsilon)(x) = \int_{\mathbb{R}^n} f(y) j_\varepsilon(x-y)\mathrm{d}y, \tag{5.1.20}$$

则 $f_\varepsilon(x) \in C^\infty(\mathbb{R}^n)$ 且

$$\|f_\varepsilon\|_{L^2(\mathbb{R}^n)} \leqslant \|f\|_{L^2(\mathbb{R}^n)}, \tag{5.1.21}$$

$$\|f_\varepsilon - f\|_{L^2(\mathbb{R}^n)} \to 0(\varepsilon \to 0^+), \tag{5.1.22}$$

其中 $\|f\|_{L^2(\mathbb{R}^n)} = \left(\int_{\mathbb{R}^n} |f(x)|^2 \mathrm{d}x\right)^{\frac{1}{2}}$.

对 $\varphi, \psi \in \mathcal{S}(\mathbb{R}^n)$, 有帕塞瓦尔 (Parseval) 等式成立:

$$\int_{\mathbb{R}^n} \varphi(x)\overline{\psi(x)}\mathrm{d}x = \int_{\mathbb{R}^n} \hat{\varphi}(\xi)\overline{\hat{\psi}(\xi)}\bar{\mathrm{d}}\xi, \tag{5.1.23}$$

其中 $\overline{\psi(x)}$ 表示 $\psi(x)$ 的复共轭函数, $\bar{\mathrm{d}}\xi = \dfrac{1}{(2\pi)^n}\mathrm{d}\xi$.

设 $s \in \mathbb{R}$ 是任意实数, 引入内积

$$(\varphi, \psi)_s = \int_{\mathbb{R}^n} (1+|\xi|)^{2s} \hat{\varphi}(\xi)\overline{\hat{\psi}(\xi)}\mathrm{d}\xi, \tag{5.1.24}$$

及

$$|\varphi|_s^2 = (\varphi, \varphi)_s. \tag{5.1.25}$$

由帕塞瓦尔等式有

$$(\varphi, \psi) = (2\pi)^{-n}(\varphi, \psi)_0, \tag{5.1.26}$$

及

$$|(\varphi, \psi)_0| \leqslant |\psi|_s |\varphi|_{-s}. \tag{5.1.27}$$

此外, 对 $s \in \mathbb{R}$ 及 $\psi \in \mathcal{S}(\mathbb{R}^n)$, 有

$$|\psi|_s = \sup_{\varphi \in \mathcal{S}(\mathbb{R}^n)} \frac{|(\psi, \varphi)_0|}{|\varphi|_{-s}}. \tag{5.1.28}$$

对多重指标 α 和 $\varphi \in \mathcal{S}(\mathbb{R}^n)$, 还有

$$|\partial_x^\alpha\varphi|_s \leqslant |\varphi|_{s+|\alpha|}. \tag{5.1.29}$$

上述 (5.1.26)—(5.1.29) 式的证明可作为练习.

平方可积函数有时候可以与一个连续可微函数几乎处处相等.

例 5.1.3 设 $k \geqslant 0$ 为整数, 实数 $s \in \mathbb{R}$ 满足 $s-k>\dfrac{n}{2}$. 对于 $f \in L^2(\mathbb{R}^n)$, 若存在 $\{f_j\}_{j=1}^\infty \subset \mathcal{S}(\mathbb{R}^n)$ 使 $|f_j|_s \leqslant M_1$ (常数) 及 $\|f_j-f\|_{L^2(\mathbb{R}^n)} \to 0(j\to\infty)$, 则 f 与 $C^k(\mathbb{R}^n)$ 中的一个函数几乎处处相等.

证明 先证不等式

$$\max_{x\in\mathbb{R}^n}\sum_{|\alpha|\leqslant k}\partial^\alpha\varphi(x) \leqslant M_2|\varphi|_s, \quad \varphi\in\mathcal{S}(\mathbb{R}^n). \tag{5.1.30}$$

事实上, 由反演公式得

$$\begin{aligned}\partial_x^\alpha\varphi(x) &= \int_{\mathbb{R}^n}\xi^\alpha\hat{\varphi}(\xi)\mathrm{e}^{\mathrm{i}x\cdot\xi}\mathrm{d}\xi\\ &= \int_{\mathbb{R}^n}\mathrm{e}^{\mathrm{i}x\cdot\xi}\xi^\alpha(1+|\xi|^2)^{\frac{s-k}{2}}\hat{\varphi}(\xi)\cdot(1+|\xi|^2)^{\frac{k-s}{2}}\mathrm{d}\xi.\end{aligned}$$

再由施瓦茨 (Schwarz) 不等式及 $|\xi^\alpha| \leqslant |\xi|^{|\alpha|}$ 得, 对 $|\alpha| \leqslant k$,

$$\begin{aligned}|\partial_x^\alpha\varphi(x)|^2 &\leqslant \int_{\mathbb{R}^n}|\xi^\alpha|^2(1+|\xi|^2)^{s-k}|\hat{\varphi}(\xi)|^2\mathrm{d}\xi\cdot\int_{\mathbb{R}^n}(1+|\xi|^2)^{k-s}\mathrm{d}\xi\\ &\leqslant |\varphi|_s\int_{\mathbb{R}^n}(1+|\xi|^2)^{k-s}\mathrm{d}\xi,\end{aligned}$$

于是推出 (5.1.30) 式.

由巴拿赫–萨克斯 (Banach-Saks) 定理知存在子序列 $\{f_{j_m}\} \subset \{f_j\}$ 使得 $\omega_m = \dfrac{f_{j_1}+f_{j_2}+\cdots+f_{j_m}}{m}$ 在 $H^s(\mathbb{R}^n)$ 中强收敛, 于是

$$\lim_{m,l\to\infty}|\omega_m-\omega_l|_s = 0. \tag{5.1.31}$$

显然,

$$\lim_{m\to\infty}\|\omega_m-f\|_{L^2(\mathbb{R}^n)} = 0.$$

于是由 (5.1.30) 式及 (5.1.31) 式得

$$\lim_{m,l\to\infty}\max_{x\in\mathbb{R}^n}\sum_{|\alpha|\leqslant k}\left|\partial^\alpha\big(\omega_m(x)-\omega_l(x)\big)\right|=0,$$

即 $\{\omega_m(x)\}_{m=1}^\infty$ 一致收敛于一个函数 $\omega\in C^k(\mathbb{R}^n)$. 现在可证 $f(x)=\omega(x)$ a.e. $x\in\mathbb{R}^n$, 因为对任意 $A>0$, 有

$$\begin{aligned}&\int_{|x|<A}|f(x)-\omega(x)|^2\mathrm{d}x\\ \leqslant\ &2\int_{|x|<A}|f(x)-\omega_m(x)|^2\mathrm{d}x+2\int_{|x|<A}|\omega_m(x)-\omega(x)|^2\mathrm{d}x\\ \leqslant\ &2\|f-\omega_m\|^2_{L^2(\mathbb{R}^n)}+M_A\max_{|x|<A}|\omega_m(x)-\omega(x)|^2\to 0(m\to\infty).\end{aligned}$$

所以对任意 $A>0$,

$$\int_{|x|<A}|f(x)-\omega(x)|^2\mathrm{d}x=0,$$

即 $f(x)=\omega(x)$ a.e. $x\in\mathbb{R}^n$.

这节最后一部分再介绍一下广义函数的卷积问题.

对于两个光滑函数 φ 与 ψ 在 $\mathbb{R}^n$ 上的卷积 $\varphi*\psi$, 我们在前面章节中已经用过, 亦即

$$(\varphi*\psi)(x)=\int_{\mathbb{R}^n}\varphi(x-y)\psi(y)\mathrm{d}x=\int_{\mathbb{R}^n}\varphi(y)\psi(x-y)\mathrm{d}y.\qquad(5.1.32)$$

当 φ 和 ψ 都是速降函数空间 $\mathcal{S}(\mathbb{R}^n)$ 中的元素时, (5.1.32) 式是有意义的. 对其他情形, 卷积 (5.1.32) 也可以是有意义的. 从普通函数到广义函数, 我们考虑一下 (5.1.32) 式在广义函数情形的推广.

在实变函数论中, 对 $1\leqslant p,q,r\leqslant\infty$ 且 $\dfrac{1}{r}=\dfrac{1}{p}+\dfrac{1}{q}-1$, 若 $\varphi\in L^p(\mathbb{R}^n),\psi\in L^q(\mathbb{R}^n)$, 则卷积 $\varphi*\psi\in L^r(\mathbb{R}^n)$ 且有不等式 $\|\varphi*\psi\|_{L^r(\mathbb{R}^n)}\leqslant\|\varphi\|_{L^p(\mathbb{R}^n)}\|\psi\|_{L^q(\mathbb{R}^n)}$.

设 T_1 和 T_2 是 $\mathbb{R}^n$ 上的广义函数, 且至少有一个在 $\mathcal{E}'(\mathbb{R}^n)$ 中. 对于试验函数 $h(x,y)\in C_0^\infty(\mathbb{R}^n\times\mathbb{R}^n)$, 有结论

$$\big\langle T_{1x},<T_{2y},h(x,y)>\big\rangle=\big\langle T_{2y},<T_{1x},h(x,y)>\big\rangle,\qquad(5.1.33)$$

其中 $< T_{2y}, h(x,y) >$ 表示 T_2 关于 y 作用试验函数 $h(x,y)$ 之后所得到的关于 x 的试验函数 $(\in C_0^\infty(\mathbb{R}^n))$, 其他可类似理解. 我们不打算给出 (5.1.33) 式的证明.

由 (5.1.33) 式定义

$$< T_1 * T_2, \varphi >= \left\langle T_{1x}, < T_{2y}, \varphi(x+y) > \right\rangle, \quad \varphi \in C_0^\infty(\mathbb{R}^n), \tag{5.1.34}$$

于是可以验证 $T_1 * T_2 \in \mathcal{D}'(\mathbb{R}^n)$, 并称 $T_1 * T_2$ 是广义函数 T_1 和 T_2 的卷积 (广义函数).

关于上述 T_1 和 T_2 有

$$\text{supp}(T_1 * T_2) \subset \text{supp}T_1 + \text{supp}T_2, \tag{5.1.35}$$

其中右端集合是 $\{x+y \big| x \in \text{supp}T_1, y \in \text{supp}T_2\}$.

现在把 4.6 节中的 δ 函数写成

$$< \delta_{(h)}, \varphi >= \varphi(h), \quad \varphi \in C_0^\infty(\mathbb{R}^n), \tag{5.1.36}$$

并称之为在点 $h \in \mathbb{R}^n$ 处的狄拉克测度. 特别地, $\delta_{(0)}$ 记为 δ. 显然, $\delta(h)$ 的支集 $\text{supp}\delta(h) = \{h\}$, 于是 $\delta(h) \in \mathcal{E}'(\mathbb{R}^n)$.

显然 $T_1 * T_2 = T_2 * T_1$. 此外, 对任意 $\varphi \in C_0^\infty(\mathbb{R}^n)$ 及 $T \in \mathcal{D}'(\mathbb{R}^n)$, 有

$$< \delta * T, \varphi >= \left\langle T_y, < \delta_x, \varphi(x+y) > \right\rangle =< T, \varphi >,$$

其中 δ_x 表示 $\delta_{(0)}$ 关于 x 作用试验函数. 所以, $\delta * T = T$ 的结论相当于把卷积运算看作乘法时, 狄拉克测度 δ 是单位元. 对于卷积运算来说, 结合律是成立的, 即对 $T_1, T_2, T_3 \in \mathcal{D}'(\mathbb{R}^n)$ 且其中至少有两个在 $\mathcal{E}'(\mathbb{R}^n)$ 中, 那么 $T_1 * T_2 * T_3 = (T_1 * T_2) * T_3 = T_1 * (T_2 * T_3)$. 这样一来, $\mathcal{E}'(\mathbb{R}^n)$ 关于卷积运算是一个有单位元的可交换和可结合的代数.

对于广义函数 $T \in \mathcal{D}'(\mathbb{R}^n), h \in \mathbb{R}^n$, 定义平移广义函数 $\tau_h T$ 如下:

$$< \tau_h T, \varphi >=< T, \tau_{-h}\varphi >, \quad \varphi \in C_0^\infty(\mathbb{R}^n), \tag{5.1.37}$$

其中 $(\tau_h \varphi)(x) = \varphi(x-h)$.

下面的性质是有趣的: 对 $h \in \mathbb{R}^n$, 有

$$\tau_h T = \delta_{(h)} * T, \quad T \in \mathcal{D}'(\mathbb{R}^n). \tag{5.1.38}$$

还有更有趣的公式:

$$\tau_h(T_1 * T_2) = (\tau_h T_1) * T_2 = T_1 * (\tau_h T_2). \tag{5.1.39}$$

对于多重指标 α 及 $T \in \mathcal{D}'(\mathbb{R}^n)$, 我们有

$$\partial_x^\alpha T = (\partial_x^\alpha \delta) * T. \tag{5.1.40}$$

进一步有

$$\partial_x^\alpha (T_1 * T_2) = (\partial_x^\alpha T_1) * T_2 = T_1 * (\partial_x^\alpha T_2). \tag{5.1.41}$$

当 $\varphi \in C_0^\infty(\mathbb{R}^n), T \in \mathcal{D}'(\mathbb{R}^n)$ 或 $\varphi \in C^\infty(\mathbb{R}^n), T \in \mathcal{E}'(\mathbb{R}^n)$ 时, 可以给出函数与广义函数的卷积的简单形式定义:

$$(T * \varphi)(x) =< T_y, \varphi(x-y) >, \tag{5.1.42}$$

并且有结论 $(T * \varphi)(x) \in C^\infty(\mathbb{R}^n)$.

由 (5.1.18) 式可以得 $j_\varepsilon(x) \in C_0^\infty(\mathbb{R}^n)$ 这族展缩核函数. 对上述的 φ 和 T 有以下的强收敛:

$$\lim_{\varepsilon \to 0^+} \int_{\mathbb{R}^n} (T * j_\varepsilon)(x)\varphi(x)\mathrm{d}x =< T, \varphi >$$

在 $C_0^\infty(\mathbb{R}^n)$ 中的每一个有界集合上一致成立.

由此可以看出, 一个一般的广义函数 $T \in \mathcal{D}'(\mathbb{R}^n)$ (或 $T \in \mathcal{E}'(\mathbb{R}^n)$) 可以用 $C_0^\infty(\mathbb{R}^n)$ (或 $C^\infty(\mathbb{R}^n)$) 中的函数来逼近. 这个过程称为广义函数的正则化.

现在考虑 k 阶常系数线性偏微分算子

$$L(\partial_x) = \sum_{|\alpha| \leqslant k} a_\alpha \partial_x^\alpha, \tag{5.1.43}$$

其中 $\sum\limits_{|\alpha|=k} |a_\alpha|^2 > 0$. 对 $L(\partial_x)$ 的转置算子 $L^*(\partial_x)$ 有

$$L^*(\partial_x) = \sum_{|\alpha| \leqslant k} (-1)^{|\alpha|} a_\alpha \partial_x^\alpha. \tag{5.1.44}$$

记 $E \in \mathcal{D}'(\mathbb{R}^n)$ 且满足 $L(\partial_x)E = \delta$ (狄拉克测度), 则称 E 是偏微

分算子 $L(\partial_x)$ 的基本解.

广义函数 $E\in\mathcal{D}'(\mathbb{R}^n)$ 是 $L(\partial_x)$ 的基本解等价于

$$<E, L^*(\partial_x)\varphi>=\varphi(0),\quad \varphi\in\mathcal{D}'(\mathbb{R}^n). \tag{5.1.45}$$

显然, 赫维塞德 (Heaviside) 函数 $H(t)=1(t>0); H(t)=0(t<0)$ 是微分算子 $\dfrac{\mathrm{d}}{\mathrm{d}t}$ 的基本解, 亦即 $\dfrac{\mathrm{d}H(t)}{\mathrm{d}t}=\delta$. 事实上, 我们有

$$<\frac{\mathrm{d}H}{\mathrm{d}t},\varphi>=-<H,\varphi'>=-\int_0^\infty\varphi'(t)\mathrm{d}t=\varphi(0)=<\delta,\varphi>,\quad \varphi\in\mathcal{D}(\mathbb{R}^n).$$

同样地, 高维赫维塞德函数 $H(t_1,t_2,\cdots t_n)=1(t_1\geqslant 0,t_2\geqslant 0,\cdots,t_n\geqslant 0)$; $H(t_1,t_2,\cdots,t_n)=0$ (其他情形) 是偏微分算子 $\dfrac{\partial^n}{\partial t_1\partial t_2\cdots\partial t_n}$ 的基本解.

拉普拉斯算子 $\Delta=\displaystyle\sum_{j=1}^n\frac{\partial^2}{\partial x_j^2}$ 和热算子 $\dfrac{\partial}{\partial t}-\Delta$ 的基本解已经在前面章节中给出. 对于复变函数论中的柯西–黎曼算子 $\dfrac{\partial}{\partial\bar{z}}$ 而言, 其基本解是 $E=\dfrac{1}{\pi z}$, 这里 $z=x+\mathrm{i}y$ 是复变量, $\dfrac{\partial}{\partial\bar{z}}=\dfrac{1}{2}\left(\dfrac{\partial}{\partial x}+\mathrm{i}\dfrac{\partial}{\partial y}\right)$.

如果 E 是 $L(\partial_x)$ 的基本解, 那么当广义函数的卷积 $E*f$ 存在时, 则有 $L(\partial_x)(E*f)=f$. 这说明 $u=E*f$ 是方程 $L(\partial_x)u=f$ 的解. 马尔格朗日 (Malgrange) 证明了 $\mathbb{R}^n$ 上的常系数线性偏微分算子 $L(\partial_x)$ 一定有基本解存在.

关于基本解的深入内容, 读者可以参考相关的文献. 本节我们再介绍一下广义函数的波前集概念.

若 $x_0\notin\mathrm{singsupp}T$ (这里 $T\in\mathcal{D}'(\mathbb{R}^n)$), 则存在 x_0 的一个邻域 $U\subset\mathbb{R}^n$ 使得 T 在 U 上是无穷次可微函数, 或者存在 $\varphi\in C_0^\infty(\mathbb{R}^n)$ 使得傅里叶变换 $\hat{\varphi}$ 满足当 $|\xi|\to\infty$ 时, $(1+|\xi|)^N\hat{\varphi}(\xi)$ 是有界的 (这里 N 为任意自然数), 并且在 x_0 的某个邻域中 T 与 φ 重合.

对$\xi_0\in\mathbb{R}^n,\xi_0\neq 0$, 记 $\Gamma_{\xi_0}=\left\{\xi\in\mathbb{R}^n\left|\left|\frac{\xi}{|\xi|}-\frac{\xi_0}{|\xi_0|}\right|<r,\text{常数}r>0,\xi\neq 0\right.\right\}$ 为过点 ξ_0 的一个锥.

设 $T\in\mathcal{D}'(\mathbb{R}^n)$, 若存在 $\varphi\in C_0^\infty(\mathbb{R}^n)$ 在点 $x_0\in\mathbb{R}^n$ 的某个邻域上与 T 重合, 且对每个自然数 N, 当 $|\xi|\to\infty$ 时, $(1+|\xi|)^N\hat{\varphi}(\xi)$ 在 Γ_{ξ_0} 中有界, 则说点 (x_0,ξ_0) 不属于广义函数 T 的波前集 $WF(T)$.

对于开集 Ω 情形, 设 $T\in\mathcal{D}'(\Omega)$. 闭集 $WF(T)\subset\Omega\times(\mathbb{R}^n\backslash\{0\})$. 若 $(x_0,\xi_0)\notin WF(T)$, 则存在 x_0 的邻域 U 和点 ξ_0 外的锥 Γ_{ξ_0}, 以及 $\varphi\in C_0^\infty(U)$, $\varphi(x_0)\neq 0$, 使得

$$|(\widehat{\varphi T})(\xi)|\leqslant C_N(1+|\xi|)^{-N},\quad \xi\in\Gamma_{\xi_0},N=1,2,\cdots \tag{5.1.46}$$

成立, 其中 $\widehat{\varphi T}$ 是紧支集广义函数 φT 的傅里叶变换 $(\widehat{\varphi T})(\xi)=<(\varphi T)_x, \mathrm{e}^{-\mathrm{i}x\xi}>$.

显然, 对 $\xi\in\mathbb{R}^n,\xi\neq 0$, 由 $(x_0,\xi)\notin(WF)(T)$ 可推出 $x_0\notin\operatorname{singsupp}T$, 这里 $T\in\mathcal{D}'(\Omega)$. 此外, 对于投影映射 $\Pi(x,\xi)=x$ 有 $\Pi(WF)(T)=\operatorname{singsupp}T$.

波前集是微局部分析中的重要定义. 通过研究波前集, 可以知道广义函数的有关奇异性质.

5.2 椭圆偏微分算子

设 $\Omega\subset\mathbb{R}^n$ 是开集, 考虑 Ω 上的不超过 k 阶的偏微分算子

$$L(x,\mathrm{D}_x)=\sum_{|\alpha|\leqslant k}a_\alpha(x)\mathrm{D}_x^\alpha, \tag{5.2.1}$$

和

$$L(\mathrm{D}_x)=\sum_{|\alpha|\leqslant k}a_\alpha\mathrm{D}_x^\alpha, \tag{5.2.2}$$

其中$k\geqslant 0$ 为整数, D_x^α 为恒同算子(当$|\alpha|=0$时), $a_\alpha(x)\in C^\infty(\Omega)$ 是复值函

数, a_α 是复常数, $\mathrm{D}_x=(\mathrm{D}_{x_1},\mathrm{D}_{x_2},\cdots,\mathrm{D}_{x_n})=\left(\frac{1}{\mathrm{i}}\partial_{x_1},\frac{1}{\mathrm{i}}\partial_{x_2},\cdots,\frac{1}{\mathrm{i}}\partial_{x_n}\right)=\frac{1}{\mathrm{i}}\partial_x$, $\mathrm{D}_x^\alpha=\mathrm{D}_{x_1}^{\alpha_1}\mathrm{D}_{x_2}^{\alpha_2}\cdots\mathrm{D}_{x_n}^{\alpha_n}=\mathrm{i}^{-|\alpha|}\frac{\partial^{\alpha_1}}{\partial x_1^{\alpha_1}}\frac{\partial^{\alpha_2}}{\partial x_2^{\alpha_2}}\cdots\frac{\partial^{\alpha_n}}{\partial x_n^{\alpha_n}}=\mathrm{i}^{-|\alpha|}\partial_x^\alpha$, $|\alpha|=\alpha_1+\alpha_2+\cdots+\alpha_n$, $\alpha=(\alpha_1,\alpha_2,\cdots,\alpha_n)$ 为多重指标.

如果不特指, 我们以下都考虑复值函数.

对于 $u,v\in C_0^1(\Omega)$ 以及有界区域 $\Omega\subset\mathbb{R}^n$, 有分部积分公式

$$\int_\Omega v\frac{\partial u}{\partial x_j}\mathrm{d}x=-\int_\Omega\frac{\partial v}{\partial x_j}u\mathrm{d}x,\quad 1\leqslant j\leqslant n,\tag{5.2.3}$$

其中 $\frac{\partial u}{\partial x_j}=\frac{\partial(\mathrm{Re}u)}{\partial x_j}+\mathrm{i}\frac{\partial(\mathrm{Im}u)}{\partial x_j}$.

显然有

$$\int_\Omega u\overline{\mathrm{D}_{x_j}v}\mathrm{d}x=\int_\Omega\mathrm{D}_{x_j}u\bar{v}\mathrm{d}x,\tag{5.2.4}$$

于是对 $u,v\in C_0^\infty(\Omega)$,

$$\int_\Omega(L(x,\mathrm{D}_x)u)\bar{v}\mathrm{d}x=\int_\Omega u\cdot\overline{L^*(x,\mathrm{D}_x)v}\mathrm{d}x,\tag{5.2.5}$$

其中$L(x,\mathrm{D}_x)$ 的形式共轭算子 $L^*(x,\mathrm{D}_x)$ 满足 $L^*(x,\mathrm{D}_x)v=\sum\limits_{|\alpha|\leqslant k}\mathrm{D}_x^\alpha(\overline{a_\alpha(x)}v)$.

现在对于 $\varphi\in\mathcal{S}(\mathbb{R}^n)$, $x=(x_1,x_2,\cdots,x_n)$, $\xi=(\xi_1,\xi_2,\cdots,\xi_n)\in\mathbb{R}^n$, $x\cdot\xi=\sum\limits_{j=1}^n x_j\xi_j$, 我们有反演公式

$$\varphi(x)=(2\pi)^{-n}\int_{\mathbb{R}^n}\hat{\varphi}(\xi)\mathrm{e}^{\mathrm{i}x\cdot\xi}\mathrm{d}\xi=\int_{\mathbb{R}^n}\hat{\varphi}(\xi)\mathrm{e}^{\mathrm{i}x\cdot\xi}\bar{\mathrm{d}}\xi,\tag{5.2.6}$$

其中傅里叶变换 $\hat{\varphi}(\xi)=\int_{\mathbb{R}^n}\varphi(x)\mathrm{e}^{-\mathrm{i}x\cdot\xi}\mathrm{d}x$.

由 $\mathrm{D}_x^\alpha\mathrm{e}^{\mathrm{i}x\cdot\xi}=\xi^\alpha\mathrm{e}^{\mathrm{i}x\cdot\xi}$ 得

$$L(x,\mathrm{D}_x)\varphi=\int_{\mathbb{R}^n}\mathrm{e}^{\mathrm{i}x\cdot\xi}\hat{\varphi}(\xi)L(x,\xi)\bar{\mathrm{d}}\xi,\tag{5.2.7}$$

其中

$$L(x,\xi)=\sum_{|\alpha|\leqslant k}a_\alpha(x)\xi^\alpha. \tag{5.2.8}$$

上述 (5.2.7) 式给出了偏微分算子 $L(x,\mathrm{D}_x)$ 的积分表示形式.

若 $\varphi\in C_0^\infty(\Omega)$, $f\in L^2(\Omega)$, 记

$$(f,\varphi)=\int_\Omega f(x)\overline{\varphi(x)}\mathrm{d}x. \tag{5.2.9}$$

如果 $u\in C^k(\Omega)$ 是方程 $L(x,\mathrm{D}_x)u=f(x)$ 的古典解, 那么

$$\begin{aligned}|(f,\varphi)|&=|(L(x,\mathrm{D}_x)u,\varphi)|=|(u,L^*(x,\mathrm{D}_x)\varphi)|\\&\leqslant\|u\|_{L^2(\Omega)}\|L^*(x,\mathrm{D}_x)\varphi\|_{L^2(\Omega)},\end{aligned}$$

其中 $\|u\|_{L^2(\Omega)}^2=\left(\int_\Omega|u|^2\mathrm{d}x\right)^{\frac{1}{2}}$, $L^2(\Omega)$ 是 Ω 上的平方可积函数全体.

亦即, 存在常数 $C>0$, 使得

$$|(f,\varphi)|\leqslant C\|L^*(x,\mathrm{D}_x)\varphi\|_{L^2(\Omega)},\quad \varphi\in C_0^\infty(\Omega). \tag{5.2.10}$$

若 $u\in L^2(\Omega)$ 且对任意 $\varphi\in C_0^\infty(\Omega)$ 有

$$(u,L^*(x,\mathrm{D}_x)\varphi)=(f,\varphi), \tag{5.2.11}$$

则称 u 为方程 $L(x,\mathrm{D}_x)u=f$ 的一个弱解.

事实上, (5.2.10) 式是方程 $L(x,\mathrm{D}_x)u=f$ 存在弱解的一个充要条件. 这个结论的证明作为作业. 此外, 当这个弱解 $u\in C^k(\Omega)$ 时, 那么 u 一定是方程 $L(x,\mathrm{D}_x)u=f$ 的古典解. 由 (5.2.10) 式推出存在的弱解 u 还满足 $\|u\|_{L^2(\Omega)}<C$.

对于常系数偏微分算子 $L(\mathrm{D}_x)$ 和有界区域 $\Omega\subset\mathbb{R}^n$, 我们可以证明对任意 $f\in L^2(\Omega)$, 方程 $L(\mathrm{D}_x)u=f$ 存在弱解 $u\in L^2(\Omega)$.

为此, 我们只要证明: 对任意 $\varphi\in C_0^\infty(\Omega)$ 有

$$|(f,\varphi)|\leqslant C\|L^*(\mathrm{D}_x)\varphi\|_{L^2(\Omega)}, \tag{5.2.12}$$

其中 $L^*(\mathrm{D}_x)=\sum\limits_{|\alpha|\leqslant k}\bar{a}_\alpha\mathrm{D}_x^\alpha, C>0$ 为一常数.

事实上, 由 Ω 有界可设 $\Omega\subset\Big\{(x_1,x_2,\cdots,x_n)\in\mathbb{R}^n\Big||x_j-a|\leqslant$

$\left.\frac{M}{2}\right\} \subset \mathbb{R}^n$ ($M > 0$ 为常数). 再令 $L(\xi) = \sum\limits_{|\alpha|\leqslant k} a_\alpha \xi^\alpha$ 及 $L_j(\xi) = \frac{\partial L(\xi)}{\partial \xi_j}$, $L_{jj}(\xi) = \frac{\partial^2 L(\xi)}{\partial \xi_j^2}$.

不妨取 $a = 0$. 由广义莱布尼茨 (Leibniz) 法则 (5.2.20) 得

$$L(\mathrm{D}_x)(x_j\varphi) = x_j L(\mathrm{D}_x)\varphi + L_j(\mathrm{D}_x)\varphi,$$

于是

$$\begin{aligned}
&\|L_j(\mathrm{D}_x)\varphi\|_{L^2(\Omega)}^2 \\
&= \big(L(\mathrm{D}_x)(x_j\varphi) - x_j L(\mathrm{D}_x)\varphi, L_j(\mathrm{D}_x)\varphi\big) \\
&= \big(L(\mathrm{D}_x)(x_j\varphi), L_j(\mathrm{D}_x)\varphi\big) - \big(x_j L(\mathrm{D}_x)\varphi, L_j(\mathrm{D}_x)\varphi\big) \\
&= \big(\overline{L}_j(\mathrm{D}_x)(x_j\varphi), \overline{L}(\mathrm{D}_x)\varphi\big) - \big(x_j L(\mathrm{D}_x)\varphi, L_j(\mathrm{D}_x)\varphi\big) \\
&= \big(x_j\overline{L}(\mathrm{D}_x)\varphi + \overline{L}_j(\mathrm{D}_x)\varphi, \overline{L}(\mathrm{D}_x)\varphi\big) - \big(L(\mathrm{D}_x)\varphi, x_j L_j(\mathrm{D}_x)\varphi\big) \\
&\leqslant \|L(\mathrm{D}_x)\varphi\|_{L^2(\Omega)}\big(M\|L_j(\mathrm{D}_x)\varphi\|_{L^2(\Omega)} + \|L_{jj}(\mathrm{D}_x)\varphi\|_{L^2(\Omega)}\big).
\end{aligned} \tag{5.2.13}$$

这里用到了结论 $\|L^*\varphi\|_{L^2(\Omega)} = \|L\varphi\|_{L^2(\Omega)}$, $\overline{L}(\mathrm{D}_x) = L^*(\mathrm{D}_x)$, $\overline{L}(\xi) = \sum\limits_{|\alpha|\leqslant k} \bar{a}_\alpha \xi^\alpha$.

若 $L(\mathrm{D}_x)$ 的阶数 $k = 1$, 则 $L_{jj}(\xi) = 0$, 由 (5.2.13) 式得, 对 $\varphi \in C_0^\infty(\Omega)$ 有

$$\|L_j(\mathrm{D}_x)\varphi\|_{L^2(\Omega)} \leqslant M\|L(\mathrm{D}_x)\varphi\|_{L^2(\Omega)}. \tag{5.2.14}$$

对于 $k > 1$ 情形, 如果以下结论成立:

$$\|P_j(\mathrm{D}_x)\varphi\|_{L^2(\Omega)} \leqslant (k-1)M\|P(\mathrm{D}_x)\varphi\|_{L^2(\Omega)}, \quad \varphi \in C_0^\infty(\Omega), \tag{5.2.15}$$

其中 $P(\xi) = \sum\limits_{|\alpha|\leqslant k} C_\alpha \xi^\alpha$ 是任意 k 次多项式, 那么 $P(\mathrm{D}_x) = \sum\limits_{|\alpha|\leqslant k} C_\alpha \mathrm{D}_x^\alpha$, $P_j(\mathrm{D}_x) = \frac{\partial P(\xi)}{\partial \xi_j}\Big|_{\xi=\mathrm{D}_x}$.

对 $L_{jj}(\xi)$ 应用 (5.2.15) 式有

$$\|L_{jj}(\mathrm{D}_x)\varphi\|_{L^2(\Omega)} \leqslant (k-1)M\|L_j(\mathrm{D}_x)\varphi\|_{L^2(\Omega)},$$

于是

$$\|L_j(\mathrm{D}_x)\varphi\|_{L^2(\Omega)}^2 \leqslant kM\|L(\mathrm{D}_x)\varphi\|_{L^2(\Omega)}\cdot\|L_j(\mathrm{D}_x)\varphi\|_{L^2(\Omega)},$$

即得

$$\|L_j(\mathrm{D}_x)\varphi\|_{L^2(\Omega)} \leqslant kM\|L(\mathrm{D}_x)\varphi\|_{L^2(\Omega)}, \tag{5.2.16}$$

下面设 $\Omega \subset \left\{(x_1,x_2,\cdots,x_n) \in \mathbb{R}^n \Big| |x_j-a_j| \leqslant \dfrac{M_j}{2}, M_j > 0\right\}$ $(1\leqslant j\leqslant n)$, 那么重复应用 (5.2.16) 式得, 对任意多重指标 β 有

$$\|L_\beta(\mathrm{D}_x)\varphi\|_{L^2(\Omega)} \leqslant \frac{k!}{(k-|\beta|)!}M^\beta\|L(\mathrm{D}_x)\varphi\|_{L^2(\Omega)}, \quad \varphi\in C_0^\infty(\Omega), \tag{5.2.17}$$

其中 $M=(M_1,M_2,\cdots,M_n)$, $L_\beta(\mathrm{D}_x)=\partial_\xi^\beta L(\xi)\big|_{\xi=\mathrm{D}_x}$.

因为总有多重指标 μ 使得 $L_\mu(\xi)$ 恒等于非零常数, 所以由 (5.2.17) 式知对任意有界区域 $\Omega\subset\mathbb{R}^n$, 都存在常数 $C=C(\Omega)>0$ 使

$$\|\varphi\|_{L^2(\Omega)} \leqslant C(\Omega)\|L(\mathrm{D}_x)\varphi\|_{L^2(\Omega)}, \quad \varphi\in C_0^\infty(\Omega). \tag{5.2.18}$$

对于 $L^*(\mathrm{D}_x)=\sum\limits_{|\alpha|\leqslant k}\bar{a}_\alpha\mathrm{D}_x^\alpha$ 应用 (5.2.18) 式知有常数 $C>0$ 使得

$$\|\varphi\|_{L^2(\Omega)} \leqslant C\|L^*(\mathrm{D}_x)\varphi\|_{L^2(\Omega)}, \quad \varphi\in C_0^\infty(\Omega). \tag{5.2.19}$$

对 $f\in L^2(\Omega)$, 由施瓦茨不等式和 (5.2.19) 式有

$$|(f,\varphi)| \leqslant \|f\|_{L^2(\Omega)}\|\varphi\|_{L^2(\Omega)} \leqslant \widetilde{C}\|L^*(\mathrm{D}_x)\varphi\|_{L^2(\Omega)}, \quad \varphi\in C_0^\infty(\Omega),$$

此即 (5.2.12) 式成立.

关于广义莱布尼茨法则, 我们有

$$L(\mathrm{D}_x)(uv)=\sum_{|\alpha|\leqslant k}\frac{1}{\alpha!}L^{(\alpha)}(\mathrm{D}_x)u\cdot\mathrm{D}_x^\alpha v, \tag{5.2.20}$$

其中 $L^{(\alpha)}(\eta)=\dfrac{\partial^{|\alpha|}L(\eta)}{\partial_{\eta_1}^{\alpha_1}\partial_{\eta_2}^{\alpha_2}\cdots\partial_{\eta_n}^{\alpha_n}}$, $L^{(0)}(\eta)=L(\eta)$.

有界区域 $\Omega\subset\mathbb{R}^n$ 上方程 $L(\mathrm{D}_x)u=f$ 的弱解的光滑性很重要. 有

一类算子 $L(\mathrm{D}_x)$ 可以使得当 $f \in C^\infty(\Omega)$ 时, 一定有弱解 $u \in C^\infty(\Omega)$. 具有这种性质的算子 $L(\mathrm{D}_x)$ 一般称之为次椭圆算子, 其中包含椭圆算子. 也就是说次椭圆算子有很好的正则性.

先看一下椭圆偏微分算子. 常系数偏微分算子 $L(\mathrm{D}_x)$ 称为 $\mathbb{R}^n$ 上的椭圆算子, 如果对任意 $\xi \in \mathbb{R}^n, \xi \neq 0$ 有

$$L_k(\xi) = \sum_{|\alpha|=k} a_\alpha \xi^\alpha \neq 0. \tag{5.2.21}$$

事实上, $L(\mathrm{D}_x)$ 是 $\mathbb{R}^n$ 上椭圆算子等价于以下条件成立:

$$|L_k(\xi)| \geqslant \lambda |\xi|^k, \quad \xi \in \mathbb{R}^k, \tag{5.2.22}$$

其中 $\lambda > 0$ 为常数.

现在记 $L_k(\mathrm{D}_x) = \sum\limits_{|\alpha|=k} a_\alpha \mathrm{D}_x^\alpha$, 且 $L_k(\xi) = 0$, 复根 ξ 满足 $|\xi| \leqslant C_0 \mathrm{e}^{\gamma|\mathrm{Im}\xi|}$, 其中 $C_0 > 0, \gamma > 0$ 为常数, 则齐次偏微分算子 $L_k(\mathrm{D}_x)$ 是 $\mathbb{R}^n$ 上的椭圆偏微分算子.

为证上述结论, 假设 $\xi_0 \in \mathbb{R}^n$ 满足 $L_k(\xi_0) = 0$. 于是, 对任意实数 $t \in \mathbb{R}$ 有 $L_k(t\xi_0) = t^k L_k(\xi_0) = 0$. 从而

$$|t\xi_0| \leqslant C_0 \mathrm{e}^{\gamma|\mathrm{Im}(t\xi_0)|} = C_0,$$

此即 $\xi_0 = 0$. 这样一来, 上述 $L_k(\mathrm{D}_x)$ 是椭圆偏微分算子.

事实上, 拉普拉斯算子 $\Delta = \sum\limits_{j=1}^n \dfrac{\partial^2}{\partial x_j^2} = -\sum\limits_{j=1}^n \mathrm{D}_{x_j}^2$ 是椭圆算子, 以及幂算子 Δ^l 也是椭圆算子. 复变函数论中的柯西–黎曼算子也是椭圆算子.

对于 k 阶常系数椭圆算子 $L(\mathrm{D}_x)$ 有以下结论成立:

存在常数 $C > 0$, 使得对任意 $\varphi \in \mathcal{S}(\mathbb{R}^n)$ 有

$$|\varphi|_s \leqslant C(|L(\mathrm{D}_x)\varphi|_{s-k} + |\varphi|_{s-1}), \tag{5.2.23}$$

其中

$$|\varphi|_s^2=(\varphi,\varphi)_s=\int_{\mathbb{R}^n}(1+|\xi|)^{2s}\hat{\varphi}(\xi)\overline{\hat{\varphi}(\xi)}\mathrm{d}\xi. \tag{5.2.24}$$

为证 (5.2.23) 式, 事实上, 椭圆偏微分算子 $L(\mathrm{D}_x)$ 满足 $(L_k(\xi))^{-1}$ 在 $\mathbb{R}^n$ 中的单位球面 $\{\xi\in\mathbb{R}^n\big||\xi|=1\}$ 上连续有界, 即有常数 $\lambda>0$ 使 $|L_k(\xi)|^{-1}\leqslant\lambda^{-1}$ (当 $|\xi|=1$ 时), 亦即 (5.2.22) 式成立.

又由 $|\xi^\alpha|\leqslant|\xi|^{|\alpha|}$ 及算子 $L(\mathrm{D}_x)-L_k(\mathrm{D}_x)$ 的阶数小于 k 得

$$|L(\xi)-L_k(\xi)|<C_1(1+|\xi|)^{k-1}. \tag{5.2.25}$$

另外, 显然有常数 $C_2>0$ 使得对任意 $\xi\in\mathbb{R}^n$ 有

$$(1+|\xi|)^{2k}\leqslant 2C_2(1+|\xi|^{2k}), \tag{5.2.26}$$

那么由 (5.2.22), (5.2.25) 和 (5.2.26) 式得

$$\begin{aligned}(1+|\xi|)^{2k}&\leqslant C_2(1+|\xi|^{2k})\\&\leqslant C_2\Big(1+\frac{1}{\lambda^2}|L_k(\xi)|^2\Big)\\&\leqslant C_2\Big(\frac{2}{\lambda^2}|L(\xi)|^2+\Big(\frac{2C_1^2}{\lambda^2}+1\Big)(1+|\xi|)^{2k-2}\Big)\\&\leqslant C_3(|L(\xi)|^2+(1+|\xi|)^{2k-2}),\end{aligned}$$

亦即

$$\begin{aligned}&\int_{\mathbb{R}^n}(1+|\xi|)^{2(s-k)}|\hat{\varphi}(\xi)|^2(1+|\xi|)^{2k}\mathrm{d}\xi\\&\leqslant C_3\int_{\mathbb{R}^n}(1+|\xi|)^{2(s-k)}|\hat{\varphi}(\xi)|^2\big(|L(\xi)|^2+(1+|\xi|)^{2k-2}\big)\mathrm{d}\xi.\end{aligned}$$

再由傅里叶变换的性质 $(\mathrm{D}_x^\alpha\varphi)^\wedge(\xi)=\xi^\alpha\hat{\varphi}(\xi)$ 得 $L(\xi)\hat{\varphi}(\xi)=(L(\mathrm{D}_x)\varphi)^\wedge(\xi)$, 从而证明了 (5.2.23) 式.

$L(x,\mathrm{D}_x)$ 是 $\mathbb{R}^n$ 上的椭圆算子的定义如下:

$$L_k(x,\xi)\neq 0,\quad \xi\in\mathbb{R}^n,\xi\neq 0, \tag{5.2.27}$$

其中

$$L_k(x,\xi)=\sum_{|\alpha|=k}a_\alpha(x)\xi^k. \tag{5.2.28}$$

显然, 对于椭圆偏微分算子 $L(x,\mathrm{D}_x)$ 有

$$|L_k(x,\xi)| \geqslant C(F)(1+|\xi|)^k, \quad x\in F, \xi\in\mathbb{R}^n, |\xi|\geqslant 1, \tag{5.2.29}$$

其中 $C(F)>0$ 为常数, $F\subset\mathbb{R}^n$ 是紧集.

关于常系数椭圆偏微分算子 $L(\mathrm{D}_x)$ 的正则性结论如下:

对于区域 $\Omega\subset\mathbb{R}^n$, 方程 $L(\mathrm{D}_x)u=f$ 的弱解 $u\in C^\infty(\Omega)$, 只要 $f\in C^\infty(\Omega)$.

事实上, 设 $u\in L^2(\mathbb{R}^n)$ 是上述方程的弱解. 对任意 $\varphi\in C_0^\infty(\Omega)$, 定义 $(\varphi u)(x)=0(x\in\mathbb{R}^n\backslash\Omega)$.

若存在与 $\varepsilon>0$ 无关的常数 C_s (这里 $s\in\mathbb{R}$) 使

$$|J_\varepsilon(\varphi u)|_s \leqslant C_s, \tag{5.2.30}$$

其中 J_ε 的含义见 (5.1.20) 式, 则由 §5.1 例 5.1.3 知 $\varphi u\in C^\infty(\mathbb{R}^n)$.

对任意 $y\in\Omega$, 存在 $\varphi\in C_0^\infty(\Omega)$ 使 φ 在 y 的一个邻域 ω 中不为零, 这由截断函数的存在性可以做到. 从而 $\dfrac{1}{\varphi}$ 在 ω 中是 C^∞ 的, 于是 $u=(\varphi u)\dfrac{1}{\varphi}\in C^\infty(\omega)$. 由点 y 的任意性知 $u\in C^\infty(\Omega)$. 只要证明 (5.2.30) 式就完成了证明, 这里 J_ε 叫做磨光核.

对 $\varphi\in C_0^\infty(\Omega), \varepsilon>0$, 显然 $J_\varepsilon(\varphi u)\in\mathcal{S}(\mathbb{R}^n)$. 由 (5.2.23) 式有

$$|J_\varepsilon(\varphi u)|_s \leqslant C(|L(\mathrm{D}_x)J_\varepsilon(\varphi u)|_{s-k}+|J_\varepsilon(\varphi u)|_{s-1}). \tag{5.2.31}$$

又对任意 $v\in\mathcal{S}(\mathbb{R}^n)$, 由 (5.2.20) 式推出

$$\begin{aligned}(L(\mathrm{D}_x)J_\varepsilon(\varphi u),v) &= (u,\varphi\overline{L}(\mathrm{D}_x)J_\varepsilon v)\\ &= (u,\overline{L}(\mathrm{D}_x)(\varphi J_\varepsilon v))-\sum_{|\alpha|>0}\frac{1}{\alpha!}(u,\overline{L^{(\alpha)}}(\mathrm{D}_x)J_\varepsilon v\cdot \mathrm{D}_x^\alpha\varphi)\\ &= (f,\varphi J_\varepsilon v)-\sum_{|\alpha|>0}\frac{1}{\alpha!}\big(J_\varepsilon(u\mathrm{D}_x^\alpha\varphi),\overline{L^{(\alpha)}}(\mathrm{D}_x)v\big),\end{aligned}$$

亦即

$$|(L(\mathrm{D}_x)J_\varepsilon(\varphi u),v)|\leqslant|J_\varepsilon(\varphi f)|_{s-k}|v|_k+\sum_{|\alpha|>0}\frac{1}{\alpha!}|J_\varepsilon(u\mathrm{D}_x^\alpha\varphi)|_{s-1}|\overline{L}(\mathrm{D}_x)v|_{1-s}$$

$$\leqslant K_1|v|_{k-s}\Big(|J_\varepsilon(\varphi f)|_{s-k}+\sum_{0<|\alpha|\leqslant k}|J_\varepsilon(u\mathrm{D}_x^\alpha\varphi)|_{s-1}\Big),\tag{5.2.32}$$

其中用到了 $|\mathrm{D}_x^\alpha v|\leqslant|v|_{s+|\alpha|}$ (对 $v\in\mathcal{S}(\mathbb{R}^n)$) 及对 $|\alpha|>0$, $L^{(\alpha)}(\mathrm{D}_x)$ 的阶数小于 k.

由 (5.2.32) 式及 $|v|_s=\sup\limits_{\omega\in\mathcal{S}(\mathbb{R}^n)}\dfrac{|(v,\omega)_0|}{|\omega|_{-s}}$, 再由 $(v,\omega)=(2\pi)^{-n}(v,\omega)_0$, $s\in\mathbb{R}$ 为实数, 得

$$|L(\mathrm{D}_x)J_\varepsilon(\varphi u)|_{s-k}\leqslant(2\pi)^nK_1\Big(|J_\varepsilon(\varphi f)|_{s-k}+\sum_{0<|\alpha|\leqslant k}|J_\varepsilon(u\mathrm{D}_x^\alpha\varphi)|_{s-1}\Big),$$

把上式代入 (5.2.31) 式有

$$|J_\varepsilon(\varphi u)|_s\leqslant C'\Big(|J_\varepsilon(\varphi f)|_{s-k}+\sum_{|\alpha|\leqslant k}|J_\varepsilon(u\mathrm{D}_x^\alpha\varphi)|_{s-1}\Big).\tag{5.2.33}$$

由于 $\varphi\in C_0^\infty(\Omega)\subset\mathcal{S}(\mathbb{R}^n)$, 所以对每个实数 s, 存在常数 $C_s>0$ 使得

$$|J_\varepsilon(\varphi f)|_{s-k}\leqslant C_s,\tag{5.2.34}$$

固定 s, 再假定对任意 $\varphi\in C_0^\infty(\Omega)$, 存在常数 $C>0$ 使得

$$|J_\varepsilon(\varphi u)|_{s-1}\leqslant C,\tag{5.2.35}$$

那么对 $\varphi\in C_0^\infty(\Omega)$ 有

$$\sum_{|\alpha|\leqslant k}|J_\varepsilon(u\mathrm{D}_x^\alpha\varphi)|_{s-1}\leqslant C,\tag{5.2.36}$$

于是, 将 (5.2.36), (5.2.34) 式代入 (5.2.33) 式得

$$|J_\varepsilon(\varphi u)|\leqslant C',\quad \varphi\in C_0^\infty(\Omega),\tag{5.2.37}$$

即得到了常系数椭圆偏微分算子 $L(\mathrm{D}_x)$ 的正则性.

上述常系数椭圆偏微分算子的正则性结论其实是一类更加广泛的偏微分算子所具有的正则性. 具有此正则性的算子称为次椭圆偏微分算子. 所以上述结论说明了椭圆偏微分算子是次椭圆偏微分算子.

如果对任意开集 $U\subset\Omega$ 及任意广义函数 $T\in\mathcal{D}'(\Omega)$, 当 $L(x,\mathrm{D}_x)T\in C^\infty(U)$ 时, 一定有 $T\in C^\infty(U)$ 的话, 我们就说 $L(x,\mathrm{D}_x)$ 是 Ω 上的次椭圆偏微分算子.

对 $T\in\mathcal{D}'(\Omega)$, 显然有

$$\mathrm{supp}(L(x,\mathrm{D}_x)T)\subset\mathrm{supp}T, \tag{5.2.38}$$

常系数偏微分算子 $L(\mathrm{D}_x)$ 是次椭圆偏微分算子的充要条件是 $L(\mathrm{D}_x)$ 在 $\mathbb{R}^n\backslash\{0\}$ 上有一个无穷次可微的基本解.

关于次椭圆偏微分算子 $L(\mathrm{D}_x)$, 我们有以下等价条件:

存在常数 $\gamma>0,C_1>0,C_2>0$ 使

$$\left|\frac{\dfrac{\partial L(\xi)}{\partial\xi_j}}{L(\xi)}\right|\leqslant\frac{C_1}{|\xi|^\gamma},\quad 对\ |\xi|>C_2,1\leqslant j\leqslant n. \tag{5.2.39}$$

若多项式 $H_1(\xi)$ 和 $H_2(\xi)$ 满足 (5.2.39) 式, 则 $H_1(\mathrm{D}_x)H_2(\mathrm{D}_x)$ 是次椭圆偏微分算子.

热算子 $\mathrm{D}_{x_1}-\mathrm{i}\sum\limits_{j=2}^n\mathrm{D}_{x_j}^2$ 是次椭圆偏微分算子. 但是波算子 $\mathrm{D}_{x_1}^2-\sum\limits_{j=2}^n\mathrm{D}_{x_j}^2$ 不是次椭圆偏微分算子. 显然, $\left(\sum\limits_{j=1}^n\mathrm{D}_{x_j}^2\right)^r\left(\mathrm{D}_{x_1}\pm\mathrm{i}\sum\limits_{j=1}^n\mathrm{D}_{x_j}^2\right)^s$ $\left(\mathrm{D}_{x_1}\pm\sum\limits_{j=2}^n\mathrm{D}_k^4\right)^t$ 也是次椭圆偏微分算子.

由 (5.2.39) 式出发可以证明常系数次椭圆偏微分算子的正则性:

若 $f\in C^\infty(\Omega),L(\mathrm{D}_x)$ 是区域 $\Omega\subset\mathbb{R}^n$ 上的常系数次椭圆偏微分算子, 则 $L(\mathrm{D}_x)u=f$ 的弱解 $u\in C^\infty(\Omega)$.

这个结论的证明作为查文献作业.

对于所谓的形式次椭圆偏微分算子 $L(x,\mathrm{D}_x)$ 也有类似次椭圆情形的正则性结论.

若 $L(x,\mathrm{D}_x)$ 是 Ω 中的形式次椭圆偏微分算子, 即 $a_\alpha(x)\in C^\infty(\Omega)$, 且对任意 $y,z\in\Omega$, 存在常数 $C>0$ 使

$$|L(y,\xi)| \leqslant C\sum_{\beta}|L^{(\beta)}(z,\xi)|, \quad \xi\in\Omega,$$

其中 $L^{(\beta)}(z,\xi)=\partial_{\xi}^{\beta}L(z,\xi)$. 此外, 对于 Ω 中的每一点 y 有常系数偏微分算子 $L(y,\mathrm{D}_x)=\sum\limits_{|\alpha|\leqslant k}a_{\alpha}(y)\mathrm{D}_x^{\alpha}$ 是次椭圆算子, 那么若 $f\in C^{\infty}(\Omega)$, 则

$$L(x,\mathrm{D}_x)u=f$$

的每个弱解 u 都属于 $C^{\infty}(\Omega)$.

关于形式次椭圆偏微分算子方程的弱解也有相应的存在性结论, 这里不加以证明.

5.3　傅里叶积分算子

这一节我们介绍傅里叶变换的推广理论, 也就是在一般偏微分算子的积分形式表示基础上, 一步到位地推广到傅里叶积分算子. 然后, 再以傅里叶积分算子的特殊形式来引入拟微分算子.

我们不妨再对有关傅里叶变换的一些内容进行一个简单回顾.

对于速降函数空间 $\mathcal{S}(\mathbb{R}^n)$ 来讲, 傅里叶变换是拓扑线性同胚映射:

$$F\colon \mathcal{S}(\mathbb{R}^n)\to\mathcal{S}(\mathbb{R}^n),$$

$$(Fu)(\xi)=\hat{u}(\xi)=\int_{\mathbb{R}^n}\mathrm{e}^{-\mathrm{i}x\cdot\xi}u(x)\mathrm{d}x, \tag{5.3.1}$$

$$(F^{-1}\hat{u})(x)=u(x)=\int_{\mathbb{R}^n}\mathrm{e}^{\mathrm{i}x\cdot\xi}\hat{u}(\xi)\bar{\mathrm{d}}\xi, \tag{5.3.2}$$

其中 $\bar{\mathrm{d}}\xi=(2\pi)^{-n}\mathrm{d}\xi_1\mathrm{d}\xi_2\cdots\mathrm{d}\xi_n, u\in\mathcal{S}(\mathbb{R}^n)$.

由 (5.3.1) 式和 (5.3.2) 式可得以下形式的积分:

$$u(x)=\iint\mathrm{e}^{\mathrm{i}(x-y)\cdot\xi}u(y)\mathrm{d}y\bar{\mathrm{d}}\xi. \tag{5.3.3}$$

用偏微分算子作用 (5.3.2) 式或 (5.3.3) 式就可以引出 (5.2.7) 式, 进而可以走向拟微分算子和傅里叶积分算子的境界. 从数学分析中的含参

变量积分到傅里叶积分算子, 这里的推广历程其实很自然. 也就是说含参变量积分的思想是现代分析数学的主要思想之一.

我们先考虑积分

$$I_{\Phi}(au)=\int_{\mathbb{R}^n}\int_{\mathbb{R}^n}\mathrm{e}^{\mathrm{i}\Phi(x,\theta)}a(x,\theta)u(x)\mathrm{d}x\mathrm{d}\theta, \tag{5.3.4}$$

这里 $\theta\in\mathbb{R}^N, x\in\Omega\subset\mathbb{R}^n$ (开集), $u(x)\in C_0^{\infty}(\Omega)$.

当 $a(x,\theta)$ 和 $\Phi(x,\theta)$ 各自有了“家园”的时候, 我们就称 (5.3.4) 形式的积分为振荡积分.

上述函数 $a(x,\theta)$ 的“家园”就是函数空间 $S^m_{\rho,\delta}(\Omega\times\mathbb{R}^N)$. 设 m,ρ,δ 都是实数, $0\leqslant\delta\leqslant 1, 0\leqslant\rho\leqslant 1$, 则 $a(x,\theta)\in S^m_{\rho,\delta}(\Omega\times\mathbb{R}^N)$ 等价于 $a(x,\theta)\in C^{\infty}(\Omega\times\mathbb{R}^N)$ 且对任意多重指标 α,β 以及紧集 $K\subset\Omega$, 都存在常数 $C_{\alpha,\beta,K}>0$ 使得

$$\left|\partial_{\theta}^{\alpha}\partial_{x}^{\beta}a(x,\theta)\right|\leqslant C_{\alpha,\beta,K}(1+|\theta|^2)^{\frac{1}{2}(m-\rho|\alpha|+\delta|\beta|)}, \tag{5.3.5}$$

其中 $x\in K,\theta\in\mathbb{R}^N$.

函数 $\Phi(x,\theta)$ 称为相位函数, 如果 $\Phi(x,\theta)\in C^{\infty}(\Omega\times(\mathbb{R}^N\backslash\{0\}))$, $\Phi(x,\theta)$ 是实值的且 $\Phi(x,t\theta)=t\Phi(x,\theta)$ 对任意 $x\in\Omega,\theta\in\mathbb{R}^N,t>0$ 成立. 此外, $\Phi(x,\theta)$ 对于非零的 θ 没有临界点, 亦即关于 x 和 θ 的梯度 $\nabla_{x,\theta}\Phi(x,\theta)\neq 0$ 对 $x\in\Omega$ 和 $\theta\in\mathbb{R}^N\backslash\{0\}$ 成立. 简单地说, 相位函数 $\Phi(x,\theta)$ 是关于 θ 为一次正齐次函数且在 $\Omega\times(\mathbb{R}^N\backslash\{0\})$ 中没有临界点的实值函数.

确定了相位函数 $\Phi(x,\theta)$ 和 $a(x,\theta)\in S^m_{\rho,\delta}$, 振荡积分 (5.3.4) 的信息就完整了.

下面把 $S^m_{1,0}(\Omega\times\mathbb{R}^N)$ 记为 $S^m(\Omega\times\mathbb{R}^N)$, 而把 $S^m_{\rho,\delta}(\Omega\times\mathbb{R}^N)$ 记为 $S^m_{\rho,\delta}$.

作为练习, 可以验证: 若 $a(x,\theta)\in S^m_{\rho,\delta}(\Omega\times\mathbb{R}^N)$, 则 $\partial_{\theta}^{\alpha}\partial_{x}^{\beta}a(x,\theta)\in S^{m-\rho|\alpha|+\delta|\beta|}_{\rho,\delta}(\Omega\times\mathbb{R}^N)$. 也有, 若 $b(x,\theta)\in S^{m'}_{\rho,\delta}(\Omega\times\mathbb{R}^N)$, 则必有 $a(x,\theta)\cdot b(x,\theta)\in S^{m+m'}_{\rho,\delta}(\Omega\times\mathbb{R}^N)$.

我们感兴趣的是振荡积分 (5.3.4) 的正则化问题. 一般而言, 形如 (5.3.4) 式的振荡积分未必绝对收敛.

取 $\chi(\theta) \in C_0^\infty(\mathbb{R}^N)$ 使得在原点 $0 \in \mathbb{R}^N$ 的某个邻域内 $\chi(\theta) = 1$. 对 $\varepsilon > 0$, 令

$$I_{\Phi,\varepsilon}(au) = \int_{\mathbb{R}^n}\int_{\mathbb{R}^n} \chi(\varepsilon\theta)\mathrm{e}^{\mathrm{i}\Phi(x,\theta)}a(x,\theta)u(x)\mathrm{d}x\mathrm{d}\theta, \tag{5.3.6}$$

由分部积分得 (见下面 (5.3.12) 式)

$$I_{\Phi,\varepsilon}(au) = \int_{\mathbb{R}^n}\int_{\mathbb{R}^n} \mathrm{e}^{\mathrm{i}\Phi(x,\theta)}L^k\big(\chi(\varepsilon\theta)a(x,\theta)u(x)\big)\mathrm{d}x\mathrm{d}\theta. \tag{5.3.7}$$

由于

$$\left|\partial_\theta^\gamma\chi(\varepsilon\theta)\right| \leqslant C_\gamma(1+|\theta|^2)^{-\frac{|\gamma|}{2}}, \tag{5.3.8}$$

其中 C_γ 不依赖于 $\varepsilon \in (0,1]$, 所以由勒贝格控制收敛定理, 可以在 (5.3.7) 式中对 $\varepsilon \to 0^+$ 取极限. 亦即, 极限 $\lim\limits_{\varepsilon\to 0^+} I_{\Phi,\varepsilon}(au)$ 存在且

$$\lim_{\varepsilon\to 0^+} I_{\Phi,\varepsilon}(au) = I_\Phi(au) = \int_{\mathbb{R}^n}\int_{\mathbb{R}^n} \mathrm{e}^{\mathrm{i}\Phi(x,\theta)}L^k\big(a(x,\theta)u(x)\big)\mathrm{d}x\mathrm{d}\theta, \tag{5.3.9}$$

当 k 充分大时, (5.3.9) 式中的积分值与 k 无关.

此外, 当 $\varepsilon \to 0^+$ 时, (5.3.6) 式的极限与截断函数 χ 的选择无关.

关于上述算子 L 的 k 次幂 L^k 有以下参考说明:

存在 $a_j(x,\theta) \in S^0(\Omega\times\mathbb{R}^N), b_k(x,\theta) \in S^{-1}(\Omega\times\mathbb{R}^N), c(x,\theta) \in S^{-1}(\Omega\times\mathbb{R}^N)$ 及

$$L = \sum_{j=1}^N a_j(x,\theta)\frac{\partial}{\partial\theta_j} + \sum_{k=1}^n b_k(x,\theta)\frac{\partial}{\partial x_k} + c(x,\theta) \tag{5.3.10}$$

和 L 的形式共轭算子 L^*:

$$L^*u(x,\theta) = -\sum_{j=1}^N \frac{\partial}{\partial\theta_j}(a_ju) - \sum_{k=1}^n b_k\frac{\partial}{\partial x_k}(b_ku) + cu \tag{5.3.11}$$

使得

$$L^*\mathrm{e}^{\mathrm{i}\Phi} = \mathrm{e}^{\mathrm{i}\Phi}. \tag{5.3.12}$$

我们已经知道 $\mathrm{D}_{\xi_k}=\dfrac{1}{\mathrm{i}}\dfrac{\partial}{\partial\xi_k}\ (1\leqslant k\leqslant n)$, 于是有

$$\mathrm{e}^{-\mathrm{i}x\cdot\xi}=(1+x^2)^{-k}(1+\mathrm{D}_{\xi_1}^2+\mathrm{D}_{\xi_2}^2+\cdots+\mathrm{D}_{\xi_n}^2)^k\mathrm{e}^{-\mathrm{i}x\cdot\xi},\tag{5.3.13}$$

其中 $k\geqslant 0$ 为整数, $D_{\xi_k}^2=-\dfrac{\partial^2}{\partial\xi_k^2}$.

上述 (5.3.13) 式的推广形式就是 (5.3.12) 式.

还可以用不同的方式把振荡积分 (5.3.4) 正则化, 这里不再介绍.

设 $u(x),\psi(x)\in\mathcal{S}(\mathbb{R}^n)$, 则由 (5.3.13) 式并使用分部积分 $2k$ 次得

$$\begin{aligned}&\int_{\mathbb{R}^n}\int_{\mathbb{R}^n}\mathrm{e}^{-\mathrm{i}x\cdot\xi}u(x)\psi(\xi)\mathrm{d}x\mathrm{d}\xi\\=&\int_{\mathbb{R}^n}\int_{\mathbb{R}^n}\mathrm{e}^{-\mathrm{i}x\cdot\xi}u(x)(1+|x|^2)^{-k}(1+\mathrm{D}_{\xi_1}^2+\cdots+\mathrm{D}_{\xi_n}^2)^k\psi(\xi)\mathrm{d}x\mathrm{d}\xi.\end{aligned}\tag{5.3.14}$$

事实上, (5.3.14) 式中右端积分对满足

$$|u(x)|\leqslant C(1+|x|^2)^{\frac{N}{2}},\quad x\in\mathbb{R}^n\tag{5.3.15}$$

的绝对可积函数 u 以及 $k>\dfrac{N+n}{2}$ 绝对收敛.

令

$$<\hat{u},\psi>=\int_{\mathbb{R}^n}\int_{\mathbb{R}^n}\mathrm{e}^{-\mathrm{i}x\cdot\xi}u(x)(1+|x|^2)^{-k}(1+\mathrm{D}_{\xi_1}^2+\cdots+\mathrm{D}_{\xi_n}^2)^k\psi(\xi)\mathrm{d}x\mathrm{d}\xi,\tag{5.3.16}$$

则当 $k>\dfrac{N+n}{2}$ 时, 有 $\hat{u}\in\mathcal{S}'(\mathbb{R}^n)$ (即 $\hat{u}$ 是 $\mathbb{R}^n$ 上的一个缓增广义函数).

事实上, 对满足 (5.3.15) 式的缓增连续函数 $u\in C(\mathbb{R}^n)$, 我们可以定义 u 的傅里叶变换 $\hat{u}$: 对 $\psi\in\mathcal{S}(\mathbb{R}^n)$,

$$<\hat{u},\psi>=\int_{\mathbb{R}^n}\int_{\mathbb{R}^n}\mathrm{e}^{-\mathrm{i}x\cdot\xi}u(x)\psi(\xi)\mathrm{d}x\mathrm{d}\xi,\tag{5.3.17}$$

于是, (5.3.16) 式可以认为是 (5.3.17) 式的正则化.

考虑由振荡积分定义的广义函数 $T\in\mathcal{D}'(\Omega)$:

$$< T, \varphi >= I_{\Phi}(a\varphi), \quad \varphi \in C_0^\infty(\Omega), \tag{5.3.18}$$

我们不加证明地给出结论:

$$\text{singsupp} T \subset S_{\Phi} \quad \text{或} \quad T \in C^\infty(R_{\Phi}), \tag{5.3.19}$$

其中

$$S_{\Phi} = \pi C_{\Phi}, \quad R_{\Phi} = \Omega \backslash S_{\Phi}, \tag{5.3.20}$$

$$C_{\Phi} = \{(x,\theta) \big| x \in \Omega,\ \theta \in \mathbb{R}^N \backslash \{0\},\ \nabla_\theta \Phi(x,\theta) = 0\} \tag{5.3.21}$$

$$\Pi \colon \Omega \times (\mathbb{R}^N \backslash \{0\}) \to \Omega, \quad \Pi(x,\theta) = x. \tag{5.3.22}$$

上述结论给出了由振荡积分定义的广义函数的光滑性质.

下面设 Ω_1, Ω_2 是 $\mathbb{R}^n$ 中的开集. 定义傅里叶积分算子 (简记为 FIO) 如下:

$$(Fu)(x) = \int_{\mathbb{R}^n} \int_{\Omega_2} \mathrm{e}^{\mathrm{i}\Phi(x,y,\theta)} a(x,y,\theta) u(y) \mathrm{d}y \mathrm{d}\theta, \tag{5.3.23}$$

其中 $u \in C_0^\infty(\Omega_2), x \in \Omega_1, \Phi(x,y,\theta)$ 是 $\Omega_1 \times \Omega_2 \times \mathbb{R}^N$ 上的相位函数, $a(x,y,\theta) \in S^m(\Omega_1 \times \Omega_2 \times \mathbb{R}^N), \rho > 0, \delta < 1$.

上述傅里叶积分算子 F 的分布核 K_F 定义如下: 对 $\varphi \in C_0^\infty(\Omega_1 \times \Omega_2)$,

$$< K_F, \varphi >= \int_{\mathbb{R}^N} \int_{\Omega_2} \int_{\Omega_1} \mathrm{e}^{\mathrm{i}\Phi(x,y,\theta)} a(x,y,\theta) \varphi(x,y) \mathrm{d}x \mathrm{d}y \mathrm{d}\theta, \tag{5.3.24}$$

则可以验证 K_F 是 $\Omega_1 \times \Omega_2$ 上的广义函数. 此外, $K_F \in C^\infty(Z_{\Phi})$, 这里 $Z_{\Phi} = \{(x,y) \in \Omega_1 \times \Omega_2 \big| \nabla_\theta \Phi(x,y,\theta) \neq 0, \theta \in \mathbb{R}^N \backslash \{0\}\}$.

显然, 以下积分有定义且是一个通常的振荡积分:

$$< Fu, \varphi >= \int_{\mathbb{R}^N} \int_{\Omega_2} \int_{\Omega_1} \mathrm{e}^{\mathrm{i}\Phi(x,y,\theta)} a(x,y,\theta) u(y) \varphi(x) \mathrm{d}x \mathrm{d}y \mathrm{d}\theta,\ \varphi \in C_0^\infty(\Omega_1), \tag{5.3.25}$$

由此有 $Fu \in \mathcal{D}'(\Omega_1)$.

同样不加证明地给出结论:

如果相位函数 $\Phi(x,y,\theta)$ 满足 $\nabla_{x,\theta} \Phi(x,y,\theta) \neq 0 (\theta \neq 0, x \in \Omega_1, y \in$

$\Omega_2)$, 那么映射

$$F: C_0^\infty(\Omega_2) \to \mathcal{D}'(\Omega_1) \tag{5.3.26}$$

可以连续扩张成一个连续线性映射

$$F: \mathcal{E}'(\Omega_2) \to \mathcal{D}'(\Omega_1). \tag{5.3.27}$$

对于线性偏微分算子

$$L(x, \mathrm{D}_x) = \sum_{|\alpha| \leqslant k} a_\alpha(x) \mathrm{D}_x^\alpha,$$

其中 $a_\alpha(x) \in C^\infty(\Omega)$, $\Omega \subset \mathbb{R}^n$ 为开集, $\mathrm{D}_x^\alpha = \mathrm{i}^{-|\alpha|}\partial_x^\alpha$, 由傅里叶变换有

$$L(x, \mathrm{D}_x)u(x) = \iint \mathrm{e}^{\mathrm{i}(x-y)\cdot\xi} L(x,\xi)u(y)\mathrm{d}y\bar{\mathrm{d}}\xi, \tag{5.3.28}$$

这里 $L(x,\xi) = \sum_{|\alpha| \leqslant k} a_\alpha(x)\xi^\alpha$ 是算子 L 的象征函数. 由于 $L(x,\xi) \in \mathcal{S}^k(\Omega \times \mathbb{R}^n)$, 所以由 (5.3.28) 式知 L 是具有相位函数 $\Phi(x,y,\xi) = (x-y)\cdot\xi$ 的一个 FIO.

当 $n = N, \Omega_1 = \Omega_2 = \Omega$ 时, 相位函数 $\Phi(x,y,\xi) = (x-y)\cdot\xi$ 的 FIO 称为拟微分算子 (简记为 PDO). 由 $a(x,y,\xi) \in S_{\rho,\delta}^m(\Omega \times \Omega \times \mathbb{R}^n)$ 定义的 PDO 称为 $\Psi_{\rho,\delta}^m(\Omega)$ 类拟微分算子或简称为 $\Psi_{\rho,\delta}^m$ 类拟微分算子. 此外, 记 $\Psi^m = \Psi_{1,0}^m$, $\Psi^{-\infty} = \bigcap_m \Psi^m$.

显然, 任何线性偏微分算子都是拟微分算子.

设 P 是如下定义的拟微分算子:

$$(Pu)(x) = \iint \mathrm{e}^{\mathrm{i}(x-y)\cdot\xi} a(x,y,\xi)u(y)\mathrm{d}y\bar{\mathrm{d}}\xi, \tag{5.3.29}$$

且 K_P 是 P 的分布核, Δ 是 $\Omega \times \Omega$ 中的对角线集合, 则

(1) $K_P \in C^\infty((\Omega \times \Omega)\backslash\Delta)$;

(2) P 定义了连续线性映射:

$$P: C_0^\infty(\Omega) \to C^\infty(\Omega), \tag{5.3.30}$$

$$P\colon \mathcal{E}'(\Omega) \to \mathcal{D}'(\Omega), \tag{5.3.31}$$

以及

$$\text{singsupp}Pu \subset \text{singsupp}u, \quad u \in \mathcal{E}'(\Omega). \tag{5.3.32}$$

以上证明可以作为练习.

性质 (5.3.32) 通常称为拟微分算子 P 的拟局部性. 当 (5.3.32) 式中的包含关系变成相等关系时, 就对应了一类特殊的拟微分算子, 即次椭圆拟微分算子.

局部区域上的拟微分算子理论很丰富, 其中以恰当支拟微分算子为重要的内容. 全空间 $\mathbb{R}^n$ 上的拟微分算子理论是恰当支拟微分算子理论的某种对应推广结论.

如果自然投影 $\Pi_i : \text{supp}K_P \subset \Omega\times\Omega \to \Omega (i = 1, 2)$ (即 $\Pi_1(x_1, x_2) = x_1, \Pi_2(x_1, x_2) = x_2$) 使得紧集 $M \subset \Omega$ 的原像集 $\Pi_i^{-1}(M) \subset \Omega \times \Omega$ 仍是紧集, 就称拟微分算子 P 为恰当支拟微分算子, 这里 K_P 是 P 的分布核.

恰当支拟微分算子 P 所定义的映射

$$P\colon C_0^\infty(\Omega) \to C_0^\infty(\Omega) \tag{5.3.33}$$

可以扩张成连续线性映射

$$P\colon \mathcal{E}'(\Omega) \to \mathcal{E}'(\Omega), \tag{5.3.34}$$

$$P\colon C^\infty(\Omega) \to C^\infty(\Omega), \tag{5.3.35}$$

$$P\colon \mathcal{D}'(\Omega) \to \mathcal{D}'(\Omega). \tag{5.3.36}$$

关于拟微分算子与其象征之间的对应代数同构关系等内容以及次椭圆拟微分算子的相关结论, 这里不再叙述. 读者需要通过相关专著来系统学习.

依据本书写作的“高端有度”原则, 关于拟微分算子和傅里叶积分算子的进一步内容, 我们就不多加介绍了. 读者可以查找相关的专著进行研读.

本节的最后, 给出一段有关拟微分算子的感悟性和总结性兼容的小文, 以求读者能够走出本书而直接投身于拟微分算子理论的相关学习之中:

那一刻, 偶入拟微分算子家园, 不远处传来了拟微分算子各种性质的曲乐声声. 符号金光闪闪, 逻辑翩翩起舞, 原来世界居然有这样的思维洞天. 闲庭散步, 一下子走到了变化率的寒舍. 其实这是一个热情高昂的寒舍.

世界之一切变化都跑不出变化率的手心, 就算因果关系也是同样的命运. 多因素导致的结果不就是变化率支撑的集合体吗? 这个集合体就是所谓的偏微分方程. 偏微分算子也就应运而生了.

线性偏微分算子作用在一个多因素因果关系上的已知结果之目的是寻求这个多因素因果关系的真相. 傅里叶变换为此忠心耿耿. 在情况复杂之际, 赫尔曼德尔伸出援手, 一招拟微分算子, 霞光之后, 诸如高维线性偏微分方程柯西问题解的唯一性和局部可解性等问题获得大面积进展.

关于线性偏微分方程解的唯一性问题, 霍姆格伦 (E.Holmgren) 对于具有解析系数的线性偏微分方程柯西问题的非解析解证明了唯一性. 具有无穷次可微系数情形柯西问题的相关唯一性是由考尔德伦 (Calderon) 用奇异积分算子技术对主型偏微分方程得到的. 线性偏微分算子的局部可解性问题是由尼伦伯格 (L. Nirenberg) 和特利夫斯 (F. Treves) 率先取得突破的, 所用工具都涉及拟微分算子. 这也成为了拟微分算子的开篇曲乐.

本以为拟微分算子只是傅里叶变换的推广算子, 其实拟微分算子的分析数学覆盖面不小. 例如, 希尔伯特变换, 傅里叶乘子算子, 里斯 (Riesz) 变换, 一般奇异积分算子等都是拟微分算子. 于是乎, 拟微分算子也是调和分析领域的“帅哥一名”. 这个时候的拟微分算子之曲乐已然交响有加了. 在拟微分算子的优美旋律下, 作为偏微分方程的因果关系势必走向科学化的数学模型道路. 随之而来的一切社会现象也就会隐隐约约地听到拟微分算子的声声曲乐了. 有拟微分算子自远方来, 不亦乐乎.

俗话说, “螳螂捕蝉, 黄雀在后”. 拟微分算子的背后傅里叶积分算子出现了. 傅里叶特别喜欢纠缠拟微分算子, 傅里叶变换和傅里叶积分算子在夹击拟微分算子. 混战之后的结局就是微局部分析这一“贵族”分析学科出现了.

拟微分算子出现之前的很多重要偏微分方程经典成果都可以用拟微分算子重新简化得到. 重要的是, 诸如高维双曲型方程初边值问题的精细研究就可以彰显拟微分算子的独特魅力. 线性偏微分方程解的正则性问题, 比如次椭圆性和奇性传播与反射等问题的细致结果都可以用拟微分算子来发挥效用.

拟微分算子的曲乐声已经波及非线性偏微分方程的研究领域. 最著名的相关应用就是迈达 (A. Majda) 用拟微分算子来研究可压缩高维欧拉方程组间断初值问题的冲击波理论. 法国数学家阿里纳克 (S. Alinhac) 和舍曼 (J. Y. Chemin) 在研究可压缩和不可压缩流体的奇性问题时都借用了微局部分析理论. 更加神奇的是拟微分算子可以用来参与阿蒂亚 - 辛格 (Atiyah-Singer) 指标定理的工作.

恰当支广义函数的拟微分算子分布核介入铸就了恰当支拟微分算子, 从此恒同算子与线性偏微分算子找到了局部域上优雅的先主身份, 进而开集上拟微分算子的象征与代数悠然如初.

说到这里, 也应该是一睹拟微分算子风采的时刻了.

速降函数空间与其线性拓扑对偶空间 (也称为缓增广义函数空间) 分别是傅里叶变换的自由往返乐园, 来去连续自如, 尺度规范不变, 普朗谢雷尔 (Plancherel) 式舞步翩翩.

速降函数在傅里叶变换与傅里叶逆变换之间的演绎与反演功能为数学的抽象与推广提供了有效机遇环境. 速降函数傅里叶变换反演公式中被积函数中的恒等于 1 的函数之升华推广, 或者用线性偏微分算子作用反演公式, 就会发现傅里叶变换或者偏微分算子都是一种较傅里叶变换型积分更加一般的积分形式, 称为拟微分算子, 而由 1 升华而来的这个新被积函数称为拟微分算子的象征函数. 象征函数等于 1 时所对应的拟微分算子就是恒同算子, 也就又回到了出发点反演公式.

从傅里叶变换反演公式到拟微分算子, 一下子推广出了现代分析数学的新天地, 从此故事绵绵. 再把象征函数的合适范围进行扩张, 拟微分算子就是傅里叶积分算子了. 进行“第三级推广火箭助推”时, 思绪就可以飘飘落到仿微分算子的身上.

拟微分算子已经包含了如前所述的微分算子之外的其他调和分析对象, 由此带来的应用空间是可以想象的.

拟微分算子的象征或振幅的渐近展开技术对拟微分算子的运算是非常重要的. 勒贝格积分和振荡积分都是拟微分算子的股肱之臣. 用振荡积分定义的拟微分算子可以形成速降函数空间或缓增广义函数空间之间的连续线性映射. 由相位与振幅确定的振荡积分可以确定一个缓增广义函数, 即所谓的拟微分算子的分布核. 恒同算子作为拟微分算子的分布核是缓增广义函数意义下的 1 的傅里叶逆变换, 而一般偏微分算子的分布核就是恒同算子分布核的相应导数的广义线性组合. 拟微分算子的分布核是定义恰当支拟微分算子的重要工具.

关于前述全空间上的拟微分算子的象征或振幅演算可以导致拟微分算子的演算这种代数对应同构关系, 在局部区域上的拟微分算子中, 有一种特殊的恰当支拟微分算子可以形成对应的代数演算特征.

拟微分算子的一个非常重要的问题就是正则性问题. 当拟微分算子的象征满足一定的某种正下界条件时, 椭圆型拟微分算子就出现了. 紧接着正则性结论就成立了, 亦即, 椭圆型拟微分算子作用在紧支集广义函数后的奇异支集等于该紧支集广义函数的奇异支集. 对椭圆型恰当支拟微分算子而言, 上述正则性结论对一般的广义函数也成立. 椭圆型拟微分算子所拥有的正则性结论对一类更加广泛的次椭圆型拟微分算子也是成立的, 其实也是次椭圆拟微分算子的本质特征.

拉普拉斯算子是椭圆型微分算子, 热算子是次椭圆型微分算子, 所以二阶椭圆型偏微分方程与二阶抛物型偏微分方程的理论相似的同时也有别于波动方程的属性, 因为波算子已然是双曲型偏微分算子.

有关内容的细节, 推荐读者研读陈恕行所著的《拟微分算子》(第二版).

第六章　生物偏微分方程

6.1 生物数学简介

随着生命科学与技术的蓬勃发展, 需要用统计学和数学的理论方法对大量数据进行建模和分析, 进而揭示复杂生物现象内在的机制. 因此, 生物数学的研究内容大体包括以下三个方面: 一是与生物学家合作, 基于数据和现有生物学原理, 利用统计学或数学方法建立数学模型; 二是通过对模型的分析, 讨论模型的适定性, 通过对模型动力学性质的研究, 从数学角度解释、预测和控制生物过程的发展变化; 三是将数学理论成果应用到具体的实际问题中, 建立计算机算法, 利用数值模拟和仿真指导生物实践, 以求最大限度地降低生物实验和生物工程成本. 因此, 生物数学的学科发展几乎涉及数学的所有分支. 例如, 统计学、微分方程、动力系统、计算数学、拓扑学、组合学甚至代数几何学, 等等.

本章主要讨论如何基于偏微分方程模型研究一些常见的生物现象. 例如, 预测和控制物种的入侵与共存, 揭示生物多样性的内在机制, 理解动物斑图的成因, 优化生物资源的配置, 揭示微生物 (如大肠杆菌、海藻) 的爆发原理, 趋利避害, 合理开发利用微生物资源. 更多生物数学的研究内容, 请参考莫里 (Murray) 的著作 [32].

由于反应扩散方程模型的数学理论相对完善, 因此, 其在生物数学的理论研究中被广泛采用. 早在 20 世纪 30 年代, 费希尔 (Fisher) [19] 利用费希尔-KPP 方程所具有的行波解解释物种基因的入侵现象. 到了 20 世纪 50 年代, 英国数学家、计算机学家图灵 (Alan Turing) [43] 开创性地提出图灵斑图的概念用来解释生物学广泛存在的斑图现象. 在 20 世纪 90 年代初, 美国数学家倪维明及合作者利用变分法严格论证了椭圆型方程具有尖峰 (spike) 模式, 开创了定量研究偏微分方程模型的模式的先河. 关于尖峰模式的最新进展, 请参考 [34, 46].

另一个比较成功的生物偏微分方程模型是洛特卡–沃尔泰拉 (Lotka-

Volterra) 模型. 该模型建立之初为常微分方程组, 用来解释海洋鱼类的种间竞争现象. 作为 2×2 的常微分方程组时, 其数学结构是非常清楚的. 但是, 当考虑物种扩散和空间非均匀分布的影响时, 洛特卡–沃尔泰拉模型反应扩散方程组的数学结构异常复杂. 数学家楼元及合作者[31] 以该模型为出发点, 深入探讨了非均匀环境对物种入侵和竞争的影响, 研究了物种的竞争策略, 并建立了很多新的数学模型, 提出了很多新的数学问题.

6.2 趋化模型

在这一节, 我们讨论生物数学中的趋化现象. 所谓趋化现象, 是指微生物或细胞根据周围化学信号 (如营养) 的刺激而发生的定向移动. 趋化现象所描述的一个生物现象是微生物的聚集现象, 一个著名的例子是阿德勒 (Adler) 的实验. 这是一个简单的大肠杆菌消耗氧气的实验. 在实验中, 阿德勒观察到细菌聚集而成的细菌团按照脉冲波的形式传播. 为了揭示这一实验现象的机理, 生物数学家凯勒 (Keller) 和西格尔 (Segel) 在 20 世纪 70 年代建立了下面著名的凯勒–西格尔模型[29]:

$$\begin{cases} u_t = (du_x - \chi u(\ln v)_x)_x, \\ v_t = -uv^m. \end{cases} \tag{6.2.1}$$

这里 u 表示细菌的密度, v 表示氧气的密度, d 为细菌的扩散系数, χ 为趋化强度, $0 < m < 1$. 我们下面求解方程组 (6.2.1) 的行波解.

1. 行波解

所谓行波解是指具有如下形式的解:

$$u(x,t) = U(z), \quad v(x,t) = V(z), \quad z = x - ct.$$

这里 U, V 是方程组 (6.2.1) 的经典解, 并且满足

$$U(\pm\infty) = u_\pm, \quad V(\pm\infty) = v_\pm, \quad U'(\pm\infty) = V'(\pm\infty) = 0,$$

c 是行波速度, $u_-(u_+)$ 和 $v_-(v_+)$ 分别称为 u 和 v 的左 (右) 状态, 它们描述了行波的渐近行为. 若 $u_- = u_+$, 则称行波 U 是脉冲; 若 $u_- \neq u_+$, 则称 U 是波前.

很自然假设细菌的总质量是有限的, 即 $\int_{-\infty}^{+\infty} u(x,t)\mathrm{d}x = \int_{-\infty}^{+\infty} u_0(x)\mathrm{d}x < \infty$. 于是 $\int_{-\infty}^{+\infty} U(z)\mathrm{d}z < \infty$. 从而 $u_\pm = 0$. 现在将 $(U,V)(z)$ 代入方程组 (6.2.1) 得到

$$\begin{cases} -cU' = \left(dU' - \chi U \dfrac{V'}{V}\right)', \\ -cV' = -UV^m. \end{cases}$$

对第一个方程积分, 得到

$$dU' + cU - \chi V^{-1}V'U = 0,$$

从而可解得 $U(z) = c_0 \mathrm{e}^{-\frac{c}{d}z} V^{\frac{\chi}{d}}(z)$, 其中 $c_0 > 0$ 是常数. 将该式代入到第二个方程可得

$$cV' = c_0 \mathrm{e}^{-kz} V^r, \quad V(-\infty) = v_-, \quad V(+\infty) = v_+.$$

这里记 $k = \dfrac{c}{d}, r = \dfrac{\chi}{d} + m$. 注意到若 $V(z)$ 满足上述方程, 记常数 τ 为 $\mathrm{e}^{\frac{c}{d}\tau} = c_0$, 则 $V(z+\tau)$ 满足方程

$$cV' = \mathrm{e}^{-kz} V^r, \quad V(-\infty) = v_-, \quad V(+\infty) = v_+. \tag{6.2.2}$$

因此, 不失一般性, 假设 $c_0 = 1$. 显然, 由 $V'(-\infty) = 0$ 及 $\lim\limits_{z\to-\infty} \mathrm{e}^{-kz} = +\infty$ 知, $v_- = 0$. 从而方程 (6.2.2) 转化为

$$cV' = \mathrm{e}^{-kz} V^r, \quad V(-\infty) = 0, \quad V(+\infty) = v_+. \tag{6.2.3}$$

若 $r = 1$, 则方程 (6.2.3) 为线性方程, 易得

$$V(z) = c_1 \exp\left(-\frac{1}{kc}\mathrm{e}^{-kz}\right),$$

并且

$$U(z)=c_1^{\frac{\chi}{d}}\exp\left(-\frac{c}{d}z-\frac{\chi}{dkc}\mathrm{e}^{-kz}\right),$$

其中 $c_1>0$ 为常数. 于是

$$U(\pm\infty)=0,\quad V(+\infty)=c_1=v_+>0.$$

这说明方程组存在行波解 $(U,V)(z)$, 并且 U 为脉冲, V 为波前.

若 $r\neq 1$, 易得

$$V(z)=\left(c_1+c_2\mathrm{e}^{-kz}\right)^{\frac{1}{1-r}},$$

其中 $c_1>0$, $c_2=\dfrac{r-1}{kc}$. 于是若 $r<1$, 则 $\lim\limits_{z\to-\infty}V(z)$ 发散, 这说明该情形没有行波解.

若 $r>1$, 则 $\dfrac{1}{1-r}<0$. 于是

$$V(z)\to c_1^{\frac{1}{1-r}},\quad z\to+\infty,$$
$$V(z)\to 0,\quad z\to-\infty.$$

由 $V(+\infty)=v_+$, 可得 $c_1=v_+^{1-r}>0$. 因此, V 是波前. 进一步, 由 U,V 的关系式以及 $k+(1-r)\dfrac{c}{\chi}=(1-m)\dfrac{c}{\chi}$ 可得

$$U(z)=\left[v_+^{1-r}\mathrm{e}^{(r-1)cz/\chi}+\frac{r-1}{kc}\mathrm{e}^{(m-1)\cdot cz/\chi}\right]^{\frac{\chi}{d(1-r)}}.$$

从而当 $0<m<1$ 时, $U(\pm\infty)=0$. 这说明 U 为脉冲, V 为波前. 综上, 我们证得了下面定理.

定理 6.2.1 (1) 若 $\dfrac{\chi}{d}+m<1$, 则方程组 (6.2.1) 不存在行波解.

(2) 若 $\dfrac{\chi}{d}+m=1$, 则方程组存在行波解 $(U,V)(z)$, 并且 U 为脉冲, V 为波前.

(3) 若 $\dfrac{\chi}{d}+m>1$, $0<m<1$, 则方程组 (6.2.1) 存在行波解, 并且 U 为脉冲, V 为波前.

2. 模式形成

趋化现象所描述的另一个生物现象是细胞的自聚现象. 例如伤口的愈合. 为了揭示细胞自聚现象的机理, 在 20 世纪 70 年代, 凯勒和西格尔[28] 建立了如下形式的凯勒–西格尔方程组:

$$\begin{cases} u_t = \nabla \cdot (\mathrm{D}_1(u)\nabla u - \phi(u,v)\nabla v), & x \in \Omega, t > 0, \\ v_t = \mathrm{D}_2\Delta v - k(v)v + uf(v), & x \in \Omega, t > 0, \\ \dfrac{\partial u}{\partial \nu} = \dfrac{\partial v}{\partial \nu} = 0, & x \in \partial\Omega, t > 0, \\ u(x,0) = u_0(x), v(x,0) = v_0(x), & x \in \Omega. \end{cases} \tag{6.2.4}$$

这里 u 表示细胞浓度, v 表示细胞产生的化学信号浓度, $\phi(u,v)$ 称为感应函数, $f(v) > 0$.

从偏微分方程的角度来说, 自聚现象对应模型的模式形成. 按照图灵的斑图动力学理论, 模式形成指的是反应扩散方程组中参数变化到一定范围时, 系统产生非常数的静态解, 由于该非平凡解通常由系统的常数解分支出来, 因此, 模式形成常常对应图灵分支. 著名学者王学锋及合作者[45] 通过建立拟线性椭圆型方程组的全局分支理论, 讨论了一维凯勒–西格尔模型 (6.2.4) 的模式形成问题, 并分析了模式的形态.

下面, 我们以一维最简模型为例, 介绍模型 (6.2.4) 的模式形成问题. 一维最简凯勒–西格尔模型的形式为

$$\begin{cases} u_t = (u_x - \chi u v_x)_x, & x \in (0,1), t > 0, \\ v_t = v_{xx} - v + u, & x \in (0,1), t > 0, \\ u_x(0,t) = u_x(1,t) = v_x(0,t) = v_x(1,t) = 0, \\ u(x,0) = u_0(x), v(x,0) = v_0(x), & x \in (0,1). \end{cases} \tag{6.2.5}$$

我们将利用分支理论讨论方程组 (6.2.5) 的模式形成问题, 并以趋化系数 χ 作为分支参数. 为此, 我们需要经典的克兰德尔–拉比诺维茨 (Crandall-Rabinowitz) 局部分支定理.

定理 6.2.2 若 $\overline{X}$ 和 $\overline{Y}$ 为巴拿赫空间, V 为 $\overline{X}\times\mathbb{R}$ 的连通开子集. 假设 $(u_0,\lambda_0)\in V$, F 为 $V\to\overline{Y}$ 的连续可微映射. 进一步, 假设

(1) $F(u_0,\lambda)=0,\forall(u_0,\lambda)\in V$;

(2) 混合导数 $\mathrm{D}_{\lambda u}F(u,\lambda)$ 存在并且在 (u_0,λ_0) 附近关于 (u,λ) 连续;

(3) $\mathrm{D}_uF(u_0,\lambda_0)$ 是指标为 0 的弗雷德霍姆算子. 零空间的维数为 1. 即

$$\dim(N(\mathrm{D}_uF(u_0,\lambda_0)))=1;$$

(4) $\mathrm{D}_{\lambda u}F(u_0,\lambda_0)[w_0]\notin R(\mathrm{D}_uF(u_0,\lambda_0))$, 其中 $w_0\in\overline{X}$ 张成 $N(\mathrm{D}_uF(u_0,\lambda_0))$, $R(\mathrm{D}_uF(u_0,\lambda_0))$ 表示 $\mathrm{D}_uF(u_0,\lambda_0)$ 的像集.

记 Z 为 $\mathrm{span}\{w_0\}$ 在空间 $\overline{X}$ 中的补集, 则存在开区间 $(-\delta,\delta)$ 和连续函数 $\lambda:(-\delta,\delta)\to\mathbb{R},\psi:(-\delta,\delta)\to Z$, 使得 $\lambda(0)=\lambda_0,\psi(0)=0$, 并且若 $u(s)=u_0+sw_0+s\psi(s),s\in(-\delta,\delta)$, 则 $F(u(s),\lambda(s))=0$. 进一步地, 若 $(u,\lambda)\in V$ 是 $F=0$ 在 (u_0,λ_0) 附近的解, 则 $u=u_0$ 或者 (u,λ) 在曲线 $\varGamma=\{(\lambda(s),u(s))\big|s\in(-\delta,\delta)\}$ 上.

我们下面利用分支定理描述方程组 (6.2.5) 静态解的结构. 静态解满足的方程组为

$$\begin{cases}(u'-\chi uv')'=0, & x\in(0,1),\\ v''-v+u=0, & x\in(0,1),\\ u'(0)=u'(1)=v'(0)=v'(1)=0.\end{cases}\tag{6.2.6}$$

由于模型 (6.2.5) 具有质量守恒的结构, 因此假设 $u^*=\displaystyle\int_0^1u(x)\mathrm{d}x$ 为给定常数. 记 $v^*=u^*$, 则显然 (u^*,v^*) 为方程组 (6.2.6) 的常值解. 记 $X=\big\{u\in H^2(0,1)\big|u'(0)=u'(1)=0\big\}$, $Y=L^2(0,1)$, $Y_0=\Big\{u\in L^2(0,1)\Big|\displaystyle\int_0^1u(x)\mathrm{d}x=0\Big\}$. 定义映射 F: $X\times X\times\mathbb{R}\to Y_0\times Y\times\mathbb{R}$ 为

$$F(u,v,\chi)=\begin{pmatrix}(-u'+\chi uv')'\\ -v''+v-u\\ \displaystyle\int_0^1u(x)\mathrm{d}x-u^*\end{pmatrix},$$

则 $F(u^*,v^*,\chi)=0,\forall\chi>0$. 而且方程组 (6.2.6) 等价于 $F(u,v,\chi)=0$. 对任意固定的 $(u_1,v_1)\in X\times X$, F 的费雷歇 (Frechet) 导数为

$$D_{(u,v)}F(u_1,v_1,\chi)(u,v)=\begin{pmatrix}(-u'+\chi v_1'u+\chi u_1v')'\\ -v''+v-u\\ \displaystyle\int_0^1 u(x)\mathrm{d}x\end{pmatrix}.$$

引理 6.2.1 对任意给定的 $(u_1,v_1)\in X\times X$, $D_{(u,v)}F(u_1,v_1,\chi)(u,v)$: $X\times X\to Y_0\times Y\times\mathbb{R}$ 为指标为 0 的弗雷德霍姆算子.

证明 记 $D_{(u,v)}F(u_1,v_1,\chi)(u,v)=F_1(u,v)+F_2(u,v)$, 其中 F_1 : $X\times X\to Y_0\times Y\times\mathbb{R}$ 为

$$F_1(u,v)=\begin{pmatrix}(-u'+\chi v_1'u+\chi u_1v')'\\ -v''+v-u\\ 0\end{pmatrix},$$

$F_2:X\times X\to Y_0\times Y\times\mathbb{R}$ 为

$$F_2(u,v)=\begin{pmatrix}0\\ 0\\ \displaystyle\int_0^1 u(x)\mathrm{d}x\end{pmatrix}.$$

由索伯列夫嵌入定理知, F_2: $X\times X\to Y_0\times Y\times\mathbb{R}$ 为线性紧算子.

由椭圆型方程 L^2 理论知, $F_1:X\times X\to Y\times Y\times\{0\}$ 为指标为 0 的弗雷德霍姆算子. 于是,

$$Y\times Y\times\{0\}=R(F_1)\oplus W.$$

这里 $R(F_1)$ 为 F_1 的像集, W 是 $Y\times Y\times\{0\}$ 的闭子集, 并且 $\dim W=\dim N(F_1)<\infty$, $N(F_1)$ 为 F_1 的零空间. 因此,

$$Y\times Y\times\mathbb{R}=R(F_1)\oplus W\oplus\mathrm{span}\{(0,0,1)\}.$$

进一步地,

$$Y_0\times Y\times\mathbb{R}=R(F_1)\oplus W_0\oplus\mathrm{span}\{(0,0,1)\},$$

其中 $W_0 = \{(f,g,r) \in W \big| \int_0^1 f(x)\mathrm{d}x = 0\}$.

由于 $W = W_0 \oplus \mathrm{span}\{(1,0,0)\}$, $\mathrm{dim}W = \mathrm{dim}W_0 + 1$, 并且 $R(F_1)$ 在 $Y_0 \times Y \times \mathbb{R}$ 中的余维数 $\mathrm{codim}R(F_1) = \mathrm{dim}W = \mathrm{dim}N(F_1)$. 因此, $F_1 : X \times X \to Y_0 \times Y \times \mathbb{R}$ 是指标为 0 的弗雷德霍姆算子. 由于 F_2 是紧算子, 因此 $D_{(u,v)}F(u_1,v_1)$: $X \times X \to Y_0 \times Y \times \mathbb{R}$ 是指标为 0 的弗雷德霍姆算子. 证毕.

由隐函数定理可知, 系统在常值 (u^*,v^*,χ) 发生分支的必要条件是

$$N(D_{(u,v)}F(u^*,v^*,\chi)) \neq \{0\}.$$

于是, $N(D_{(u,v)}F(u^*,v^*,\chi))$ 由以下方程组的解张成:

$$\begin{cases} -u'' + \chi u^* v'' = 0, & x \in (0,1), \\ -v'' + v - u = 0, & x \in (0,1), \\ \displaystyle\int_0^1 u(x)\mathrm{d}x = 0, \\ u'(0) = u'(1) = v'(0) = v'(1) = 0. \end{cases}$$

将 u, v 利用基底 $\{\cos k\pi x\}_{k\in\mathbb{N}}$ 表示为

$$u = \sum_{k=0}^{\infty} t_k \cos k\pi x, \quad v = \sum_{k=0}^{\infty} s_k \cos k\pi x,$$

则

$$\begin{cases} k^2\pi^2 t_k - \chi u^* k^2\pi^2 s_k = 0, \\ k^2\pi^2 s_k + s_k - t_k = 0. \end{cases}$$

由 $\int_0^1 u(x)\mathrm{d}x = 0$ 可知 $k \neq 0$. 于是, 该方程组有非零解等价于

$$\chi = \overline{\chi}_k = \frac{1 + k^2\pi^2}{u^*} > 0, \quad k \in \mathbb{N}.$$

此时,

$$N(D_{(u,v)}F(u^*,v^*,\overline{\chi}_k)) = \mathrm{span}\{\bar{u}_k, \bar{v}_k\}, \quad k \in \mathbb{N},$$

其中 $(\bar{u}_k, \bar{v}_k) = (\overline{\chi}_k u^*, 1)\cos k\pi x, k \in \mathbb{N}$.

现在, 在定理 6.2.2 中取 $\overline{X}=X\times X,\overline{Y}=Y_0\times Y\times\mathbb{R},V=\overline{X}\times\mathbb{R}$. 由引理 6.2.1, 只需验证横截条件

$$D_{(u,v)\chi}F(u^*,v^*,\overline{\chi}_k)(\bar{u}_k,\bar{v}_k)\notin R(D_{(u,v)}F(u^*,v^*,\overline{\chi}_k)).$$

我们采用反证法. 假设横截条件不成立, 即存在 $\tilde{u},\tilde{v}$ 使得

$$\begin{cases}-\tilde{u}''+\overline{\chi}_k u^*\tilde{v}''=-k^2\pi^2u^*\cos k\pi x, & x\in(0,1),\\ -\tilde{v}''+\tilde{v}-\tilde{u}=0, & x\in(0,1),\\ \tilde{u}'(0)=\tilde{u}'(1)=\tilde{v}'(0)=\tilde{v}'(1)=0, & \\ \displaystyle\int_0^1\tilde{u}(x)\mathrm{d}x=0. & \end{cases}$$

记

$$\tilde{u}=\sum_{k=0}^{\infty}\tilde{t}_k\cos k\pi x,\quad \tilde{v}=\sum_{k=0}^{\infty}\tilde{s}_k\cos k\pi x,$$

则

$$\begin{cases}k^2\pi^2\tilde{t}_k-\overline{\chi}_k u^*k^2\pi^2\tilde{s}_k=-k^2\pi^2u^*,\\ k^2\pi^2\tilde{s}_k+\tilde{s}_k-\tilde{t}_k=0.\end{cases}$$

由 $\overline{\chi}_k$ 的表达式, 易见该方程组无解. 从而, 横截条件成立.

因此, 根据定理 6.2.2, 我们得到方程组 (6.2.6) 的局部分支定理.

定理 6.2.3 对每个 $k\geqslant 1,\overline{\chi}_k$ 是分支点, 并且存在开区间 $(-\delta,\delta)$ 和连续函数 $s\in(-\delta,\delta)\to\chi_k(s)\in\mathbb{R},s\in(-\delta,\delta)\to(u_k(s),v_k(s))\in X\times X$, 使得 $\chi_k(0)=\overline{\chi}_k$, 并且

$$(u_k(s,x),v_k(s,x))=(u^*,v^*)+s(\bar{u}_k(x),\bar{v}_k(x))+o(s),$$

以及 $(u_k(s,x),v_k(s,x),\chi_k(s))$ 为方程组 (6.2.6) 的解.

进一步地, 基于全局分支定理和黑利 (Helly) 定理, 可以得到下面的解的形态的精细描述, 其证明见文献 [45].

定理 6.2.4 给定 $u^*>0$, 对任给 $\chi>\overline{\chi}_1$, 方程组 (6.2.6) 存在正解

(u,v) 满足 $u'<0,\ v'<0,\ \forall x\in(0,1)$, 以及 $\displaystyle\int_0^1 u(x)\mathrm{d}x = u^*$. 并且, 当 $\chi\to\infty$ 时,u 集中于 $x=0$, 并有极限

$$u(x)\to u^*\delta;$$

v 有极限

$$v(x)\to\frac{u^*}{\mathrm{e}^2-1}(\mathrm{e}^x+\mathrm{e}^{2-x}).$$

这里 δ 为质量集中在 0 的狄拉克函数.

3. 整体经典解

我们下面讨论时间发展方程组 (6.2.4) 解的适定性. 为简单起见, 我们仅考虑最简凯勒–西格尔模型:

$$\begin{cases}u_t=\Delta u-\nabla\cdot(u\nabla v), & x\in\Omega,\ \ t>0,\\ v_t=\Delta v-v+u, & x\in\Omega,\ \ t>0,\end{cases}\tag{6.2.7}$$

满足诺伊曼边值条件

$$\frac{\partial u}{\partial\nu}=\frac{\partial v}{\partial\nu}=0,\quad x\in\partial\Omega,\ \ t>0,\tag{6.2.8}$$

和初值条件

$$u(x,0)=u_0(x),\quad v(x,0)=v_0(x),\quad x\in\Omega.\tag{6.2.9}$$

我们首先讨论局部解的适定性.

令 $(\mathrm{e}^{t\Delta})_{t\geqslant0}$ 为 Ω 上满足诺伊曼边值条件的热算子半群, 即 $\mathrm{e}^{t\Delta}\varphi$ 为如下方程的解:

$$\begin{cases}u_t=\Delta u, & x\in\Omega,\ \ t>0,\\ \dfrac{\partial u}{\partial\nu}=0, & x\in\partial\Omega,\ \ t>0,\\ u(x,0)=\varphi, & x\in\Omega.\end{cases}$$

记 $\lambda_1>0$ 为 $-\Delta$ 算子在诺伊曼边值条件下的第一个非零特征值, 则利用算子半群理论, 容易得到以下估计:

引理 6.2.2 (1) 若 $\varphi \in L^q(\Omega)$, 并且 $\displaystyle\int_\Omega \varphi \mathrm{d}x = 0$, 则

$$\|\mathrm{e}^{t\Delta}\varphi\|_{L^p(\Omega)} \leqslant C\left(1+t^{-\frac{n}{2}\left(\frac{1}{q}-\frac{1}{p}\right)}\right)\mathrm{e}^{-\lambda_1 t}\|\varphi\|_{L^q(\Omega)}, \quad \forall t>0,$$

其中 $1 \leqslant q \leqslant p \leqslant \infty$.

(2) $\|\nabla \mathrm{e}^{t\Delta}\varphi\|_{L^p(\Omega)} \leqslant C\left(1+t^{-\frac{1}{2}-\frac{n}{2}\left(\frac{1}{q}-\frac{1}{p}\right)}\right)\mathrm{e}^{-\lambda_1 t}\|\varphi\|_{L^q(\Omega)}, \quad \forall t>0,$
其中 $1 \leqslant q \leqslant p \leqslant \infty$.

(3) $$\|\nabla \mathrm{e}^{t\Delta}\varphi\|_{L^p(\Omega)} \leqslant C\mathrm{e}^{-\lambda_1 t}\|\nabla\varphi\|_{L^p(\Omega)}, \quad \forall t>0,$$

其中 $2 \leqslant p < \infty, \varphi \in W^{1,p}(\Omega)$.

(4) $\|\mathrm{e}^{t\Delta}\operatorname{div}\varphi\|_{L^p(\Omega)} \leqslant C\left(1+t^{-\frac{1}{2}-\frac{n}{2}\left(\frac{1}{q}-\frac{1}{p}\right)}\right)\mathrm{e}^{-\lambda_1 t}\|\varphi\|_{L^q(\Omega)}, \quad \forall t>0,$
其中 $1 < q \leqslant p < \infty$ 并且 $\varphi \in (C_0^\infty(\Omega))^n$.

定理 6.2.5 (局部解) 令 $\theta > \max\{n,2\}$. 假设 $u_0 \in C(\overline{\Omega}), v_0 \in W^{1,\theta}(\Omega)$, 并且 $u_0 \geqslant 0, v_0 \geqslant 0$, 则方程组 (6.2.7)—(6.2.9) 存在唯一非负解 (u,v) 满足

$$u \in C(\overline{\Omega}\times[0,T_{\max}))\cap C^{2,1}(\overline{\Omega}\times(0,T_{\max})),$$
$$v \in C(\overline{\Omega}\times[0,T_{\max}))\cap C^{2,1}(\overline{\Omega}\times(0,T_{\max}))\cap L^\infty_{loc}([0,T_{\max}),W^{1,\theta}(\Omega)),$$

其中, $T_{\max}\in(0,\infty]$ 为最大存在时间, 并且若 $T_{\max}<\infty$, 则当 $t\to T_{\max}$ 时,

$$\|u(\cdot,t)\|_{L^\infty(\Omega)}+\|v(\cdot,t)\|_{W^{1,\theta}(\Omega)}\to\infty.$$

证明 首先证明存在性. 为此, 只需证明: $\forall R>0, \exists T=T(R)>0$, 使得若 $\|u_0\|_{L^\infty(\Omega)}\leqslant R$, $\|v_0\|_{W^{1,\theta}(\Omega)}\leqslant R$, 则方程组 (6.2.7)—(6.2.9) 在 $\Omega\times(0,T)$ 中存在经典解.

我们将利用巴拿赫压缩映射原理来证明存在性. 对充分小的 $T\in(0,1)$, 记空间 X 为

$$X=C([0,T];C(\overline{\Omega}))\times C([0,T];W^{1,\theta}(\Omega)).$$

集合 S 为

$$S=\left\{(u,v)\in X \,\middle|\, \|u\|_{L^\infty((0,T);L^\infty(\Omega))}\leqslant R+1,\quad \|v\|_{L^\infty((0,T);W^{1,\theta}(\Omega))}\leqslant kR+1\right\},$$

其中 $k>0$ 满足

$$\|\mathrm{e}^{t\Delta}\varphi\|_{W^{1,\theta}(\Omega)}\leqslant k\|\varphi\|_{W^{1,\theta}(\Omega)},\quad \forall t\in(0,1),\forall\varphi\in W^{1,\theta}(\Omega).$$

对 $(u,v)\in S, t\in[0,T]$, 记映射 Φ 为

$$\Phi(u,v)(t)=\begin{pmatrix}\Phi_1(u,v)(t)\\ \Phi_2(u,v)(t)\end{pmatrix}=\begin{pmatrix}\mathrm{e}^{t\Delta}u_0-\displaystyle\int_0^t \mathrm{e}^{(t-s)\Delta}\nabla\cdot(u(s)\nabla v(s))\mathrm{d}s\\ \mathrm{e}^{t(\Delta-1)}v_0+\displaystyle\int_0^t \mathrm{e}^{(t-s)(\Delta-1)}u(s)\mathrm{d}s\end{pmatrix}.$$

由引理 6.2.2 容易证明若 $T\ll 1$, 则 Φ 是 S 上的压缩映射. 因此, Φ 存在不动点 (u,v). 进一步, 利用抛物型方程正则性理论可知, (u,v) 为方程组 (6.2.7)—(6.2.9) 的经典解.

接下来, 我们证明解的唯一性. 令 (u,v) 和 $(\bar u,\bar v)$ 均为方程组 (6.2.7)—(6.2.9) 在 $\Omega\times(0,T)$ 中的经典解. 固定 $T_1\in(0,T)$, 记 $w=u-\bar u, z=v-\bar v$, 则由能量估计易得

$$\frac{1}{2}\frac{\mathrm{d}}{\mathrm{d}t}\int_\Omega w^2+\int_\Omega|\nabla w|^2=\int_\Omega w\nabla v\cdot\nabla w+\int_\Omega \bar u\nabla w\nabla z,$$
$$\frac{1}{2}\frac{\mathrm{d}}{\mathrm{d}t}\int_\Omega|\nabla z|^2+\int_\Omega|\Delta z|^2+\int_\Omega|\nabla z|^2=-\int_\Omega w\Delta z.$$

注意到 $\theta>\max\{n,2\}$, 由赫尔德不等式和伽格利亚多–尼伦伯格(Gagliardo-Nirenberg) 不等式可得

$$\int_\Omega w\nabla v\nabla w\leqslant C(T_1)\|w\|_{L^2}^{1-a}\|\nabla w\|_{L^2}^{1+a}\leqslant\frac{1}{2}\int_\Omega|\nabla w|^2+C(T_1)\int_\Omega w^2,$$

其中 $a=\dfrac{n}{\theta}\in(0,1)$. 类似地,

$$\int_\Omega \bar u\nabla w\nabla z\leqslant\frac{1}{2}\int_\Omega|\nabla w|^2+C(T_1)\int_\Omega|\nabla z|^2,$$
$$-\int_\Omega w\Delta z\leqslant\int_\Omega|\Delta z|^2+\frac{1}{4}\int_\Omega w^2,$$

从而

$$\frac{1}{2}\frac{\mathrm{d}}{\mathrm{d}t}\left(\int_\Omega w^2+\int_\Omega|\nabla z|^2\right)\leqslant C(T_1)\left(\int_\Omega w^2+\int_\Omega|\nabla z|^2\right),$$

由于 $w(\cdot,0)=z(\cdot,0)=0$, 利用格朗沃尔 (Gronwall) 不等式可知 $w\equiv 0$, $z\equiv 0$.

最后, 利用反证法的讨论, 容易证明, 若$T_{\max}<\infty$, 则当 $t\to T_{\max}$ 时,

$$\|u(\cdot,t)\|_{L^\infty(\Omega)}+\|v(\cdot,t)\|_{W^{1,\theta}(\Omega)}\to\infty.$$

我们接下来讨论整体解的适定性. 为此, 首先建立新的延拓准则.

引理 6.2.3 若 $p\geqslant 1, q\geqslant 2$ 满足 $q<\dfrac{np}{(n-p)_+}$, 则

$$\|\nabla v(t)\|_{L^q(\Omega)}\leqslant C\left(\|\nabla v_0\|_{L^q(\Omega)}+\sup_{t\in[0,T_{\max})}\|u(t)\|_{L^p(\Omega)}\right),\quad\forall t\in(0,T_{\max}).$$

证明 由 $\nabla v(t)=\nabla\mathrm{e}^{t(\Delta-1)}v_0+\displaystyle\int_0^t\nabla\mathrm{e}^{(t-s)(\Delta-1)}u(s)\mathrm{d}s$, 利用引理 6.2.2 的 (3) 可得

$$\|\nabla\mathrm{e}^{t(\Delta-1)}v_0\|_{L^q(\Omega)}=\mathrm{e}^{-t}\|\nabla\mathrm{e}^{t\Delta}v_0\|_{L^q}\leqslant C\|\nabla v_0\|_{L^q(\Omega)}.$$

令 $M=\sup\limits_{t\in[0,T_{\max})}\|u(t)\|_{L^p(\Omega)}$, 由引理 6.2.2 的 (2) 可得

$$\begin{aligned}I=\left\|\int_0^t\nabla\mathrm{e}^{(t-s)(\Delta-1)}u(s)\mathrm{d}s\right\|_{L^q}&\leqslant CM\int_0^t\mathrm{e}^{-(t-s)}\left(1+(t-s)^{-\frac{1}{2}-\frac{n}{2}\left(\frac{1}{p}-\frac{1}{q}\right)_+}\right)\mathrm{d}s\\&\leqslant CM\int_0^\infty\mathrm{e}^{-\sigma}\left(1+\sigma^{-\frac{1}{2}-\frac{n}{2}\left(\frac{1}{p}-\frac{1}{q}\right)_+}\right)\mathrm{d}\sigma.\end{aligned}$$

由 $q<\dfrac{np}{(n-p)_+}$, 从而 $\beta=\dfrac{1}{2}+\dfrac{n}{2}\left(\dfrac{1}{p}-\dfrac{1}{q}\right)_+<1$, 于是 $I\leqslant CM\displaystyle\int_0^\infty\mathrm{e}^{-\sigma}(1+\sigma^{-\beta})\mathrm{d}\sigma<\infty$. 证毕.

引理 6.2.4 (延拓准则) 若 $p\geqslant 1$ 满足 $p>\dfrac{n}{2}$, 并且

$$\sup_{t\in[0,T_{\max})}\|u(t)\|_{L^p(\Omega)}<\infty,$$

则 $T_{\max}=\infty$, 并且

$$\sup_{t\in[0,\infty)}(\|u(t)\|_{L^\infty}+\|v(t)\|_{L^\infty})<\infty.$$

证明 由 $p>\dfrac{n}{2}$ 可知,

$$\frac{np}{(n-p)_+}\begin{cases}=\infty, & p\geqslant n,\\ >n, & p<n.\end{cases}$$

于是, 固定 $r\in\mathbb{R}$ 使得 $n<r<\dfrac{np}{(n-p)_+}$ 并且选取 $\chi>1$ 满足 $2\leqslant r\cdot\chi<\dfrac{np}{(n-p)_+}$. 进一步, 由 $r>n$, 可以选取 $\alpha\in\left(\dfrac{n}{2r},\dfrac{1}{2}\right)$ 使得 $2\alpha-\dfrac{n}{r}>0$.

现在, 对固定的 $T\in[0,T_{\max})$, 定义 $M(T)=\sup\limits_{t\in(0,T)}\|u(t)\|_{L^\infty(\Omega)}$, 则 $M(T)<\infty$, 我们下面估计 $M(T)$. 由

$$u(t)=\mathrm{e}^{t\Delta}u_0-\int_0^t\mathrm{e}^{(t-s)\Delta}\nabla\cdot(u\nabla v)\mathrm{d}s,\quad t\in(0,T).$$

利用引理 6.2.2 的 (2) 可得

$$\begin{aligned}\|u(t)\|_{L^\infty}&\leqslant\|\mathrm{e}^{t\Delta}u_0\|_{L^\infty}+\int_0^t\left\|\mathrm{e}^{(t-s)\Delta}\nabla\cdot(u\nabla v)\right\|_{L^\infty}\mathrm{d}s\\&\leqslant C+C\int_0^t\mathrm{e}^{\frac{t-s}{4}\lambda_1}\left(\frac{t-s}{2}\right)^{-\alpha}\left\|\mathrm{e}^{\frac{t-s}{2}\Delta}\nabla\cdot(u\nabla v)\right\|_{L^r}\mathrm{d}s\\&\leqslant C+C\int_0^t\mathrm{e}^{-\frac{t-s}{4}\lambda_1}\left((t-s)^{-\alpha}+(t-s)^{-\alpha-\frac{1}{2}}\|u\nabla v\|_{L^r}\right)\mathrm{d}s.\end{aligned}\tag{6.2.10}$$

由赫尔德不等式可知

$$\|u\nabla v\|_{L^r}\leqslant\|u\|_{L^{r\cdot\chi'}}\cdot\|\nabla v\|_{L^{r\chi}},$$

其中 $\dfrac{1}{\chi'}+\dfrac{1}{\chi}=1$, 以及

$$\|u\|_{L^{r\cdot\chi'}}\leqslant\|u\|_{L^\infty}^{\beta}\cdot\|u\|_{L^1}^{1-\beta}\leqslant C\|u\|_{L^\infty}^{\beta}\leqslant CM^{\beta}(T),\quad\forall s\in(0,T),$$

其中 $\beta=1-\dfrac{1}{r\chi'}\in(0,1)$. 由 $r\chi<\dfrac{np}{(n-p)_+}$ 及引理 6.2.3 可知

$$\|\nabla v\|_{L^{r\chi}} \leqslant C\big(\|\nabla v_0\|_{L^{\theta}(\Omega)} + \sup_{t\in[0,T_{\max})} \|u(t)\|_{L^p}\big) \leqslant C, \quad \forall s \in (0,T).$$

于是

$$\|u\nabla v\|_{L^r} \leqslant CM^{\beta}(T), \quad \forall s \in (0,T).$$

因此, 由 $\alpha + \dfrac{1}{2} < 1$ 及 (6.2.10) 式得

$$\begin{aligned}\|u(t)\|_{L^\infty} &\leqslant C\left(1 + M^{\beta}(T)\int_0^t (t-s)^{-\alpha-\frac{1}{2}}\mathrm{e}^{-\frac{t-s}{4}\lambda_1}\mathrm{d}s\right)\\ &\leqslant C(1+M^{\beta}(T)), \quad \forall t \in (0,T).\end{aligned}$$

从而, 由 $M(T)$ 的定义可得

$$M(T) \leqslant C(1+M^{\beta}(T)).$$

由于 $\beta < 1$, C 不依赖于 T, 由上述不等式可知

$$M(T) \leqslant C.$$

因此,

$$\|u(t)\|_{L^\infty(\Omega)} \leqslant C, \quad \forall t \in [0,T_{\max}).$$

结合引理 6.2.3 和引理 6.2.2 的 (2) 即得所要的估计. 证毕.

利用引理 6.2.4 以及质量守恒 $\displaystyle\int_\Omega u(x,t)\mathrm{d}x = \int_\Omega u_0$, $\forall t > 0$, 并注意到当 $n = 1$ 时, $1 > \dfrac{n}{2}$, 容易得到一维情形的整体解.

定理 6.2.6 (一维整体解) 若 $n = 1$, 则方程组 (6.2.7)—(6.2.9) 的解 (u,v) 是整体解, 并且全局有界.

我们接下来讨论 $n = 2$ 的情形, 此时方程组 (6.2.7)—(6.2.9) 具有临界质量现象.

定理 6.2.7 (二维整体解) 若 Ω 充分光滑, $n = 2$, 并且 $\displaystyle\int_\Omega u_0\mathrm{d}x < 4\pi$, 则 (u,v) 是整体光滑解并且全局有界.

为了证明定理 6.2.7, 我们需要以下系列先验估计. 首先, 由能量估计

容易得到下面能量不等式.

引理 6.2.5 (u,v) 满足

$$\frac{\mathrm{d}}{\mathrm{d}t}F(u(t),v(t)) = -D(u(t),v(t)) \leqslant 0, \quad \forall t \in [0,T_{\max}),$$

其中

$$F(u(t),v(t)) = \frac{1}{2}\int_\Omega |\nabla v|^2 + \frac{1}{2}\int_\Omega v^2 - \int_\Omega uv + \int_\Omega u\ln u,$$

$$D(u(t),v(t)) = \int_\Omega v_t^2 + \int_\Omega \left|\frac{\nabla u}{\sqrt{u}} - \sqrt{u}\nabla v\right|^2.$$

我们还需要下面著名的莫泽–特鲁林格 (Moser-Trudinger) 不等式.

引理 6.2.6 (莫泽–特鲁林格) 若$\Omega\subset\mathbb{R}^2$为有界区域, 边界光滑, 则

$$\int_\Omega \mathrm{e}^{|\varphi|} \leqslant C\mathrm{e}^{\frac{1}{8\pi}\int_\Omega |\nabla\varphi|^2 + \frac{1}{|\Omega|}\int_\Omega |\varphi|}, \quad \forall\varphi \in H^1(\Omega).$$

我们接下来估计熵 $\displaystyle\int_\Omega u\ln u$.

引理 6.2.7 若 $\displaystyle\int_\Omega u_0 < 4\pi$, 则 $\displaystyle\int_\Omega u\ln u \leqslant C, |F(u,v)| \leqslant C, \forall t \in [0,T_{\max})$.

证明 记 $m = \displaystyle\int_\Omega u_0 \mathrm{d}x$.

第 1 步: 存在常数 $C_1 > 0, C_2 > 0$, 使得

$$F(u,v) \geqslant C_1\int_\Omega uv - C_2, \quad \forall t \in [0,T_{\max}).$$

由 $m < 4\pi$, 存在 $\delta \in (0,1)$, 使得

$$\frac{(1+\delta)^2 m}{8\pi} \leqslant \frac{1}{2}. \tag{6.2.11}$$

由詹森 (Jensen) 不等式

$$\begin{aligned} -\ln\left(\frac{1}{m}\int_\Omega \mathrm{e}^{(1+\delta)v}\right) &= -\ln\int_\Omega \frac{\mathrm{e}^{(1+\delta)v}}{u}\cdot\frac{u}{m} \\ &\leqslant \int_\Omega \left(-\ln\frac{\mathrm{e}^{(1+\delta)v}}{u}\right)\cdot\frac{u}{m} \end{aligned}$$

$$= -\frac{1+\delta}{m}\int_\Omega uv + \frac{1}{m}\int_\Omega u\ln u.$$

于是

$$\begin{aligned}-\int_\Omega uv + \int_\Omega u\ln u &\geqslant -\int_\Omega uv + (1+\delta)\int_\Omega uv - m\ln\left(\frac{1}{m}\int_\Omega \mathrm{e}^{(1+\delta)v}\right)\\ &= \delta\int_\Omega uv + m\ln m - m\ln\left(\int_\Omega \mathrm{e}^{(1+\delta)v}\right).\end{aligned}$$

由莫泽–特鲁林格不等式

$$\begin{aligned}\ln\left(\int_\Omega \mathrm{e}^{(1+\delta)v}\right) &\leqslant \ln C + \frac{1}{8\pi}\int_\Omega |\nabla(1+\delta)v|^2 + \frac{1}{|\Omega|}\int_\Omega (1+\delta)v\\ &= \ln C + \frac{(1+\delta)^2}{8\pi}\int_\Omega |\nabla v|^2 + \frac{1+\delta}{|\Omega|}\int_\Omega v\\ &\leqslant C_1 + \frac{(1+\delta)^2}{8\pi}\int_\Omega |\nabla v|^2.\end{aligned}$$

结合 (6.2.11) 式可得

$$\begin{aligned}F(u,v) &= \frac{1}{2}\int_\Omega |\nabla v|^2 + \frac{1}{2}\int_\Omega v^2 - \int_\Omega uv + \int_\Omega u\ln u\\ &\geqslant \frac{1}{2}\int_\Omega |\nabla v|^2 + \delta\int_\Omega uv - \frac{(1+\delta)^2}{8\pi}m\int_\Omega |\nabla v|^2 - C_1\\ &\geqslant \delta\int_\Omega uv - C_1.\end{aligned}$$

第 2 步: 存在常数 $C_3 > 0$, 使得 $\int_\Omega u\ln u \leqslant C_3, \forall t > 0$.

由第 1 步及能量不等式可得

$$C_1\int_\Omega uv \leqslant F(u,v) + C_2 \leqslant F(u_0,v_0) + C_2, \quad \forall t > 0.$$

因此

$$\int_\Omega uv \leqslant C_1, \quad \forall t > 0.$$

进一步,

$$\begin{aligned}\int_\Omega u\ln u &= F(u,v)-\frac{1}{2}\int_\Omega |\nabla v|^2-\frac{1}{2}\int_\Omega v^2+\int_\Omega uv\\ &\leqslant F(u_0,v_0)+C_1\\ &\leqslant C_3.\end{aligned}$$

证毕.

要得到整体解, 我们还需要伽格利亚多–尼伦伯格不等式.

引理 6.2.8　$\forall \varphi\in C_0^\infty(\Omega)$, $p>1$,

$$\|\varphi\|^p_{L^p(\Omega)}\leqslant C_1\|\nabla\varphi\|^{p-1}_{L^2(\Omega)}\|\varphi\|_{L^1(\Omega)}+C_1\|\varphi\|^p_{L^1(\Omega)}.$$

进一步, $\exists C_1>0$, $\forall\varepsilon>0$, $\exists C_1(\varepsilon)>0$, 使得

$$\|\varphi\|^p_{L^p(\Omega)}\leqslant \varepsilon\|\nabla\varphi\|^{p-1}_{L^2(\Omega)}\|\varphi\ln\varphi\|_{L^1(\Omega)}+C_1\|\varphi\|^p_{L^1(\Omega)}+C_1(\varepsilon).$$

引理 6.2.9　若 $\displaystyle\int_\Omega u_0<4\pi$, 则存在常数 $C_1>0$, 使得

$$\int_\Omega u^2\leqslant C_1,\quad \forall t\in[0,T_{\max}).$$

证明　对方程组 (6.2.7) 的第一个方程乘 u, 并分部积分得到

$$\begin{aligned}\frac{1}{2}\frac{\mathrm{d}}{\mathrm{d}t}\int_\Omega u^2+\int_\Omega|\nabla u|^2 &= -\int_\Omega u\nabla\cdot(u\nabla v)=\int_\Omega u\nabla u\nabla v=\frac{1}{2}\int_\Omega\nabla u^2\nabla v\\ &=-\frac{1}{2}\int_\Omega u^2\Delta v=-\frac{1}{2}\int_\Omega u^2(v_t+v-u)\\ &\leqslant -\frac{1}{2}\int_\Omega u^2v_t+\frac{1}{2}\int_\Omega u^3.\end{aligned}$$

由柯西–施瓦茨不等式,

$$-\frac{1}{2}\int_\Omega u^2v_t\leqslant\frac{1}{2}\|u^2\|_{L^2}\|v_t\|_{L^2}=\frac{1}{2}\|u\|^2_{L^4}\|v_t\|_{L^2}.$$

利用伽格利亚多–尼伦伯格不等式,

$$\begin{aligned}\|u\|^2_{L^4}&\leqslant\left(C_1\|\nabla u\|^{\frac{1}{2}}_{L^2}\|u\|^{\frac{1}{2}}_{L^2}+C_1\|u\|_{L^2}\right)^2\\ &\leqslant C_1\|\nabla u\|_{L^2}\|u\|_{L^2}+C_1\|u\|^2_{L^2}.\end{aligned}$$

于是, 由杨 (Young) 不等式可得

$$\begin{aligned}-\frac{1}{2}\int_\Omega u^2 v_t &\leqslant C_1\|\nabla u\|_{L^2}\|u\|_{L^2}\|v_t\|_{L^2}+C_1\|u\|_{L^2}^2\|v_t\|_{L^2}\\&\leqslant \frac{1}{4}\|\nabla u\|_{L^2}^2+C\|u\|_{L^2}^2\|v_t\|_{L^2}^2+\delta\|u\|_{L^2}^2,\end{aligned}$$

其中 δ 待定. 并且, 由引理 6.2.7 可知

$$\int_\Omega u\ln u\leqslant C.$$

于是, 再次利用伽格利亚多–尼伦伯格不等式得到

$$\begin{aligned}\frac{1}{2}\int_\Omega u^3 &\leqslant \varepsilon\|\nabla u\|_{L^2}^2\|u\ln u\|_{L^1}+C_1\|u\|_{L^1}^3+C_1(\varepsilon)\\&\leqslant \frac{1}{4}\|\nabla u\|_{L^2}^2+C_1,\end{aligned}$$

从而

$$\frac{1}{2}\frac{\mathrm{d}}{\mathrm{d}t}\int_\Omega u^2+\frac{1}{2}\int_\Omega|\nabla u|^2\leqslant C_1\|v_t\|_{L^2}^2\|u\|_{L^2}^2+\delta\|u\|_{L^2}^2+C_1,\quad \forall t\in[0,T_{\max}).$$

注意到, 由庞加莱不等式得

$$\|u\|_{L^2}^2\leqslant C\int_\Omega|\nabla u|^2+C\left(\int_\Omega u\right)^2\leqslant C\int_\Omega|\nabla u|^2+C,$$

从而, 当 δ 充分小时, 成立

$$\frac{\mathrm{d}}{\mathrm{d}t}\int_\Omega u^2\leqslant (C_1\|v_t\|_{L^2}^2-C_2)\int_\Omega u^2+C_1.$$

记 $Y(t)=\displaystyle\int_\Omega u^2(t)$, $f(t)=C_1\|v_t\|_{L^2}^2$, 则

$$Y'(t)\leqslant (f(t)-C_2)Y(t)+C_1.$$

积分可得

$$Y(t)\leqslant Y(0)\mathrm{e}^{\int_0^t(f(s)-C_2)\mathrm{d}s}+C_1\int_0^t \mathrm{e}^{\int_s^t(f(\sigma)-C_2)\mathrm{d}\sigma}\mathrm{d}s.$$

同时, 由引理 6.2.7 可知 $|F(u,v)|\leqslant C$, 从而

$$\int_0^t\int_\Omega v_t^2\leqslant F(u_0,v_0)-F(u,v)\leqslant C_2.$$

于是

$$\int_s^t f(\sigma)\mathrm{d}\sigma \leqslant C, \quad \forall 0 \leqslant s < t < T_{\max}.$$

从而

$$\begin{aligned} Y(t) &\leqslant \int_\Omega u_0^2 \cdot \mathrm{e}^{C-C_2 t} + C_1 \int_0^t \mathrm{e}^{C-C_2(t-s)}\mathrm{d}s \\ &\leqslant \int_\Omega u_0^2 \cdot \mathrm{e}^C + C. \end{aligned}$$

证毕.

综上, 由引理 6.2.9 及引理 6.2.4 立即得到定理 6.2.7 的结论.

注 6.2.1　4π 是临界质量. 事实上, 可以证明[23] 若 $m > 4\pi$, 则存在初始值 (u_0, v_0) 满足 $\displaystyle\int_\Omega u_0 = m$, 并且所对应的解在有限时刻或无限时刻爆破. 特别地, 如果方程组 (6.2.7) 简化为

$$\begin{cases} u_t = \Delta u - \nabla \cdot (u \nabla v), \\ 0 = \Delta v - v + u, \end{cases}$$

那么当 $m > 4\pi$ 时, 存在初始值 (u_0, v_0) 满足 $\displaystyle\int_\Omega u_0 = m$, 并且所对应的解在有限时刻爆破.

6.3　其他问题

我们继续讨论一些其他形式的重要的生物偏微分方程模型.

1. 动力学模型

一些生物实验观察到大肠杆菌在沿着直线游动过程中, 会突然改变方向而快速游向营养物质. 这一生物现象可以由下面的动力学模型来描述:

$$\begin{cases}\dfrac{\partial}{\partial t}f(t,x,v)+v\cdot\nabla_x f=\displaystyle\int_{\Omega}(T[S](v',v)f'-T[S](v,v')f)\,\mathrm{d}v',\\ -\Delta S+S=\rho(x,t)=\displaystyle\int_{\Omega}f(t,x,v)\mathrm{d}v,\\ f(0,x,v)=f_0(x,v).\end{cases}\tag{6.3.1}$$

这里 $f(t,x,v)$ 表示以速度 v 游动的细菌的密度分布, Ω 为细菌改变方向时所有可能速度的集合 (通常为球或球面), $T[S](v',v)$ 为翻转核, 表示细菌受营养物质 S 吸引从速度 v' 转变为速度 v 的比率. 例如, 可以取

$$T[S](v',v)=K_-S(x-\varepsilon v')+K_+S(x+\varepsilon v).$$

这样的翻转核表明翻转率随着营养物质浓度 S 的增加而增加. 参数 ε 表示细菌对营养物质刺激反应的时滞时间. 当假设翻转核满足某些结构条件时, 数学家马尔科维奇 (P. Markowich) 及泼赛姆 (Perthame) 等人[8] 建立了动力学模型 (6.3.1) 整体解的适定性, 并讨论了模型的漂移——扩散极限, 在 1 维情形, 证明了动力学模型 (6.3.1) 的解收敛到凯勒–西格尔模型的解. 关于动力学趋化模型的进展, 可以参考文献 [35].

2. 洛特卡–沃尔泰拉模型

空间生态学的一个重要问题是研究非均匀空间环境对物种入侵和竞争的影响. 首先考虑均匀环境下的洛特卡–沃尔泰拉模型:

$$\begin{cases}u_t=d_1\Delta u+u(a_1-b_1u-c_1v), & (x,t)\in\Omega\times(0,\infty),\\ v_t=d_2\Delta v+v(a_2-b_2u-c_2v), & (x,t)\in\Omega\times(0,\infty),\\ \dfrac{\partial u}{\partial\nu}=\dfrac{\partial v}{\partial\nu}=0, & (x,t)\in\Omega\times(0,\infty),\\ u(x,0)=u_0(x),\quad v(x,0)=v_0(x), & x\in\Omega.\end{cases}\tag{6.3.2}$$

这里 $u(x,t)$ 和 $v(x,t)$ 分别代表两个竞争物种的密度, d_1 和 d_2 是它们的扩散系数, a_1 和 a_2 是两个物种的生长率, b_1 和 c_2 是同个物种间的竞争强度, b_2 和 c_1 是不同物种间的竞争强度, $a_i,b_i,c_i,d_i,i=1,2$ 均为正常

数, 表示环境是均匀的.

易见, 若系数满足弱竞争关系

$$\frac{b_1}{b_2} > \frac{a_1}{a_2} > \frac{c_1}{c_2}, \tag{6.3.3}$$

则模型 (6.3.2) 具有唯一正平衡解 (u^*, v^*), 满足

$$u^* = \frac{a_1c_2 - a_2c_1}{b_1c_2 - b_2c_1}, \quad v^* = \frac{a_2b_1 - a_1b_2}{b_1c_2 - b_2c_1}.$$

通过构造李雅普诺夫 (Lyapunov) 函数可以证明: 若 (6.3.3) 式成立, 则 (u^*, v^*) 是全局渐近稳定的. 也就是说, 空间均匀环境下, 两物种在弱竞争关系时, 不管初始状态如何, 二者均共存. 这一事实表明, 在均匀环境中, 该模型的种群动力学行为相对清晰. 但是, 在非均匀空间环境下, 洛特卡–沃尔泰拉模型的动力学行为将异常复杂. 事实上, 考虑如下简化的竞争模型

$$\begin{cases} u_t = d_1\Delta u + u(m(x) - u - v), & (x,t) \in \Omega \times (0,\infty), \\ v_t = d_2\Delta v + v(m(x) - u - v), & (x,t) \in \Omega \times (0,\infty), \\ \dfrac{\partial u}{\partial \nu} = \dfrac{\partial v}{\partial \nu} = 0, & (x,t) \in \Omega \times (0,\infty), \\ u(x,0) = u_0(x), \quad v(x,0) = v_0(x), \quad x \in \Omega, \end{cases} \tag{6.3.4}$$

这里 $m(x)$ 表示两个物种共有的资源分布, $m(x)$ 不为常值. Dockery 等人 [15] 证明了一个惊奇的结果: 若 $d_1 < d_2$, 则 $(u^*, 0)$ 是全局渐近稳定的. 这里 $(u^*, 0)$ 是模型 (6.3.4) 的一个半平凡平衡解, 即 u^* 满足方程

$$\begin{cases} d_1\Delta u^* + u^*(m(x) - u^*) = 0, & x \in \Omega, \\ \dfrac{\partial u^*}{\partial \nu} = 0, & x \in \partial\Omega. \end{cases}$$

也就是说, 不管初始状态如何, 扩散慢的物种将赢得竞争.

但是，在非均匀环境中, 一个更合理的模型应当同时考虑物种的自由扩散和对流的影响. 为此, 生物数学家坎特雷尔 (Cantrell), 科斯纳 (Cosner) 和楼元 [6] 提出了以下竞争模型

$$
\begin{cases}
u_t = \nabla \cdot \left[d_1 \nabla u - \alpha u \nabla m\right] + u(m(x) - u - v), & (x,t) \in \Omega \times (0,\infty), \\
v_t = d_2 \Delta v + v(m(x) - u - v), & (x,t) \in \Omega \times (0,\infty), \\
d_1 \dfrac{\partial u}{\partial \nu} - \alpha u \dfrac{\partial m}{\partial \nu} = \dfrac{\partial v}{\partial \nu} = 0, & (x,t) \in \Omega \times (0,\infty), \\
u(x,0) = u_0(x), \quad v(x,0) = v_0(x), & x \in \Omega.
\end{cases}
$$

坎特雷尔等人[7] 的结果表明, 在凸区域, 少许对流对物种竞争有利, 而在非凸区域, 少许对流有时对物种竞争不利. 但是, 当物种 u 的对流系数 α 很大时, 两个物种将共存. 可见, 两个物种可以使用不同的扩散和对流策略达到共存, 从而为生物多样性的研究提供了一个新的数学模型. 更多关于竞争和共存策略的生物数学模型, 请参考文献 [31].

第七章 几何偏微分方程

几何分析是现代数学的一个重要研究分支, 近五十年来取得了辉煌的成就. 通俗地来讲, 几何分析包括偏微分方程理论在几何学中的应用, 以及在偏微分方程研究中所使用的几何方法 (也称为“几何 PDE”). 几何分析主要涉及微分几何、偏微分方程、分析数学、拓扑学等领域的交叉和应用. 研究内容涉及曲线和曲面, 或任意维黎曼流形. 由于变分原理所产生的微分方程具有很强的几何含义, 变分法也属于几何分析的一部分. 几何分析还包括整体分析, 涉及流形上的微分方程以及微分方程与拓扑之间的关系.

丘成桐最早将偏微分方程理论深入地引入到几何学的研究中, 解决了著名的正质量猜想和卡拉比猜想. 几何分析研究领域中最重要的当属调和映射理论, 以及几何流, 包括里奇 (Ricci) 流、平均曲率流等. 调和映射理论是整体微分几何的核心课题之一, 它在几何拓扑和理论物理中有广泛而重要的应用. 几何流是现代微分几何研究中一个富有成果和激动人心的领域. 通常来说, 它是指流形沿着某个几何量进行演化. 根据几何量的不同, 可以分成内蕴几何流和外蕴几何流. 最著名的例子是内蕴的里奇流和外蕴的平均曲率流. 众所周知, 利用里奇流的方法, 俄罗斯数学家佩雷尔曼 (G. Perelman) 解决了微分拓扑领域最重要的问题——庞加莱猜想.

本章内容对调和映射、里奇流等方面给出一些简要介绍, 从而让读者了解偏微分方程在几何学中的重要应用.

7.1 调和映射

假设 M 是一个 n 维黎曼流形 (带边或者不带边) 并具有一个黎曼度量 g. 对于一个给定点 $p \in M$, 在局部坐标系下 g 可以表示为

$$g = g_{ij}\mathrm{d}x_i \otimes \mathrm{d}x_j,$$

其中 g_{ij} 是一个正定对称的 n 阶方阵. 令 $g^{ij}=(g_{ij})^{-1}$ 是矩阵 g_{ij} 的逆矩阵, (M,g) 的体积元素为

$$\mathrm{d}v_g=\sqrt{|g|}\mathrm{d}x,$$

其中 $|g|=\det(g_{ij})$.

令 (N,h) 为另一个 m 维紧致无边黎曼流形 (可以等距嵌入到 $\mathbb{R}^k$ 中), 并具有一个光滑的黎曼度量 h.

对于一个映射 $u\colon M\to N$, 其狄利克雷能量泛函定义为

$$E(u)=\int_M e(u)\mathrm{d}v_g,$$

其中密度函数 $e(u)$ 为

$$e(u)(x)=\frac{1}{2}|\nabla u(x)|^2=\frac{1}{2}\sum_{\alpha,\beta,i,j}g^{ij}(x)h_{\alpha\beta}(u(x))\frac{\partial u^\alpha}{\partial u_i}\frac{\partial u^\beta}{\partial u_j}.$$

一个从 M 到 N 的光滑映射 u, 如果是狄利克雷能量泛函 $E(u)$ 的临界点, 即满足

$$\Delta_M u+A(u)(\nabla u,\nabla u)=0,$$

其中 Δ_M 是 M 上关于度量 g 的拉普拉斯算子, A 是 N 的第二基本形式, 就称 u 为从 M 到 N 的调和映射.

下面推导调和映射方程.

在局部坐标系下, 度量 $g_{ij}=\left\langle\frac{\partial}{\partial x_i},\frac{\partial}{\partial x_j}\right\rangle$, 其中 $\langle\ ,\ \rangle$ 表示自然度量. M 上的黎曼联络 ∇ 满足相容性条件

$$X\langle Y,Z\rangle=\langle\nabla_X Y,Z\rangle+\langle Y,\nabla_X Z\rangle.$$

克里斯托费尔 (Christoffel) 符号 Γ_{ij}^k 定义为

$$\nabla_{\frac{\partial}{\partial x_i}}\frac{\partial}{\partial x_j}=\Gamma_{ij}^k\frac{\partial}{\partial x_k}.$$

可以进一步表示为

$$\Gamma_{ij}^k=\frac{1}{2}g^{kl}\left(\frac{\partial}{\partial x_i}g_{lj}+\frac{\partial}{\partial x_j}g_{il}-\frac{\partial}{\partial x_l}g_{ij}\right).$$

令 $u=(u^1,u^2,\cdots,u^n)$ 是 M 到 N 的光滑映射. 从内蕴的角度,

$$\mathrm{d}u=\frac{\partial u^\alpha}{\partial x^i}\mathrm{d}x^i\otimes\frac{\partial}{\partial u^\alpha}.$$

因此, 能量密度为

$$e(u)=\frac{1}{2}\langle\mathrm{d}u,\mathrm{d}u\rangle_{T^*M\otimes u^{-1}(TN)}=\frac{1}{2}g^{ij}h_{\alpha\beta}(u)\frac{\partial u^\alpha}{\partial x^i}\frac{\partial u^\beta}{\partial x^j}.$$

从而, u 的能量定义为

$$E(u)=\int_M e(u)\mathrm{d}v_g.$$

假设 u 是 $E(u)$ 的一个临界点. 对于任意的变分 $\varphi\in C_0^\infty(M)$ 有

$$\frac{\mathrm{d}}{\mathrm{d}t}E(u+\varphi t)\Big|_{t=0}=0.$$

因此

$$\begin{aligned}0=&\int_M\left(g^{ij}h_{\alpha\beta}\frac{\partial u^\alpha}{\partial x^i}\frac{\partial\varphi^\beta}{\partial x^j}+\frac{1}{2}g^{ij}h_{\alpha\beta,u^\sigma}\varphi^\sigma\frac{\partial u^\alpha}{\partial x^i}\frac{\partial u^\beta}{\partial x^j}\right)\sqrt{|g|}\mathrm{d}x\\=&-\int_M\frac{\partial}{\partial x^j}\left(\sqrt{|g|}g^{ij}\frac{\partial u^\alpha}{\partial x^i}\right)h_{\alpha\beta}\varphi^\beta\mathrm{d}x-\int_M g^{ij}\frac{\partial u^\alpha}{\partial x^i}\frac{\partial u^\sigma}{\partial x^j}h_{\alpha\beta,u^\sigma}\varphi^\beta\sqrt{|g|}\mathrm{d}x+\\&\int_M\frac{1}{2}g^{ij}h_{\alpha\beta,u^\sigma}\varphi^\sigma\frac{\partial u^\alpha}{\partial x^i}\frac{\partial u^\beta}{\partial x^j}\sqrt{|g|}\mathrm{d}x.\end{aligned}$$

令 $\eta^\alpha=h_{\alpha\beta}\varphi^\beta$, 即 $\varphi^\beta=h^{\gamma\beta}\eta^\gamma$, 则由

$$\begin{aligned}0=&-\int_M\frac{\partial}{\partial x^j}\left(\sqrt{|g|}g^{ij}\frac{\partial u^\gamma}{\partial x^i}\right)\eta^\gamma\mathrm{d}x-\\&\frac{1}{2}\int_M g^{ij}h^{\gamma\sigma}(h_{\alpha\sigma,u^\beta}+h_{\sigma\beta,u^\alpha}-h_{\alpha\beta,u^\sigma})\frac{\partial u^\alpha}{\partial x^i}\frac{\partial u^\beta}{\partial x^j}\eta^\gamma\sqrt{|g|}\mathrm{d}x\end{aligned}\tag{7.1.1}$$

推出

$$\Delta_M u=\frac{1}{\sqrt{|g|}}\frac{\partial}{\partial x^i}\left(\sqrt{|g|}g^{ij}\frac{\partial u}{\partial x^i}\right)=-A(u)(\nabla u,\nabla u),$$

其中 $A(u)=(A^1,A^2,\cdots,A^m)$ 定义为

$$A^\gamma(u)(\nabla u,\nabla u)=g^{ij}\Gamma^\gamma_{\alpha\beta}\frac{\partial u^\alpha}{\partial x^i}\frac{\partial u^\beta}{\partial x^j}.$$

令 $\psi \in u^{-1}(TN)$ 为沿着 u 的向量场. 在局部坐标系下,

$$\psi(x) = \psi^\alpha(x)\frac{\partial}{\partial u^\alpha},$$

且

$$\begin{aligned}
\mathrm{d}\psi &= \nabla_{\frac{\partial}{\partial x^i}}\left(\psi^\alpha(x)\frac{\partial}{\partial u^\alpha}\right)\mathrm{d}x^i \\
&= \frac{\partial\psi^\alpha}{\partial x^i}\frac{\partial}{\partial u^\alpha}\otimes\mathrm{d}x^i + \psi^\alpha\Gamma^\gamma_{\alpha\beta}\frac{\partial u^\beta}{\partial x^i}\frac{\partial}{\partial u^\gamma}\otimes\mathrm{d}x^i, \quad \mathrm{d}\psi\in T^*M\otimes u^{-1}(TN).
\end{aligned}$$

则 ψ 诱导了 u 的一个变分:

$$u_t(x) = \exp_{u(x)}(t\psi(x)).$$

对于所有 ψ,

$$\begin{aligned}
0 = \frac{\mathrm{d}}{\mathrm{d}t}E(u_t)\Big|_{t=0} &= \int_M \langle \mathrm{d}u, \mathrm{d}\psi\rangle \\
&= \int_M \left\langle \mathrm{d}u, \nabla_{\frac{\partial}{\partial x^i}}\left(\psi^\alpha(x)\frac{\partial}{\partial u^\alpha}\right)\mathrm{d}x^i\right\rangle \\
&= -\int_M \left\langle \nabla_{\frac{\partial}{\partial x^i}}\mathrm{d}u, \psi^\alpha(x)\frac{\partial}{\partial u^\alpha}\mathrm{d}x^i\right\rangle \\
&= -\int_M \langle \mathrm{tr}\nabla\mathrm{d}u, \psi\rangle.
\end{aligned} \tag{7.1.2}$$

注意, 上面的式子用到

$$\nabla_{\frac{\partial}{\partial x^j}}\mathrm{d}x^i = -{}^M\Gamma^i_{kj}\mathrm{d}x^k, \quad \nabla_{\frac{\partial}{\partial u^\beta}}\frac{\partial}{\partial u^\alpha} = {}^N\Gamma^\sigma_{\alpha\beta}\frac{\partial}{\partial u^\sigma},$$

其中 ${}^M\Gamma^i_{kj}$ 表示 M 上的克里斯托菲尔符号. 且 $\nabla\mathrm{d}u = \nabla_{\frac{\partial}{\partial x_j}}(\mathrm{d}u)\mathrm{d}x^j$, 其中

$$\begin{aligned}
\nabla_{\frac{\partial}{\partial x_j}}(\mathrm{d}u) &= \nabla_{\frac{\partial}{\partial x_j}}\left(\frac{\partial u^\alpha}{\partial x^i}\mathrm{d}x^i\otimes\frac{\partial}{\partial u^\alpha}\right) \\
&= \frac{\partial^2 u^\alpha}{\partial x^i\partial x^j}\mathrm{d}x^i\otimes\frac{\partial}{\partial u^\alpha} - {}^M\Gamma^i_{lj}\frac{\partial u^\alpha}{\partial x^i}\mathrm{d}x^l\otimes\frac{\partial}{\partial u^\alpha} + \\
&\quad {}^N\Gamma^\sigma_{\alpha\beta}\frac{\partial u^\alpha}{\partial x^i}\frac{\partial u^\beta}{\partial x^j}\mathrm{d}x^i\otimes\frac{\partial}{\partial u^\alpha}.
\end{aligned}$$

综上, 得到

命题 7.1.1 调和映射方程为

$$\tau(u) \xlongequal{\text{def}} \mathrm{tr}\nabla \mathrm{d}u = 0,$$

其中 $\tau(u) = \tau^{\sigma}(u)\dfrac{\partial}{\partial u^{\sigma}}$ 满足

$$\tau^{\sigma}(u) = g^{ij}\left(\frac{\partial^2 u^{\alpha}}{\partial x^i \partial x^j} - {}^M\Gamma_{ij}^k \frac{\partial u^{\alpha}}{\partial x^i} + {}^N\Gamma_{\alpha\beta}^{\sigma}\frac{\partial u^{\alpha}}{\partial x^k}\frac{\partial u^{\beta}}{\partial x^j}\right).$$

7.2 热流方法

1964 年, 伊尔斯 (Eells) 和桑普森 (Sampson) 开创性地引入了调和映射热流, 建立了当目标流形的截面曲率为非正时的调和映射的存在性.

考虑演化方程

$$\begin{cases} \dfrac{\partial u}{\partial t} = \Delta_M u + A(u)(\nabla u, \nabla u), \\ u(x,0) = u_0. \end{cases} \tag{7.2.1}$$

称方程 (7.2.1) 为调和映射热流的方程.

引理 7.2.1 令 $0 < T < \infty$, 如果 $u(x,t)$ 是 $M \times (0,T)$ 调和映射热流 (7.2.1) 的一个解, 那么

$$E(u(\cdot,t)) + \int_0^t \int_M |\partial_t u|^2 \mathrm{d}v\mathrm{d}t = E(u_0), \quad \forall t \in (0,T).$$

证明 在式子 (7.1.2) 中取 $\psi = \dfrac{\partial u}{\partial t}$, 分部积分得到

$$\begin{aligned} \frac{\mathrm{d}}{\mathrm{d}t}E(u(\cdot,t)) &= \int_M \langle \nabla_{\partial t}\mathrm{d}u, \mathrm{d}u\rangle = \int_M \left\langle \mathrm{d}\frac{\partial u}{\partial t}, \mathrm{d}u\right\rangle \\ &= -\int_M \left\langle \tau(u), \frac{\partial u}{\partial t}\right\rangle = -\int_M \left|\frac{\partial u}{\partial t}\right|^2. \end{aligned}$$

令 R^M 和 R^N 分别表示流形 M 与 N 的黎曼曲率张量, Ric^M 表示 M 的里奇张量, K^N 表示 N 的截面曲率.

引理 7.2.2　设 $u(x,t)$ 是 $M\times(0,T)$ 上调和映射热流的一个解, 那么

$$(\partial_t-\Delta_M)e(u)=-|\nabla^2u|^2+\langle \mathrm{d}u\cdot \mathrm{Ric}^M(e_i),\mathrm{d}u\cdot e_i\rangle-\\ \langle R^N(\mathrm{d}u\cdot e_i,\mathrm{d}u\cdot e_j)\mathrm{d}u\cdot e_j,\mathrm{d}u\cdot e_i\rangle,$$

其中 $\{e_i\}$ 是点 x 处的一个正规标架. 特别地, 如果 $K^N\leqslant 0$, 那么

$$(\partial_t-\Delta_M)e(u)\leqslant Ce(u).$$

证明　在点 x 处引入法坐标系, 使得 $g_{ij}=\delta_{ij}$, $h_{\alpha\beta}(u(x))=\delta_{\alpha\beta}$ 以及所有 $\Gamma_{ij}^k=0$. 由于 u 是调和映射热流的一个解, 因此

$$\frac{\partial u^\sigma}{\partial t}=g^{ij}\frac{\partial^2u^\sigma}{\partial x^i\partial x^j}-g^{ij\,M}\Gamma_{ij}^k\frac{\partial u^\sigma}{\partial x^k}+g^{ij\,N}\Gamma_{\alpha\beta}^\sigma\frac{\partial u^\alpha}{\partial x^i}\frac{\partial u^\beta}{\partial x^j}.$$

关于 x^l 方向微分得

$$\frac{\partial^3u^\sigma}{\partial x^i\partial x^i\partial x^l}=\frac{\partial u_{x^l}^\sigma}{\partial t}+\frac12(g_{ik;x^ix^l}+g_{ik;x^ix^l}-g_{ii;x^kx^l})\frac{\partial u^\sigma}{\partial x^k}-\\ \frac12(h_{\alpha\sigma;u^\beta u^\gamma}+h_{\alpha\beta;u^\alpha u^\gamma}-h_{\alpha\beta;u^\sigma u^\gamma})\frac{\partial u^\alpha}{\partial x^i}\frac{\partial u^\beta}{\partial x^i}\frac{\partial u^\gamma}{\partial x^l}.$$

而且, 局部坐标系下

$$g_{x^kx^k}^{;ij}=-g_{ij;x^kx^k},$$

因此

$$\Delta_Mh_{\alpha\beta}(u(x))=h_{\alpha\beta;u^\sigma u^\gamma}u_{x^k}^\sigma u_{x^k}^\gamma.$$

合并上面的等式有

$$\begin{aligned}&(\Delta_M-\partial_t)\left(\frac12g^{ij}h_{\alpha\beta}u_{x^i}^\alpha u_{x^j}^\beta\right)\\ &=u_{x^ix^k}^\alpha u_{x^ix^k}^\alpha+u_{x^i}^\alpha(u_{x^ix^kx^k}^\alpha-\partial_tu_{x^i}^\alpha)+\frac12[g_{x^kx^k}^{;ij}u_{x^i}^\alpha u_{x^j}^\alpha+\Delta_Mh_{\alpha\beta}u_{x^i}^\alpha u_{x^j}^\beta]\\ &=|\nabla\mathrm{d}u|^2-\frac12(g_{ij;x^kx^k}+g_{kk;x^ix^j}-g_{kj;x^kx^i}-g_{kj;x^kx^i})u_{x^i}^\sigma u_{x^j}^\sigma+\\ &\quad\frac12(h_{\alpha\beta;u^\sigma u^\gamma}+h_{\sigma\gamma;u^\alpha u^\beta}-h_{\alpha\sigma;u^\beta u^\gamma}-h_{\beta\gamma;u^\alpha u^\sigma})u_{x^i}^\alpha u_{x^i}^\beta u_{x^k}^\sigma u_{x^k}^\gamma\\ &=|\nabla\mathrm{d}u|^2+\frac12R_{ij}^Mu_{x^i}^\sigma u_{x^j}^\sigma-\frac12R_{\alpha\sigma\beta\gamma}^Nu_{x^i}^\alpha u_{x^i}^\beta u_{x^k}^\sigma u_{x^k}^\gamma,\end{aligned}$$

其中 $R_{ij}^M = g^{kl}R_{ikjl}^M = R_{ikjk}^M$, 并且

$$R_{klij}^M = \frac{1}{2}(g_{jk;x^lx^i} + g_{lk;x^ix^j} - g_{jl;x^kx^i} - g_{ik;x^lx^j} - g_{lk;x^ix^j} + g_{il;x^kx^j})$$
$$= \frac{1}{2}(g_{jk;x^lx^i} + g_{il;x^kx^j} - g_{jl;x^kx^i} - g_{ik;x^lx^j}).$$

由于 $e_i = \dfrac{\partial}{\partial x_i}$ 是点 x 处的一组正交标架, 因此

$$\Delta_M e(u) - \frac{\partial}{\partial t}e(u) = |\nabla \mathrm{d}u|^2 + \frac{1}{2}\langle \mathrm{d}u \cdot \mathrm{Ric}^M(e_i), \mathrm{d}u \cdot e_i\rangle -$$
$$\frac{1}{2}\langle R^N(\mathrm{d}u \cdot e_i, \mathrm{d}u \cdot e_j)\mathrm{d}u \cdot e_j, \mathrm{d}u \cdot e_i\rangle.$$

如果 $K_N \leqslant 0$, 那么

$$\Delta e(u) - \frac{\partial}{\partial t}e(u) \geqslant -Ce(u).$$

从而引理 7.2.2 得证.

下面给出著名的莫泽–哈纳克 (Moser-Harnack) 估计:

引理 7.2.3 令 $f \in C^\infty(B_R(x_0) \times [t_0 - R^2, t_0])$ 为一个非负函数, 满足

$$(\partial_t - \Delta_M)f \leqslant Cf,$$

其中 C 是一个正常数, 则

$$f(x_0, t_0) \leqslant CR^{n+2}\int_{t_0-R^2}^{t_0}\int_{B_R(x_0)} f\mathrm{d}v_g\mathrm{d}t.$$

伊尔斯和桑普森证明了如下定理:

定理 7.2.1 设 M 和 N 为两个紧致无边的黎曼流形. 假设截面曲率 K^N 是非正的, $u_0 \in C^\infty(M, N)$ 为给定的映射, 则存在一个整体的光滑解 $u \in C^\infty(M \times [0, \infty])$ 使得具有初始值 u_0 的调和映射热流具有一个整体的光滑解. 当 $t \to \infty$ 时, $u(\cdot, t)$ 光滑趋于一个调和映射 u_∞.

证明 根据局部存在性, $M \times [0, T]$ 存在唯一的光滑解. 利用引理

7.2.2 和 7.2.3, 存在常数 C 使得 $|\nabla u|$ 在 $M \times [0,\infty]$ 中一致有界. 由 L^p 估计, 可以证明存在一个常数 $C = C(p, M, N)$ 使得

$$\|u\|_{W^{2,p}(B_R \times (T-R^2,T))} \leqslant C(p, M, N),$$

其中 $R > 0$. 由自助 (bootstrap) 方法, u 在 $M \times [0,\infty]$ 中光滑. 由能量不等式, 得到

$$\int_0^\infty \int_M |\partial_t u|^2 \leqslant E(u_0) < +\infty.$$

由调和映射热流, 存在一个序列 $t_k \to \infty$ 使得 $u_t(\cdot, t_k) \to 0$ 和 $u(\cdot, t_k) \to u_\infty$ 满足

$$\Delta_M u_\infty + A(u_\infty)(\nabla u_\infty, \nabla u_\infty) = 0.$$

证毕.

事实上, 哈特曼 (Hartman) 证明 u_∞ 是唯一的.

引理 7.2.4 令 $u(x,t,s)$ 是具有初值 $u(x,0,s) = g(x,s)$, $0 \leqslant s \leqslant s_0$ 的调和映射热流的一类光滑解. 假设 N 具有非正的截面曲率. 对于 $s \in [0, s_0]$,

$$\sup_{s\in[0,1]} \sup_{x\in M} \left(h_{\alpha\beta} \frac{\partial u^\alpha}{\partial s} \frac{\partial u^\beta}{\partial s} \right)$$

关于变量 t 非增.

证明 利用法坐标系, 计算

$$\left(\Delta - \frac{\partial}{\partial t}\right)\left(h_{\alpha\beta} \frac{\partial u^\alpha}{\partial s} \frac{\partial u^\beta}{\partial s}\right) = h_{\alpha\beta} \frac{\partial^2 u^\alpha}{\partial x^k \partial s} \frac{\partial^2 u^\beta}{\partial x^k \partial s} - \frac{1}{2} R^N_{\alpha\beta\sigma\gamma} u^\alpha_s u^\beta_{x^k} u^\sigma_s u^\gamma_{x^k}.$$

由于 $K^N \leqslant 0$,

$$\left(\Delta - \frac{\partial}{\partial t}\right)\left(h_{\alpha\beta} \frac{\partial u^\alpha}{\partial s} \frac{\partial u^\beta}{\partial s}\right) \geqslant 0.$$

因此, 由双曲方程的极大值原理即得引理的结果. 证毕.

假设 u_1 和 u_2 为 M 到 N 的光滑的同伦映射, $f: M \times [0,1] \to N$

是一个光滑的同伦映射, 满足 $f(x,0)=u_1(x)$ 和 $f(x,1)=u_2(x)$. 那么曲线 $f(x,\cdot)$ 连接 $u_1(x)$ 和 $u_2(x)$. 令 $g(x,\cdot)$ 是 $u_1(x)$ 和 $u_2(x)$ 之间的测地线, 并且选取弧长参数. 定义 $\tilde{d}(u_1(x),u_2(x))$ 为该测地线的弧长参数, 则有

引理 7.2.5 假设 N 具有非正的截面曲率, 令 $u(x,t,s)$ 是具有初始值 $u(x,0,s)=g(x,s)$, $0\leqslant s\leqslant 1$ 的调和映射热流的一类光滑解, 那么

$$\sup_{x\in M}\tilde{d}(u(x,t,0),u(x,t,1))$$

在区间 $[0,T]$ 上是非增的.

证明 根据构造, 在 $t=0$ 处,

$$\sup_{x\in M}\left(h_{\alpha\beta}\frac{\partial u^\alpha}{\partial s}\frac{\partial u^\beta}{\partial s}\right)=\sup_{x\in M}\left|\frac{\partial g}{\partial s}\right|^2=\sup_{x\in M}\tilde{d}^2(u(x,0,0),u(x,0,1)).$$

对于每个 $t\in[0,T]$,

$$\tilde{d}^2(u(x,t,0),u(x,t,1))\leqslant\sup_{s\in[0,1]}\sup_{x\in M}\left(h_{\alpha\beta}\frac{\partial u^\alpha}{\partial s}\frac{\partial u^\beta}{\partial s}\right).$$

由于 $u(x,t,\cdot)$ 是同伦类中连接 $u(x,t,0)$ 和 $u(x,t,1)$ 的曲线. 由引理 7.2.4 即证.

令 u_∞ 是 $u(x,t_k)$ 当 $t_k\to\infty$ 时的极限, $\tilde{u}_\infty$ 是 $u(x,\tilde{t}_k)$ 当 $\tilde{t}_k\to\infty$ 时的极限. 由前面一系列引理,

$$\tilde{d}(u(x,t_k+t),u_\infty)\leqslant\tilde{d}(u(x,t_k),u_\infty).$$

通过选取一个子列 $\tilde{t}_k$, 可以证明 $u_\infty=\tilde{u}_\infty$.

7.3 萨克斯–乌伦贝克泛函及其应用

对于二维情形, 勒迈尔 (Lemaire) 和孙理察–丘成桐 (Schoen-Yau) 在某种拓扑条件下建立了每个同伦类中的众多存在性结果. 对于 $\alpha>1$, 通过引进如下一族泛函:

$$E_\alpha(u)=\int_M\left(1+|\nabla u|^2\right)^\alpha \mathrm{d}v,$$

萨克斯 (Sacks) 和乌伦贝克 (Uhlenbeck) 建立了同伦类中有关极小调和映射的许多存在性结果. 上述的 α 泛函 $E_\alpha(u)$ 也称为萨克斯–乌伦贝克泛函. 对于每个 $\alpha>1$, 在相同的同伦类中都存在 E_α 的一个极小元 u_α.

引理 7.3.1　设 $u_0\in C^\infty(M,N)$ 是一个给定映射. 对于每个 $\alpha>1$, 在同伦类 $[u_0]$ 中存在 E_α 的一个极小元 u_α, 即

$$E_\alpha(u_\alpha)=\inf\left\{E_\alpha(v)\;\middle|\; v\in W^{1,2\alpha}(M,N),[v]=[u_0]\right\}.$$

进一步, u_α 满足

$$\Delta_M u+(\alpha-1)\frac{\nabla|\nabla u|^2\cdot\nabla u}{1+|\nabla u|^2}+A(u)(\nabla u,\nabla u)=0. \tag{7.3.1}$$

证明　记

$$m_\alpha=\inf\left\{E_\alpha(v)\;\middle|\; v\in W^{1,2\alpha}(M,N),[v]=[u_0]\right\},$$

则 $m_\alpha\leqslant E_\alpha(u_0)\leqslant C$, 其中 $C>0$ 是只与 α 有关的一致常数. 那么在 $[u_0]$ 中存在极小序列 $\{u_i\}$ 使得

$$\int_M|\nabla u_i|^{2\alpha}\leqslant 1+m_\alpha$$

对于所有的 i 均成立.

根据 E_α 的下半连续性, 有

$$E_\alpha(u_\alpha)\leqslant\liminf_{i\to\infty}E_\alpha(u_i)=m_\alpha.$$

注意到 u_i 在 $W^{1,2\alpha}$ 中弱收敛于 u_α, 且由索伯列夫不等式可知 $u_\alpha\in C^\beta(M,N)$, 其中 $\beta=1-\dfrac{1}{\alpha}$. 故可知 $[u_\alpha]=[u_0]$, 从而可知 u_i 在 $W^{1,2\alpha}$ 中强收敛于 u_α. 此外, 容易验证 u_α 满足方程 (7.3.1). 证毕.

萨克斯–乌伦贝克得到了下面的定理:

定理 7.3.1　设 u_α 是 E_α 的临界点, 且 $E_\alpha<B$, 其中 $B>0$ 是某个

常数. 当 $\alpha \to 1$ 时, u_α 有一个子列弱收敛于 $W^{1,2}(M,N)$ 中的一个映射 u, 则存在有限多个点 $\{x_1, x_2, \cdots, x_L\} \subseteq M$, 使得 u_α 在 $C^\infty(M\backslash\{x_1, x_2, \cdots, x_L\}, N)$ 中收敛于 u. 进一步地, u 可以延拓为到 M 的一个光滑映射.

为证明定理 7.3.1, 关键步骤之一是推导如下的博赫纳 (Bochner) 型公式.

引理 7.3.2 设 $u(x)$ 是 α 方程 (7.3.1) 的一个光滑解, 且记 $e(u) = |\nabla u|^2$, 则当 $\alpha - 1$ 充分小时, 有

$$\left(g^{ij} + \frac{(\alpha-1)}{1+|\nabla u|^2} g^{ik} \frac{\partial u^\beta}{\partial x_k} g^{jl} \frac{\partial u^\beta}{\partial x_l}\right) \frac{\partial^2 e(u)}{\partial x_i \partial x_j} \geqslant -Ce(u)(e(u)+1), \tag{7.3.2}$$

其中 C 是不依赖于 α 和 u 的常数.

证明 在点 $x \in M$ 的一个领域内, 可以选取一个幺正标架场 $\{e_1, e_2\}$. 用 ∇_i 表示关于 e_i 的一阶协变导数, 且用 u_{ji} 表示 u 关于 e_j 和 e_i 的二阶协变导数, 以此类推. 在局部标架下, 有

$$\nabla_j e(u) = 2u_k^\gamma u_{kj}^\gamma, \quad |\nabla^2 u|^2 = \sum_{k,i,\gamma} |u_{ki}^\gamma|^2.$$

里奇恒等式为

$$u_{iki} = u_{iik} + R_{ik} u_i,$$

其中 R_{ik} 表示里奇曲率. 对充分小的 $\alpha - 1$,

$$\begin{aligned}
&\nabla\left(\left(\delta_{ij} + 2(\alpha-1)\frac{u_i^\beta u_j^\beta}{1+|\nabla u|^2}\right)\nabla_j e(u)\right) \\
&= 2\nabla_i\left(u_k^\gamma u_{ki}^\gamma + 2(\alpha-1)\frac{u_i^\beta u_j^\beta u_k^\gamma u_{kj}^\gamma}{1+|\nabla u|^2}\right) \\
&= 2|\nabla^2 u|^2 + 2u_k^\gamma u_{iik}^\gamma + 4(\alpha-1)\nabla_k\left(\frac{u_k^\gamma u_j^\gamma u_i^\beta u_{ij}^\beta}{1+|\nabla u|^2}\right) \\
&\geqslant |\nabla^2 u|^2 + 2u_k^\gamma \nabla_k\left(u_{ii}^\gamma + 2(\alpha-1)\frac{u_j^\gamma u_i^\beta u_{ij}^\beta}{1+|\nabla u|^2}\right) - Ce(u).
\end{aligned}$$

利用方程 (7.3.1) 和杨不等式, 对充分小的 $\alpha-1$,

$$\begin{aligned}
&-\left(\delta_{ij}+2(\alpha-1)\frac{u_i^\beta u_j^\beta}{1+|\nabla u|^2}\right)\nabla_{ij}^2 e(u)\\
\leqslant\ & -\frac{1}{2}|\nabla^2 u|^2-2u_k^\gamma\nabla_k\left(A^\gamma(u)(\nabla u,\nabla u)\right)+Ce(u)\\
\leqslant\ & Ce(u)(e(u)+1).
\end{aligned}$$

证毕.

局部哈纳克不等式:

引理 7.3.3 设 $v(x)\in W^{2,n}(\Omega)$, 且

$$a_{ij}D_{ij}v+Cv\geqslant 0,$$

其中 a_{ij} 是定义在 $\Omega\subseteq\mathbb{R}^n$ 上的可测函数, 满足

$$\lambda|\xi|^2\leqslant a_{ij}(x)\xi_i\xi_j\leqslant \Lambda|\xi|^2$$

对于某两个正常数 λ 和 Λ 成立, 则对于任意的 $p>0$, $R>0$ 且 $B_R(x)\subseteq\Omega$, 有

$$|v(x)|\leqslant C\left(\frac{1}{R^n}\int_{B_R(x)}(v^+)^p\right)^{1/p}.$$

孙理察给出了下述的 ε 正则性估计.

引理 7.3.4 设 $u(x)$ 是方程 (7.3.1) 的一个解, 则存在一个很小的常数 $\varepsilon_0>0$, 使得如果

$$\int_{B_R}|\nabla u(x)|^2\mathrm{d}x\leqslant\varepsilon_0$$

对于某个 $R>0$ 成立, 那么

$$|\nabla u(x)|^2\leqslant\frac{C}{R^2}\int_{B_R}|\nabla u(x)|^2\mathrm{d}v_g,\quad \forall x\in B_{R/2},$$

其中, 常数 C 不依赖 x 和 α 的选取.

证明 可以选取 $\sigma_0\in[0,R]$ 使得

$$(R-\sigma_0)^2\sup_{B_{\sigma_0}} e(u)=\max_{\sigma\in[0,R]}\left\{(R-\sigma)^2\sup_{B_\sigma} e(u)\right\}.$$

设 x_0 是 $\overline{B}_{\sigma_0}$ 中的一点, 且满足

$$e_0=e(u)(x_0)=\sup_{B_{\sigma_0}} e(u).$$

记 $\rho_0=\frac{1}{2}(R-\sigma_0)$, 有 $R-(\sigma_0+\rho_0)=\rho_0$, 从而

$$\sup_{B_{\rho_0}(x_0)} e(u)\leqslant\sup_{B_{\sigma_0+\rho_0}} e(u)\leqslant 4e_0.$$

现在断言: $r_0=(e_0)^{1/2}\rho_0\leqslant 1$. 否则, 假设 $r_0>1$, 即 $e_0(R-\sigma_0)^2>4$. 现在定义一个新的映射 $v\in C^2(B_{r_0}(x_0))$ 如下:

$$v(x)=u\left(x_0+\frac{x}{e_0^{1/2}}\right),\quad x\in C^2(B_{r_0}(x_0)),$$

则 v 满足方程

$$\frac{\operatorname{div}((e_0^{-1}+|\nabla v|^2)^{\alpha-1})\nabla v}{(e_0^{-1}+|\nabla v|^2)^{\alpha-1}}+A(v)(\nabla v,\nabla v)=0,$$

且

$$e(v)(0)=1,\quad \sup_{B_{r_0}} e(v)\leqslant 4. \tag{7.3.3}$$

由引理 7.3.2 和 (7.3.3) 式,

$$-a_{ij}(v)\nabla_{ij}^2 e(v)\leqslant Ce(v),$$

其中

$$a_{ij}(v)=\delta_{ij}+2(\alpha-1)\frac{v_i^\beta v_j^\beta}{e_0^{-1}+|\nabla v|^2}.$$

上述对称矩阵 $(a_{ij}(v))$ 具有正的特征值, 且满足一致椭圆条件. 再由莫泽–特鲁林格估计 (引理 7.3.3), 有

$$1=e(v)(0)\leqslant C\int_{B_1(0)} e(v)\leqslant C\varepsilon_0,$$

其中用到了

$$\int_{B_{r_0}(0)} e(v) = \int_{B_{\rho_0}(x_0)} e(v) \leqslant \varepsilon_0. \tag{7.3.4}$$

然而通过选取 ε_0 充分小, 可知这是不可能的. 故证明了 $r_0 \leqslant 1$.

再次使用莫泽–特鲁林格估计,

$$1 = e(v)(0) \leqslant Cr_0^{-2} \int_{B_{r_0}(0)} e(v) = \frac{C}{e_0\rho_0^2} \int_{B_{\rho_0}(x_0)} e(u),$$

此式表明

$$\left(\frac{R}{2}\right)^2 |\nabla u(x)|^2 \leqslant 4e_0\rho_0^2 \leqslant C\int_{B_R} |\nabla u|^2 \mathrm{d}v_g, \quad \forall x \in B_{R/2}.$$

证毕.

利用上述引理 7.3.4, 我们来证明定理 7.3.1.

证明 可以看到存在一个常数 C, 使得

$$\int_M |\nabla u_\alpha|^2 \leqslant C,$$

则存在有限多个奇点构成的集合 $\Sigma = \{x_1, x_2, \cdots, x_m\}$, 使得对于每个点 $x_0 \in M\backslash\Sigma$, 都存在一个 $r_0 > 0$ 满足

$$\int_{B_{r_0}(x_0)} |\nabla u_\alpha|^2 \leqslant \varepsilon_0.$$

根据引理 7.3.4, 可知

$$\|u_\alpha\|_{C^k(B_{r_0/2}(x_0))} \leqslant C(k, x_0), \quad \forall k \geqslant 1,$$

则存在 $\{u_\alpha\}$ 的一个子序列 $\{u_{\alpha_i}\}$, 使得对任意的 $k \geqslant 1$, $\{u_{\alpha_i}\}$ 在 $C_{loc}^k(M\backslash\Sigma, N)$ 中趋于 u, 且 $u \in C^\infty(M\backslash\Sigma, N)$ 是一个调和映射. 最后根据可去奇点定理可知 $u \in C^\infty(M, N)$. 证毕.

定理 7.3.2 若 $\dim(M) = 2$ 且 $\pi_2(N) = \varnothing$, 则任意一个光滑映射 u_0 都同伦于一个光滑调和映射.

证明 设 $u_i = u_{\alpha_i}$ 都是同一个同伦类 $[u_0]$ 中 E_{α_i} 的极小元. 根据定理 7.3.1 可知存在有限多个点 $x_1, x_2, \cdots, x_m$, 使得 $\{u_i\}$ 趋于 $u \in$

$C^\infty(M\backslash\{x_1,x_2,\cdots,x_m\},N)$. 再由著名的可去奇点定理可知, u 可以延拓为 M 上的一个光滑映射.

不失一般性, 假设 $l=1$. 设 $\eta(r)$ 是 $\mathbb{R}$ 上一个光滑的截断函数, 满足: 当 $r\geqslant 1$ 时, $\eta\equiv 1$; 且当 $r\leqslant \dfrac{1}{2}$ 时, $\eta\equiv 0$. 对于某个 $\rho>0$, 定义新的映射 v_i: $M\to N$, 使得在 $B_\rho(x_1)$ 外, v_i 和 u_i 相同, 且对于 $x\in B_\rho(x_1)$,

$$v_i(x)=\exp_{u(x)}\left(\eta\left(\frac{|x|}{\rho}\right)\exp_{u(x)}^{-1}\circ u_i(x)\right),$$

断言: 当 $i\to\infty$ 时, 有

$$\|v_i-u\|_{W^{1,2}(M)}\to\infty. \tag{7.3.5}$$

为此, 只需考虑 $B_\rho(x_1)\backslash B_{\rho/2}(x_1)$, 这是由于在 $B_{\rho/2}(x_1)$ 内部和 $B_\rho(x_1)$ 外部都有 $v_i=u$.

另一方面, 在 $B_\rho(x_1)\backslash B_{\rho/2}(x_1)$ 上, u_i 在 $W^{1,2}$ 中强收敛于 u, 且 $u\in C^\beta$, 其中 $\beta>0$ 为某个常数. 因此, 对于充分大的 i, $v_i\big(B_\rho(x_1)\backslash B_{\rho/2}(x_1)\big)$ 位于 $u(x_1)$ 的一个小的邻域之中, 其中当 ρ 充分小时, $\exp_{u(x)}^{-1}$ 是一个定义好的光滑映射.

由于 $F(y)=\exp_{u(x)}\left(\eta\left(\dfrac{|x|}{\rho}\right)\exp_{u(x)}^{-1}y\right)$ 是从 $u(x_1)$ 的一个邻域到自身的光滑映射, 则有

$$\begin{aligned}\sup_{B_\rho(x_1)\backslash B_{\rho/2}(x_1)}|\nabla(v_i-u)|&=\sup_{B_\rho(x_1)\backslash B_{\rho/2}(x_1)}|\nabla(F\circ u_i-F\circ u)|\\&\leqslant C\sup_{B_\rho(x_1)\backslash B_{\rho/2}(x_1)}|\nabla(v_i-u)|\to 0,\quad i\to\infty.\end{aligned}$$

故断言 (7.3.5) 式成立.

由于 $\pi_2(N)$ 是平凡的, 故 v_i 和 u_i 在同一个同伦类中. 由于 u_i 是 E_{α_i} 的一个极小元, 且 u_i 在 $W^{1,2}$ 中弱收敛于 u, 故有

$$E(u)+|M|\leqslant\liminf_{i\to\infty}E(u_i)+|M|\leqslant\limsup_{i\to\infty}E_{\alpha_i}(u_i)$$

$$\leqslant \limsup_{i\to\infty} E_{\alpha_i}(v_i) = E(u) + |M|,$$

这表明 $E(u) = \lim\limits_{i\to\infty} E(u_i)$.

现在, u_i 在 $W^{1,2}$ 中强收敛于 u, 这说明不存在能量集中. 反过来, 定理 7.3.1 表明 u_i 在 C^β (其中$\beta > 0$) 中收敛, 因此, 也在 $C^\infty(M,N)$ 中收敛. 证毕.

为了建立萨克斯–乌伦贝克的可去奇点定理, 首先给出下述引理.

引理 7.3.5 设 $u \in C^\infty(\overline{B}\backslash\{0\}, N)$ 是一个光滑调和映射, 满足 $E(u;B) \leqslant +\infty$, 其中 $B = B_1$, 则对于任意的 $0 < R \leqslant 1$,

$$\int_0^{2\pi} \left|\frac{\partial u}{\partial r}\right|^2 (r,\theta)\mathrm{d}\theta = r^{-2}\int_0^{2\pi} \left|\frac{\partial u}{\partial \theta}\right|^2 (r,\theta)\mathrm{d}\theta.$$

证明 此结果是波霍扎叶夫恒等式的一个推论. 然而, 由于 0 是一个奇点, 需要使用一个测试函数来切除这个奇点. 对于充分小的 $\varepsilon > 0$, 设 $\phi(x) = \phi_\varepsilon(r) \in C^\infty(B)$(其中$r = |x|$) 是一个截断函数, 使得 $0 \leqslant \phi \leqslant 1$, 且 $|\nabla\phi| \leqslant \dfrac{2}{\varepsilon}$, 并满足在 B_ε 上有 $\phi = 0$; 在 $B\backslash B_{2\varepsilon}$ 上有 $\phi = 1$.

用 $\phi x \cdot \nabla u$ 乘调和映射方程, 通过分部积分, 有

$$\begin{aligned} 0 &= \int_B \Delta u \cdot (\phi x \cdot \nabla u)\mathrm{d}x \\ &= \int_{\partial B} \left(|\partial_r u|^2 - \frac{1}{2}|\nabla u|^2\right)\mathrm{d}\theta + \int_B |x|\phi'(|x|)\left(\frac{1}{2}|\nabla u|^2 - |\partial_r u|^2\right)\mathrm{d}x. \end{aligned}$$

由于 $E(u;B)$ 是有限的, 通过在上述恒等式中令 $\varepsilon \to 0$. 证毕.

定理 7.3.3 若 $u \in C^\infty(\overline{B}\backslash\{0\}) \to N$ 是一个调和映射, 且满足 $E(u;B) < +\infty$, 则有 $u \in C^\infty(M,N)$.

证明 由于 E 是共形不变量, 假设 $\displaystyle\int_{B_2} |\nabla u|^2 \leqslant \varepsilon_0^2$, 其中 ε_0 是一个充分小的常数. 对于任意的非零点 $x \in B$, 有 $E(u, B_{|x|}) \leqslant \varepsilon_0^2$, 则引理 7.3.4 $(\alpha = 1)$ 表明

$$|x||\nabla u|(x) \leqslant C\|\nabla u\|_{L^2(B)} \leqslant C\varepsilon_0.$$

对于任意整数 $m \geqslant 1$, 记

$$A_m = \{x \in B \mid 2^{-m} \leqslant |x| \leqslant 2^{-m+1}\},$$

则在 A_m 中存在一个径向对称的调和函数 $q(x) = q(r)$ 是下述调和方程的解

$$\Delta q = 0,$$

其中边值条件为 $q(2^{-m}) = \dfrac{1}{2\pi}\displaystyle\int_0^{2\pi} u(2^{-m}, \theta)\mathrm{d}\theta$, 且 $q(2^{-m+1}) = \dfrac{1}{2\pi}\displaystyle\int_0^{2\pi} u(2^{-m+1}, \theta)\mathrm{d}\theta$. 由极大值原理可知

$$\begin{aligned}|q(x) - u(x)| &= |q(x) - u(r, \theta)| \leqslant 2 \max_{x,y \in A_m} |u(x) - u(y)| \\ &\leqslant 2^{-m+3} \max_{x \in A_m} |\nabla u(x)| \leqslant C \left(\int_{|x| \leqslant 2^{-m+2}} |\nabla u|^2\right)^{1/2} \leqslant C\varepsilon_0.\end{aligned}$$

用 $u - q$ 去乘调和方程, 然后分部积分可得

$$\begin{aligned}&\int_B |\nabla(q(x) - u(x))|^2 = \sum_{m=1}^{\infty} \int_{A_m} |\nabla(q(x) - u(x))|^2 \\ &= \sum_{m=1}^{\infty} r \int_0^{2\pi} (q(x) - u(r, \theta)) \cdot (u_r(r, \theta) - q'(r))\mathrm{d}\theta\Big|_{r=2^{-m}}^{r=2^{-m+1}} + \int_B \Delta u \cdot (u - q).\end{aligned}$$

注意到, 对任意的 $m \geqslant 1$, 有

$$\begin{aligned}&\int_0^{2\pi} (q(x) - u(r, \theta)) \cdot q'(r)\mathrm{d}\theta\Big|_{r=2^{-m}} \\ &= \left(q(2^{-m})2\pi - \int_0^{2\pi} u(2^{-m}, \theta)\mathrm{d}\theta\right) \cdot q'(r) = 0.\end{aligned}$$

由于 u, q 和 u_r 都是连续的, 则对于任意的有限数 m, u_r 的边界项相互抵消, 即

$$\sum_{m=1}^{\infty} r \int_0^{2\pi} (q(x) - u(r, \theta)) \cdot u_r(r, \theta)\mathrm{d}\theta\Big|_{r=2^{-m}}^{r=2^{-m+1}}$$

$$
\begin{aligned}
&= \int_0^{2\pi} (q(1) - u(1,\theta)) \cdot u_r(1,\theta)\mathrm{d}\theta - \\
&\quad \lim_{m\to\infty} 2^{-m} \int_0^{2\pi} \big(q(2^{-m}) - u(2^{-m},\theta)\big) \cdot u_r(2^{-m},\theta)\mathrm{d}\theta \\
&= \int_0^{2\pi} (q(1) - u(1,\theta)) \cdot u_r(1,\theta)\mathrm{d}\theta.
\end{aligned}
$$

由于 $|A(u)(\nabla u, \nabla u)| \leqslant C|\nabla u|^2$, 则

$$
\Big|\int_B \Delta u \cdot (u-q)\Big| \leqslant C\|u-q\|_{L^\infty(B)} \int_B |\nabla u|^2 \mathrm{d}x \leqslant C\varepsilon_0 \|\nabla u\|_{L^2(B)}^2.
$$

因此可得

$$
\begin{aligned}
&\int_B |\nabla(u-q)|^2 \\
\leqslant & \left(\int_0^{2\pi} |q(1)-u(1,\theta)|^2 \mathrm{d}\theta\right)^{1/2} \left(\int_0^{2\pi} |u_r(1,\theta)|^2\mathrm{d}\theta\right)^{1/2} + C\varepsilon_0\|\nabla u\|_{L^2(B)}^2.
\end{aligned}
$$

由于 q 不依赖于 θ, 故由引理 7.3.5 可知

$$
\frac{1}{2}\int_B |\nabla u|^2 = \frac{1}{2}\int_0^1 \int_0^{2\pi} |u_r|^2 + \frac{1}{r^2}|u_\theta|^2 \mathrm{d}\theta r\mathrm{d}r \leqslant \int_B |\nabla(u-q)|^2.
$$

由 S^1 上的庞加莱不等式可得

$$
\int_{r=1} |u-q|^2\mathrm{d}\theta \leqslant \int_{r=1} |u_\theta|^2 \mathrm{d}\theta = \frac{1}{2}\int_{r=1} |\nabla u|^2\mathrm{d}\theta.
$$

选取 ε_0 充分小, 且满足 $\delta_0 = C\varepsilon_0 < 1$, 我们得到

$$
(1-\delta_0)\int_B |\nabla u|^2 \leqslant \int_{\partial B} |\nabla u|^2.
$$

通过乘 r, 得到

$$
(1-\delta_0)\int_{B_r} |\nabla u|^2 \leqslant r\int_{\partial B_r} |\nabla u|^2 = r\frac{\mathrm{d}}{\mathrm{d}r}\left(\int_{B_r} |\nabla u|^2\right)
$$

对任意的 $0 < r \leqslant 1$ 成立. 这表明

$$
\int_{B_r} |\nabla u|^2 \leqslant r^{1-\delta_0}\int_B |\nabla u|^2.
$$

使用 ε 正则性估计 (引理 7.3.4) 可知

$$|x|^2|\nabla u|^2(x) \leqslant C\int_{B_{2|x|}}|\nabla u|^2 \leqslant C|x|^{1-\delta_0}\int_B|\nabla u|^2, \quad \forall 0<r<\frac{1}{2}.$$

这表明 $\nabla u \in L^p(B)$ 对某个 $p>2$ 成立, 且 $u \in C^\alpha(B)$ 对于某个 $0<\alpha<1$ 成立. 利用偏微分方程的椭圆理论可知 $u \in C^\infty(B,N)$. 证毕.

事实上, 我们可以对上述结果作如下改进. 设 $\{u_i\}$ 是一个固定的同伦映射类中的一串使得 $E(u)=\int_M|\nabla u|^2$ 极小的光滑映射. 由于 $u_i \in W^{1,2}$ 是有界的, 故此序列的弱极限 $u \in W^{1,2}$. 一般而言, u 可以不在同一个同伦类中.

注 7.3.1 设 u 是上述能量极小序列 $\{u_i\}$ 的弱极限, 则它是一个从 M 到 N 的调和映射, 且存在调和映射 $\omega_k: S^2 \to N(k=1,2,\cdots,m)$, 满足

$$\lim_{i\to\infty}E(u_i)=E(u)+\sum_{k=1}^m E(\omega_k). \tag{7.3.6}$$

进一步, 若 $\pi_2(N)=\varnothing$, 则 u_i 在 $W^{1,2}(M,N)$ 中强收敛于 u, 且 u 是和 u_i 同一个同伦类中的一个极小元.

7.4 能量极小调和映射的部分正则性

多年来, 各种弱调和映射的部分正则性的研究一直受到许多学者的关注. 孙理察–乌伦贝克 (Schoen-Uhlenbeck) 和贾昆塔–朱斯蒂 (Giaquinta-Giusti) 建立了一个能量极小映射 $u: M \to N$, 它在 $M\backslash\Sigma$ 上是光滑的, 其中 Σ 是一个豪斯多夫 (Hausdorff) 维度 $\leqslant n-3$ 的奇异点集, 且 n 是 M 的维度. 彼苏尔 (Bethuel) 证明了: 一个弱稳定的调和映射 $u: M \to N$ 在去除一个 $n-2$ 维豪斯多夫测度为 0 的奇异点集之外是光滑的. 林芳华证明了一个重要的结果: 如果不存在从 S^2 到 N 的非常值调和映射, 则任何映到 N 中的稳定调和映射的奇异点集必是

$(n-4)$ 可校正的.

设 $n \geqslant 3$ 和 k 都是正整数. 记 Ω 是 n 维空间 $\mathbb{R}^n$ 中的一个有界光滑区域, 且 $N \subseteq \mathbb{R}^l$ 是一个紧无边的 k 维黎曼流形, 其中 l 是某个正整数.

对于一个映射 $u \in W^{1,2}(\Omega, N) = \{v \in W^{1,2}(\Omega, \mathbb{R}^l) | v \in N\}$, 它的狄利克雷能量为

$$E(u, \Omega) = \int_\Omega |\nabla u|^2 \mathrm{d}x,$$

其中 ∇u 表示 u 的梯度.

若一个映射 $u \in W^{1,2}(\Omega, N)$ 满足

$$\int_\Omega \Big(\langle \nabla u, \nabla \phi \rangle + A(u)(\nabla u, \nabla u) \cdot \phi\Big) \mathrm{d}v_g = 0,$$

对任意的 $\phi \in C^\infty(\Omega, \mathbb{R}^l)$ 成立, 则称 u 为一个弱调和映射.

根据孙理察–乌伦贝克的结果, 我们给出极小调和映射的经典结果的部分正则性的证明.

定义 7.4.1　对于 $0 \leqslant s \leqslant n$, $\mathbb{R}^n$ 上的 s 维豪斯多夫测度 $\mathcal{H}^s$ 定义如下:

$$\mathcal{H}^s = \lim_{\delta \to 0^+} \mathcal{H}^s_\delta(A), \quad A \subseteq \mathbb{R}^n,$$

其中

$$\mathcal{H}^s_\delta(A) = \inf \Big\{ \sum_i r_i^s \,\Big|\, A \subseteq \bigcup_i B_{r_i}, r_i \leqslant \delta \Big\}.$$

$A \subseteq \mathbb{R}^n$ 的豪斯多夫维度定义如下:

$$\dim_{\mathcal{H}}(A) = \inf\{s \,\big|\, \mathcal{H}^s(A) = 0\} = \sup\{s \,\big|\, \mathcal{H}^t(A) = \infty\}.$$

本节的主要结果如下:

定理 7.4.1　设 $u \in W^{1,2}(\Omega, N)$ 是 $W^{1,2}(\Omega, N)$ 中 $E(u)$ 的一个极小元, 则 u 在 $M \backslash \Sigma$ 中是光滑的, 其中 Σ 是 u 的奇异点集, 且 Σ 定义

如下:

$$\Sigma=\{x\in\Omega\,\big|\,u\text{ 在 }x\text{ 处是不连续的}\}.$$

进一步地, Σ 的豪斯多夫维度 $\leqslant n-3$.

引理 7.4.1 (单调性) 对于 $n\geqslant 3$, 设 $u\in W^{1,2}(\Omega,N)$ 是一个极小调和映射, 则对于任意的 $x_0\in\Omega$ 和任意两个实数 r 和 R, 我们有

$$R^{2-n}\int_{B_R(x_0)}|\nabla u|^2-s^{2-n}\int_{B_s(x_0)}|\nabla u|^2\geqslant\int_{B_R(x_0)\backslash B_s(x_0)}r^{2-n}\left|\frac{\partial u}{\partial r}\right|^2, \tag{7.4.1}$$

其中 $r=|x-x_0|$.

证明 对于 $x\in B_r$ 及 $r>0$, 记 $u_r(x)=r\left(\dfrac{rx}{|x|}\right)$. 根据 u 的极小性, 我们有

$$\int_{B_r}|\nabla u|^2\leqslant\int_{B_r}|\nabla u_r|^2=\frac{r}{n-2}\int_{\partial B_r}\left(|\nabla u|^2-\left|\frac{\partial u}{\partial r}\right|^2\right)\mathrm{d}\mathcal{H}^{n-1}.$$

上述具体证明细节可参看孙理察和乌伦贝克的论文. 证毕.

事实上, 上述不等式对于稳定的调和映射也成立.

假设 $u:B_1\to N$ 是一个极小调和映射, 且满足

$$E(u,B_1)=\int_{B_1}|\nabla u|^2\mathrm{d}v_g\leqslant\varepsilon.$$

设 $\phi\in C^\infty(\mathbb{R}^n,\mathbb{R}_+)$ 是一个径向函数, 使得 $\mathrm{supp}\phi\subseteq B_1$, 且 $\displaystyle\int_{\mathbb{R}^n}\phi=1$.

设 $h\in\left(0,\dfrac{1}{4}\right]$, 且记

$$u^h(x)=\int_{B_1}\phi^h(x-y)u(y)\mathrm{d}y,\quad\forall x\in B_{1/2},$$

其中 $\phi^h(x)=h^{-n}\phi\left(\dfrac{x}{h}\right)$, 则有

$$\mathrm{dist}^2(u^h(x),N)\leqslant\frac{1}{|B_h|}\int_{B_h}|u(y)-u^h(x)|^2\mathrm{d}y\leqslant Ch^{2-n}\int_{B_h}|\nabla u(y)|^2\mathrm{d}y\leqslant C\varepsilon,$$

其中我们使用了下述庞加莱不等式:

$$\int_{B_1}|u(x)-\int_{B_1}\phi(y)u(y)\mathrm{d}y|^2\mathrm{d}x\leqslant C\int_{B_1}|\nabla u|^2.$$

对于一个充分小的 $u^{\overline{h}}(B_{1/2})\subseteq N_{\delta_0}$, 且我们能够定义

$$u_{\overline{h}}=\underset{N}{\varPi}(u^{\overline{h}})\colon B_{1/2}\to N.$$

其中 $\varPi$ 表示从 N 的正规邻域到 N 自身的一个光滑投影映射.

引理 7.4.2　设 $\overline{h}=\varepsilon^{1/4}$, 则有

$$\int_{B_{1/2}}|\nabla u^{\overline{h}}|^2\leqslant C\int_{B_1}|\nabla u|^2, \tag{7.4.2}$$

$$\sup_{x\in B_{1/2}}|u^{\overline{h}}(x)-u^{\overline{h}}(0)|^2\leqslant C\varepsilon^{1/2}, \tag{7.4.3}$$

其中常数 C 不依赖于 α 和 u.

证明　对于任意的 $x\in B_{1/2}$, 我们有

$$\begin{aligned}|\nabla u\overline{h}|^2(x)&=\Big|\int_{B_1}\phi^{\overline{h}}\nabla u(y)\mathrm{d}y\Big|^2\leqslant\int_{B_1}\phi^{\overline{h}}|\nabla u(y)|^2\mathrm{d}y\\&\leqslant\frac{C}{\overline{h}^n}\int_{B_{\overline{h}}(x)}|\nabla u(y)|^2\mathrm{d}y\leqslant\frac{C\varepsilon}{\overline{h}^2}=C\varepsilon^{1/2}.\end{aligned}$$

故不等式 (7.4.2) 和 (7.4.3) 均成立. 证毕.

设 $\overline{h}=\varepsilon^{1/4},\tau=\varepsilon^{1/8}$. 我们选取 $h(x)=h(r)$(其中$r=|x|$) 是关于 r 的一个非增光滑函数, 且满足

$$h(x)=h(r)=\overline{h},\quad 对于\ r\leqslant\theta,\quad h(\theta+\tau)=0,\quad |h'(r)|\leqslant 2\varepsilon^{1/8}.$$

记

$$u^{h(x)}(x)=\int_{B_1}\phi^{h(x)}(x-y)u(y)\mathrm{d}y.$$

我们知道

$$u_{h(x)}\xlongequal{\text{def}}\varPi\circ u^{h(x)}(x)\in N,$$

则有

引理 7.4.3 对于 $\theta \in \left(\tau, \dfrac{1}{4}\right]$, 上述映射 $u_{h(x)}$ 在 $B_{1/2}\backslash B_{\theta+\tau}$ 上满足 $u_h = u$, 且

$$\int_{B_{\theta+\tau}\backslash B_\theta} |\nabla u_h|^2 \mathrm{d}x \leqslant C \int_{B_{\theta+2\tau}\backslash B_{\theta-\tau}} |\nabla u|^2 \mathrm{d}x,$$

其中常数 C 不依赖于 α 和 u.

证明 由于 Π 是光滑的, 我们只需用 u^h 替代 u_h 来证明此引理. 注意到

$$u^h = \int_{B_1} \phi(y) u(x - h(x)y) \mathrm{d}y.$$

计算可得

$$\frac{\partial u^h}{\partial x^\alpha} = \int_{B_1} \phi(y) \left[\frac{\partial u}{\partial x^\alpha}(x - hy) - \frac{\partial h}{\partial x^\alpha} \cdot \nabla u(x - hy)\right] \mathrm{d}y,$$

则有

$$\begin{aligned}\int_{B_{\theta+\tau}\backslash B_\theta} |\nabla u^h|^2 \mathrm{d}x &\leqslant C \int_{B_{\theta+\tau}\backslash B_\theta} \int_{B_1} \phi(y) |\nabla u|^2 (x - hy) \mathrm{d}y \mathrm{d}x \\ &\leqslant C \int_{B_{\theta+2\tau}\backslash B_{\theta-\tau}} |\nabla u|^2 \mathrm{d}x.\end{aligned}$$

证毕.

引理 7.4.4 (能量衰减估计) 对于 $n \geqslant 3$, 存在一个充分小的常数 $\varepsilon = \varepsilon(n, M)$ 和另一个常数 $\theta \in \left(0, \dfrac{1}{4}\right)$, 使得若 $u : B_1 \to N$ 是一个极小调和映射, 且满足

$$E(u, B_1) = \int_{B_1} |\nabla u|^2 \mathrm{d}v_g \leqslant \varepsilon,$$

则有

$$\theta^{2-n} \int_{B_\theta} |\nabla u|^2 \leqslant \frac{1}{2} \int_{B_1} |\nabla u|^2. \tag{7.4.4}$$

证明　此引理的证明分为三部分.

断言 1: 对于任意 $\theta \in \left(0, \frac{1}{4}\right]$, 有

$$\theta^{2-n}\int_{B_\theta}|\nabla u_{\overline{h}}|^2 \leqslant C(\theta^{2-n}\varepsilon^{1/4}+\theta^2)\int_{B_1}|\nabla u|^2. \tag{7.4.5}$$

断言 2: 存在 $\tau=\varepsilon^{1/8}$ 和一个 $\theta\in[\overline{\theta}, 2\overline{\theta}]$, 其中 $\overline{\theta}=\varepsilon^{\gamma_n}$, 且 $\gamma_n = \min\left\{\frac{1}{32(n-2)}, \frac{1}{64}\right\}$, 满足

$$\int_{B_{\theta+\tau}\setminus B_\theta}|\nabla u^{h(x)}|^2 \leqslant C\varepsilon^{1/16}\int_{B_1}|\nabla u|^2.$$

断言 3: 由于 u 是极小的, 则

$$\int_{B_{\theta+\tau}}|\nabla u|^2 \leqslant C\int_{B_{\theta+\tau}}|\nabla u^{h(x)}|^2.$$

根据断言 1—3, 且注意到 $\theta\in[\overline{\theta}, 2\overline{\theta}]$, 我们得到

$$\begin{aligned}\theta^{2-n}\int_{B_\theta}|\nabla u|^2 &\leqslant \theta^{2-n}\int_{B_{\theta+\tau}}|\nabla u|^2 \leqslant C\theta^{2-n}\left(\int_{B_\theta}|\nabla u^h|^2+\int_{B_{\theta+\tau}\setminus B_\theta}|\nabla u^h|^2\right)\\ &\leqslant C(\theta^{2-n}\varepsilon^{\frac{1}{4}}+\theta^2+\varepsilon^{\frac{1}{16}})\int_{B_1}|\nabla u|^2 \leqslant C\varepsilon^{2\gamma_n}\int_{B_1}|\nabla u|^2.\end{aligned}$$

通过选取 $\varepsilon>0$ 充分小, 则上述断言成立. 事实上, 断言 3 可由引理 7.4.3 直接得到. 接下来, 我们将给出断言 1 和断言 2 的证明.

为证明断言 1, 设 v 是下述方程的解:

$$\begin{cases}\Delta v = 0, & \text{在 } B_{1/2} \text{ 中},\\ v = u^{\overline{h}}, & \text{在 } \partial B_{1/2} \text{ 上}.\end{cases}$$

根据极大值原理, 有

$$\sup_{B_{1/2}}|v-u^{\overline{h}}| \leqslant C\varepsilon^{1/4}.$$

由平均值不等式 $\Delta|\nabla v|^2\geqslant 0$, 有

$$\sup_{B_{1/4}}|\nabla v|^2 \leqslant C\int_{B_{1/2}}|\nabla v|^2 \leqslant C\int_{B_{1/2}}|\nabla u^{\overline{h}}|^2 \leqslant C\int_{B_1}|\nabla u|^2.$$

因此, 对于任意的 $\theta \in \left(0, \dfrac{1}{4}\right]$, 有

$$\theta^{2-n}\int_{B_\theta}|\nabla u_{\overline{h}}|^2 \leqslant 2\theta^{2-n}\int_{B_\theta}|\nabla(u_{\overline{h}}-v)|^2 + 2\theta^{2-n}\int_{B_\theta}|\nabla v|^2$$
$$\leqslant 2\theta^{2-n}\int_{B_\theta}|\nabla(u_{\overline{h}}-v)|^2 + C\theta^2\int_{B_1}|\nabla u|^2. \quad (7.4.6)$$

注意到

$$\Delta u^h = \int_{\mathbb{R}^n}\left[\Delta_x\phi^{\overline{h}}(x-y)\right]u(y)\mathrm{d}y = \int_{\mathbb{R}^n}\left[\Delta_y\phi^{\overline{h}}(x-y)\right]u(y)\mathrm{d}y$$
$$= \int_{\mathbb{R}^n}\phi^{\overline{h}}(x-y)\Delta_y u(y)\mathrm{d}y = \int_{\mathbb{R}^n}\phi^{\overline{h}}(x-y)A(u)(\nabla u, \nabla u)(y)\mathrm{d}y,$$

这表明

$$\int_{B_{1/2}}|\Delta u^{\overline{h}}| \leqslant C\int_{B_1}|\nabla u|^2,$$

则有

$$\int_{B_{1/2}}|\nabla(u^{\overline{h}}-v)|^2 = -\int_{B_{1/2}}\Delta u^{\overline{h}}\cdot(u^{\overline{h}}-v) \leqslant C\varepsilon^{1/4}\int_{B_1}|\nabla u|^2. \quad (7.4.7)$$

故断言 1 可从 (7.4.6) 式、(7.4.7) 式推导出.

现在我们来证明断言 2.

注意到 $\overline{\theta} = \varepsilon^{\gamma_n}$, 其中 $\gamma_n \leqslant \dfrac{1}{16}$. 设 $l = \left[\dfrac{\overline{\theta}}{3\tau}\right]\left(\geqslant \dfrac{1}{3}\varepsilon^{-\frac{1}{16}}-1\right)$ 是 $\dfrac{\theta}{3\tau}$ 的整数部分, 且记

$$[\overline{\theta}, \overline{\theta}+3\tau l] = \bigcup_{1\leqslant i\leqslant l} I_i, \quad |I_i| = 3\tau,$$

其中每个 I_i 是长度为 3τ 的闭区间. 由于 $\gamma_n \leqslant \dfrac{1}{16}$ 且 $l \geqslant \dfrac{1}{3}\varepsilon^{-\frac{1}{16}}$, 则有

$$\int_{B_{\overline{\theta}+3\tau l}\setminus B_{\overline{\theta}}}|\nabla u|^2\mathrm{d}x = \sum_{1\leqslant i\leqslant l}\int_{|x|\in I_i}|\nabla u|^2\mathrm{d}x \leqslant \int_{B_1}|\nabla u|^2.$$

故至少存在一个区间 $I_j(1\leqslant j\leqslant l)$, 满足

$$\int_{|x|\in I_j}|\nabla u|^2\mathrm{d}x \leqslant l^{-1}\int_{B_1}|\nabla u|^2 \leqslant C\varepsilon^{\frac{1}{16}}\int_{B_1}|\nabla u|^2.$$

设 θ 是满足 $I_j = [\theta-\tau, \theta+2\tau] \subseteq [\bar{\theta}, 2\bar{\theta}]$ 的一个数, 且设 $h = h(x)$ 如引理 7.4.1 中所示, 则 $u_h \in W^{1,2}(B_{1/2}, N)$, 满足 $u_h = u$ 对任意 $|x| \geqslant \theta+\tau$ 成立, 且

$$\int_{B_{\theta+\tau}\setminus B_\theta} |\nabla u_h|^2 \leqslant C\varepsilon^{\frac{1}{16}} \int_{B_1} |\nabla u|^2.$$

故我们证明了断言 2. 证毕.

作为上述引理的一个推论, 可以证明如下的定理.

定理 7.4.2 设 $u \in W^{1,2}(M,N)$ 是 $W^{1,2}(M,N)$ 中 $E(u)$ 的一个极小元, 则 u 在 $M\backslash\Sigma$ 中是光滑的, 其中奇异点集 Σ 定义如下:

$$\Sigma = \left\{x \in M \;\Big|\; \lim_{r\to 0} r^{2-n} \int_{B_r(x)} |\nabla u|^2 \geqslant \varepsilon_0^2\right\}, \tag{7.4.8}$$

且 $\mathcal{H}^{n-2}(\Sigma) = 0$.

证明 若 $x_0 \notin \Sigma$, 则存在一个 $r_0 > 0$ 使得

$$r_0^{2-n} \int_{B_{r_0}(x_0)} |\nabla u|^2 \leqslant \varepsilon_0^2,$$

这表明

$$\left(\frac{r_0}{2}\right)^{2-n} \int_{B_{r_0}(x_0)} |\nabla u|^2 \leqslant 2^{n-2}\varepsilon_0^2, \quad \forall x \in B_{\frac{r_0}{2}}(x_0).$$

根据单调性, 我们有

$$r^{2-n} \int_{B_r(x)} |\nabla u|^2 \leqslant 2^{n-2}\varepsilon_0^2 \leqslant \varepsilon, \quad \forall x \in B_{\frac{r_0}{2}}(x_0) \text{ 和 } 0 < r \leqslant \frac{r_0}{2},$$

对于充分小的 ε_0 成立, 其中 ε 是引理 7.4.4 中所示的常数. 根据引理 7.4.4 可知, 存在一个 $\theta \in (0,1)$, 满足

$$\theta^{2-n} \int_{B_\theta} |\nabla u|^2 \leqslant \frac{1}{2} \int_{B_1} |\nabla u|^2.$$

我们考虑一个改进的映射 $u_\theta(x) = u(\theta x)$, 则有

$$\int_{B_1}|\nabla u_\theta|^2=\theta^{2-n}\int_\theta|\nabla u|^2\leqslant\varepsilon.$$

再次利用引理 7.4.4, 有

$$(\theta^2)^{2-n}\int_{B_{\theta^2}}|\nabla u|^2=(\theta)^{2-n}\int_{B_\theta}|\nabla u_\theta|^2\leqslant\frac{1}{2}\int_{B_1}|\nabla u_\theta|^2=\left(\frac{1}{2}\right)^2\int_{B_1}|\nabla u|^2.$$

使用数学归纳法,

$$(\theta^i)^{2-n}\int_{B_{\theta^i}}|\nabla u|^2\leqslant\left(\frac{1}{2}\right)^i\int_{B_1}|\nabla u|^2.$$

对于任意的 $r\in(0,1)$, 存在正整数 i, 满足 $r\in[\theta^{i+1},\theta^i]$, 则

$$(r)^{2-n}\int_{B_r(x)}|\nabla u|^2\leqslant C(\theta^i)^{2\alpha}\int_{B_1}|\nabla u|^2\leqslant Cr^{2\alpha}\int_{B_1}|\nabla u|^2$$

对某个 $\alpha=\dfrac{\ln 2}{2\ln\theta^{-1}}>0$ 成立. 重复上面的过程, 得到

$$(r)^{2-n}\int_{B_r(x)}|\nabla u|^2\leqslant Cr^{2\alpha},\quad \forall x\in B_{r_0/2}(x_0)\text{ 和 }0<r\leqslant\frac{r_0}{2},$$

对某个依赖于 ε_0,M 和 N 的 $\alpha\in(0,1)$ 成立. 根据莫里 (Morrey) 引理可知, $u\in C^\alpha(B_{r_0/2}(x_0),N)$.

接下来证明 $\mathcal{H}^{n-2}(\Sigma)=0$.

由于 M 是紧致的, 且 Σ 是相对闭的, 根据维塔利 (Vitali) 覆盖定理可知, 存在一些互不相交的球 $\{B_{r_i}(x_i)\}_{i\in I}$ 满足

$$\Sigma\subseteq\bigcup_i B_{3r_i}(x_i),\quad r_i\leqslant\delta.$$

所以有

$$\mathcal{H}^{n-2}_{5\delta}(\Sigma)\leqslant\sum_{i\in I}(5r_i)^{n-2}\leqslant\frac{5^{n-2}}{\varepsilon_0^2}\int_{\bigcup\limits_{i\in I}B_{r_i}(x_i)}|\nabla u|^2\mathrm{d}x\leqslant C\int_M|\nabla u|^2<+\infty.$$

注意到

$$\operatorname{meas}\left(\bigcup_{i\in I}B_{r_i}(x_i)\right)\leqslant C\delta^2,$$

其中 meas 表示测度. 令 $\delta\to 0$, 得到 $\mathcal{H}^{n-2}(\Sigma)=0$. 证毕.

引理 7.4.5　设 $u_i \in W^{1,2}(\Omega, N)$ 是一族极小调和映射, 若 u_i 在 $W^{1,2}(\Omega, N)$ 中弱收敛于 u, 则 u_i 在 $W^{1,2}_{loc}(\Omega, N)$ 中强收敛于 u, 且 u 是一个极小调和映射.

上述引理的证明依赖于卢克豪斯 (Luckhaus) 引理的应用 (为了简单起见, 我们舍去证明细节, 大家可以参考里昂·西蒙 (Leon Simon) 的教材).

接下来, 我们将证明奇异点集的豪斯多夫维度等于 $n-3$.

我们定义

$$\varphi^p(E) = \inf\Big\{\sum_i r_i^s \;\Big|\; E \subseteq \bigcup_i B_{r_i}(x_i)\Big\},$$

则

$$\varphi^p(E) = 0 \Longleftrightarrow \mathcal{H}^p(E) = 0.$$

进一步地, 若 $\varphi^s(E) > 0$, 则

$$\limsup_{\lambda\to 0} \lambda^{-s}\varphi^s(E \bigcap B_\lambda) \geqslant c > 0,$$

对 φ^s 在 $x \in E$ 几乎处处成立.

引理 7.4.6　假设 u_i 是 $W^{1,2}(M, N)$ 中的一串极小映射, 它们在 $W^{1,2}$ 中弱收敛于 u. 设 Σ_i 是 u_i 的奇异点集, 且 Σ 表示 u 的奇异点集, 则有

$$\varphi^s(\Sigma \bigcap B_1) \geqslant \limsup_{i\to 0} \varphi^s(\Sigma_i \bigcap B_1),$$

对任意 $s \geqslant 0$ 成立.

最后我们将给出定理 7.4.1 的证明.

证明　假设 $u \in W^{1,2}(M, N)$ 是一个极小调和映射, 它的奇异点集 $\Sigma \subseteq \operatorname{int} M$. 设 $0 \leqslant s < n-2$ 满足 $\varphi^s(\Sigma) > 0$, 则可以选取 $x_0 \in \Sigma$ 使得

$$\lim_{\lambda_i\to 0} \lambda_i^{-s}\varphi^s(\Sigma \bigcap B_{\lambda_i}(x_0)) > 0$$

对一串趋于 0 的数列 $\{\lambda_i\}$ 成立, 则我们可以考虑 $u_\lambda(x)=u(\lambda x)$. 根据单调性公式 (引理 7.4.1) 和引理 7.4.6 可知, u_{λ_i} 在 $W^{1,2}(B_2,N)$ 中弱收敛于一个极小调和映射 u_0, 且在 $W^{1,2}(B_1)$ 中强收敛于 u_0.

注意到 $\varphi^s(\Sigma_\lambda\bigcap B_1)=\lambda^{-s}\varphi^s(\Sigma\bigcap B_1)$, 则

$$\lim_{\lambda_i\to 0}\varphi^s(\Sigma_{\lambda_i}\bigcap B_1)>0.$$

根据引理 7.4.6, 我们得到

$$\varphi^s(\Sigma\bigcap B_1)>0.$$

由于 $\dfrac{\partial u_0}{\partial r}=0$, $\lambda\Sigma_0\subseteq\Sigma_0$ 对任意的 $\lambda>0$ 成立.

故存在两种情形: $s\leqslant 0$ 或者存在一个点 $x_1\in\Sigma_0\bigcap\partial B_1$ 使得

$$\limsup_{\lambda\to 0}\lambda^{-s}\varphi^s(\Sigma_0\bigcap B_\lambda(x_1))>0.$$

在 x_1 处重复上述证明过程, 则存在一个径向对称极小调和映射 u_1, 满足 $\varphi^s(\Sigma_1\bigcap B_1)>0$, 其中 Σ_1 是 u_1 的奇异点集. 若 $s-1\leqslant 0$, 则停止; 否则, 我们重复上述证明过程, 可知存在一个点 $x_2\in\Sigma_1\bigcap\partial B_1$. 如果重复这个过程 m 次, 得到了极小调和映射 $u_j\in W^{1,2}\ (\mathbb{R},N)$ $(j=1,2,\cdots,m)$, 使得 $\dfrac{\partial u_j}{\partial x^k}=0$ $(k=1,2,\cdots,j)$. 根据 u_m 的构造可知, $s-m+1>0$ 且 $s\leqslant m$. 由于 $s<n-2$ 且 m 是一个整数, 则 $m\leqslant n-2$. 若 $m=n-2$, 则

$$\Sigma_m\supseteq\mathbb{R}^{n-2}=\left\{(x^1,x^2,\cdots,x^{n-2},0,0)\right\},$$

这与 $\mathcal{H}^{n-2}(\Sigma_m)=0$ 这个事实矛盾. 因此我们得到 $m\leqslant n-3$. 故 $\varphi^t(\Sigma\bigcap B_1)=0$ 对于所有的 $t\geqslant n-3$ 成立. 这表明 $\dim\Sigma\leqslant n-3$. 证毕.

事实上, 里昂·西蒙利用阿尔姆格伦 (Almgren) 的想法给出了另一个漂亮的证明.

1985 年, 斯特鲁韦 (Struwe) 证明了调和映射热流弱解的整体存在

性. 张恭庆、丁伟岳等人构造了调和映射热流在有限的时间爆破的例子. 陈 (Y. M. Chen) 和斯特鲁韦利用金兹伯格–兰道 (Ginzburg-Landau) 逼近方法证明了调和映射热流的整体存在性和部分正则性.

7.5　里奇流

在微分几何与拓扑学中, 最基本的问题之一就是流形的分类问题. 而在流形的分类问题中, 最著名的问题即为法国数学家庞加莱于 1904 年提出的一个拓扑学的猜想:

庞加莱猜想: 任何一个单连通闭的三维流形一定同胚于一个三维的球.

这是美国克雷数学所提出的七个“千禧年大奖难题”之一, 影响了数学界整整一个世纪.

许多数学家前赴后继尝试证明庞加莱猜想, 但均以失败而告终. 经过多年的尝试, 威廉·瑟斯顿 (William Thurston) 在 20 世纪 70 年代取得了长足的进展. 他提出了一个更一般的猜想: 分类所有的三维紧致流形. 该猜想即为著名的瑟斯顿几何化猜想, 而庞加莱猜想是其中的一个特殊情形.

对于三维流形来说, 同胚与微分同胚意义下的分类是等价的. 因此庞加莱猜想等价于: 任何一个单连通闭的三维流形一定微分同胚于一个三维的球.

我们回顾黎曼流形的一些简单背景. 若一个黎曼度量 g 的里奇曲率 Rc 满足

$$Rc = \lambda R g,$$

则称这个度量为爱因斯坦度量. 特别是三维流形中, 爱因斯坦度量一定具有常截面曲率. 因此庞加莱猜想的解决等价于证明: 任何单连通闭的光滑三维流形一定存在爱因斯坦度量. 因此, 庞加莱猜想事实上转化为一个关于黎曼度量的二阶退化的椭圆型方程问题. 而研究椭圆型方程问题, 一个较好的思路就是研究其所对应的抛物型方程, 这种思想在几何流的研究领域中, 发展尤为突出. 这可以追溯到姆林斯 (W. W. Mullins) 在 1956 年所研究的曲线流, 以及之后伊尔斯和桑普森在 1964 年所引入的调和映射热流. 按照这个思路, 为了解决庞加莱猜想, 哈密顿 (Richard Hamilton) 在 1982 年引入了里奇流这一具有里程碑意义的几何发展方程:

$$\begin{cases} \dfrac{\partial}{\partial t} g(t) = -2Rc\big(g(t)\big), \\ g(0) = g_0. \end{cases} \tag{7.5.1}$$

事实上, 里奇流方程是一个关于黎曼度量的退化非线性抛物型方程. 对于这个方程, 哈密顿证明了: 在紧致无边的黎曼流形上, 对任意给定的初始度量, 里奇流都有短时间存在的唯一解. 进一步地, 哈密顿证明了: 在正里奇曲率的条件下, 庞加莱猜想是成立的.

由于里奇流一般并不保持体积, 数学家考虑规范化里奇流, 即

$$\frac{\partial}{\partial t} g_{ij} = -2R_{ij} + \frac{2r}{n} g_{ij}, \tag{7.5.2}$$

其中 $r = \displaystyle\int_M R \mathrm{d}\mu \Big/ \int_M \mathrm{d}\mu$ 为平均数量曲率. 在规范化里奇流下, 哈密顿证明了下面的分类定理:

引理 7.5.1 设 (M^3, g_0) 是一个三维紧致无边的黎曼流形, 如果沿着规范化的里奇流 (7.5.2) 演化过程中一直不发生奇异, 即曲率总是一致有界, 那么 M^3 一定微分同胚于下列流形之一:

(1) 一个赛弗特 (Seifert) 纤维空间;

(2) 一个球空间形式 $\mathbb{S}^3/\varGamma$;

(3) 一个平坦流形;

(4) 一个双曲流形;

(5) 一个沿着有限体积的双曲流形的不可压缩环面和赛弗特纤维空间的联合体.

哈密顿在里奇流方面的研究工作影响深远. 其后的很多工作都是在他工作的基础上进行的. 例如一个研究方向是研究一般初始度量的里奇流的整体行为. 然而, 在一般初始度量的三维闭流形上, 即使规范化的里奇流 (7.5.2) 的解也可能发生奇异, 即当 $t \to T$ 时, 曲率算子发生爆破, 其中 $[0, T)$ 是规范化里奇流 (7.5.2) 解存在的最大时间区间. 特别地, 这些奇异点可能不像里奇曲率为正时的奇异点, 它们往往不是发生在整个流形上. 这就导致了后来一系列学者研究一般情形的带手术的里奇流. 这个技术也是最早由哈密顿引入的, 并用来研究具有迷向曲率闭流形的分类问题. 在三维闭流形上, 哈密顿和艾维 (Ivey) 分别证明了任意三维流形上, 若里奇流的古典解是完备的且曲率有界, 则截面曲率非负.

事实上, 哈密顿最初引入里奇流的目的是解决庞加莱猜想, 而证明里奇流最关键的部分则需要对里奇流的奇异点进行奇性分析. 尽管哈密顿对此做出了巨大的贡献, 但仍有许多障碍没有克服. 一直到 2002—2003 年, 俄罗斯数学家佩雷尔曼利用并发展了里奇流技巧, 克服了这些奇异点的障碍, 完全解决了庞加莱猜想. 证明过程中得到了许多有重要意义的结果. 利用佩雷尔曼的理论, 不仅庞加莱猜想正确, 一般的三维闭流形的瑟斯顿几何化猜想也是完全成立的.

瑟斯顿几何化猜想: 任意一个定向闭的三维黎曼流形只会是由有限个几何结构切片沿着它们环面的边界黏合而成, 其中所谓的几何结构指的是以下八种标准的几何结构:

(1) 标准球面 $\mathbb{S}^3$, 欧氏空间 $\mathbb{R}^3$, 双曲空间 $\mathbb{H}^3$ (曲率分别为 $1, 0, -1$);

(2) 乘积空间 $\mathbb{S}^2 \times \mathbb{R}$, $\mathbb{H}^2 \times \mathbb{R}$;

(3) 特殊线性群 $\widetilde{SL(2, \mathbb{R})}$; 幂零几何 Nil; 可解几何 $Solv$.

里奇流在近三十年经历了一个蓬勃的发展过程, 并被推广引出了一大批重要的研究成果, 比如凯乐–里奇流等, 已经成为复几何的一个重要工具.

几何分析是大范围分析的重要分支, 以几何问题的分析方法与分析问题的几何背景之交融研究而著称于数学界. 特别是几何分析领域的一系列辉煌成就使得几何分析拥有了已经独立于大范围分析的特殊学术地位. 世界著名华裔数学家、菲尔兹奖及沃尔夫奖获得者丘成桐教授的研究工作奠定了几何分析的根基性学术地位, 而且为偏微分方程方法应用于拓扑与几何的世界级猜想问题的解决开辟了先河. “千年数学难题” 百万美元征解七大问题之一的庞加莱猜想的解决就归功于几何分析的无限力量.

鉴于俄罗斯数学家佩雷尔曼对解决庞加莱猜想的巨大贡献, 2006 年国际数学家大会把数学最高奖菲尔兹奖授予了佩雷尔曼, 但是却遭遇了拒绝接受的尴尬状况.

在近百年的拓扑学方法无望于解决三维庞加莱猜想之际, 菲尔兹奖获得者瑟斯顿引入了几何结构的方法对三维流形进行切割, 使得庞加莱猜想的解决出现了希望的曙光. 后来美国数学家哈密顿受到丘成桐用非线性偏微分方程方法解决卡拉比猜想工作的启发, 运用以意大利数学家里奇 (Gregorio Ricci) 命名的里奇流方程, 对三维流形进行构造几何结构的拓扑手术, 使得解决三维庞加莱猜想的进程更加本质性地迈进. 在接近解决庞加莱猜想的时刻, 里奇流进行空间变换时出现奇点这一重大障碍出现了. 在关键时刻, 俄罗斯数学家佩雷尔曼凌空出世, 以八年独门功力, 用三篇非正式期刊论文的方式, 一举撼动百年难题庞加莱猜想, 随之世界一流的相关数学家 “众人拾柴”, 以至于彻底宣布庞加莱猜想被正式解决. 显而易见, 解决千年难题庞加莱猜想的科学意义是无比重大的. 几何分析方法也由此无比荣耀.

中国几何分析数学家们的研究工作在国际同行中产生了积极影响.

参考文献

[1] 奥列尼克. 偏微分方程讲义 [M]. 郭思旭, 译. 3 版. 北京: 高等教育出版社, 2008.

[2] 巴罗斯-尼托. 广义函数引论 [M]. 欧阳光中, 朱学贵, 译. 上海: 上海科学技术出版社, 1981.

[3] Ben Abdallah N, Degond P. On a hierarchy of macroscopic models for semiconductors [J]. J. Math. Phys. 1996, 37(7): 3306–3333.

[4] Bethuel F. On the singular set of stationary harmonic maps [J]. Manus. Math., 1993, 78(1): 417–443.

[5] Bethuel F, Brezis H, Coron J M. Relaxed energies for harmonic maps, In variational methods [J]. Journal of Mathematics,1990: 37–52.

[6] Cantrell R S, Cosner C, Lou Y. Movement towards better environments and the evolution of rapid diffusion [J]. Math Biosci, 2006, 240(2): 199–214.

[7] Cantrell R, Cosner C, Lou Y. Advection-mediated coexistence of competeting species [J]. Proc Roy Soc Edinburgh Section A, 2007, 137: 497–518.

[8] Chalub F, Markowich P, Perthame B, et al. Kinetic models for chemotaxis and their drift-diffusion limits [J]. Monatsh. Math., 2004, 142(1–2): 123–141.

[9] Chang K C, Ding W Y, Ye R. Finite-time blow-up of the heat flow of harmonic maps from surfaces [J]. J. Differential Geom., 1992, 36(2): 507–515.

[10] Chang S Y A, Wang L, Yang P. A regularity theory of biharmonic maps [J]. Comm. Pure Appl. Math., 1999, 52: 1113–1137.

[11] 陈恕行. 拟微分算子 [M]. 2 版. 北京: 高等教育出版社, 2006.

[12] Chen Y M, Struwe M. Existence and partial regularity for heat flow for hamonic maps [J]. Math. Z., 1989, 201: 83–103.

[13] 陈亚浙, 吴兰成. 二阶椭圆型方程与椭圆型方程组 [M]. 北京: 科学出版社, 1991.

[14] 陈祖墀. 偏微分方程 [M]. 2 版. 合肥: 中国科学技术大学出版社, 2002.

[15] Dockery J, Hutson V, Mischaikow K, et al. The evolution of slow dispersal rates: A reaction-diffusion model. J. Math Biol., 1998, 37: 61–83.

[16] Donaldson S K. Anti-self-dual Yang-Mills connections on complex algebraic-surfaces and stable vector bundles [J]. Proc. Lond. Math. Soc., 1985, 50: 1–26.

[17] Eells J, Sampson J H. Harmonic mappings of Riemannian manifolds [J]. Amer. J. Math., 1964, 86: 109–160.

[18] Eells J, Lemaire L. A report on harmonic mapps [J]. Bulletin of the London Math. Soc., 1978, 10: 1–68.

[19] Fisher R. The advance of advantageous genes [J]. Ann. Eugenics, 1937, 7: 355–369.

[20] Gilbarg D, Trudinger N. Elliptic Partial Differential Equations of Second Order [M]. 2nd ed. Berlin: Springer-Verlag, 1983.

[21] Hamilton R S. Three manifolds with positive Ricci curvature [J]. J. Differential Geom., 1982, 17: 255–306.

[22] Hörmander L. Lectures on Nonlinear Hyperbolic Differential Equations [M]. Berlin: Springer, 1997.

[23] Horstmann D. From 1970 until present: the Keller-Segel model in chemotaxis and its consequences I [J]. Jahresber. Deutsch. Math.-Verein, 2003, 105: 103-165.

[24] 李大潜, 秦铁虎. 物理学与偏微分方程 [M]. 2 版. 北京: 高等教育出版社, 1997.

[25] 姜礼尚, 陈亚浙, 刘西垣, 等. 数学物理方程讲义 [M]. 2 版. 北京: 高等教育出版社, 1996.

[26] 姜礼尚, 孔德兴, 陈志浩. 应用偏微分方程讲义 [M]. 北京: 高等教育出版社, 2008.

[27] Jost J. Nonlinear methods in Riemannian and Kahlerian geometry, DMV seminar, Band 10 [M]. Basel-Boston-Berlin: Birkäuser, 1991.

[28] Keller, E F, Segel L A. Model for chemotaxis [J]. J. Theor. Biol., 1971, 30: 225–234.

[29] Keller E F, Segel L A. Traveling bands of chemotactic bacteria: a theoretical analysis [J]. J. Theor. Biol., 1971, 30: 235–248.

[30] 梁昆淼. 数学物理方法 [M]. 北京: 高等教育出版社, 2010.

[31] Lou Y. Some challenging mathematical problems in evolution of dispersal and population dynamics [M]. Berlin: Springer, 2008.

[32] Murray J D. Mathematical biology [M]. 2nd ed. Berlin: Springer, 2002.

[33] 尼伦伯格 L. 线性偏微分方程讲义 [M]. 陆柱家, 译. 上海: 上海科学出版社, 1980.

[34] Ni W M. Diffusion, cross-diffusion, and their spike-layer steady states [J]. Notices Amer. Math. Soc., 1998, 45(1): 9–18.

[35] Perthame B. Transport equations in biology [J]. Frontiers in Mathematics, Birkhauser, 2007.

[36] 齐民友. 线性偏微分算子引论: 上册 [M]. 北京: 科学出版社, 1986.

[37] Sacks J, Uhlenbeck K. The existence of minimal immersions of 2-spheres [J]. Ann. of Math., 1981, 113: 1–24.

[38] Schoen R, Uhlenbeck K. A regularity theory for harmonic maps [J]. J. Diff. Geom., 1982, 17: 305–335.

[39] Schoen R, Yau S T. Existence of incompressible minimal surfaces and the topology of three dimensional manifolds with non-negative scalar curvature [J]. Ann. of Math., 1979, 110: 127–142.

[40] Shubin M A. Pseudodifferential Operators and Spectral Theory [M]. Berlin: Springer, 1980.

[41] Smoller J. Shock Waves and Reaction-Diffusion Equations [M]. 2nd Ed. Berlin: Spring-Verlag, 1994.

[42] Taylor M E. Pseudodifferential Operators [M]. Princeton: Princeton University Press, 1981.

[43] Turing A. The chemical basis of morphogenesis [J]. Philos. Trans. Royal Soc. (B), 1952, 237: 37–72.

[44] Tyn Myint-U. 数学物理中的偏微分方程 [M]. 徐元钟, 译. 上海: 上海科学技术出版社, 1983.

[45] Wang X, Xu Q. Spiky and transition layer steady states of chemotaxis systems via global bifurcation and Helly′s compactness theorem [J]. J. Math. Biol., 2013, 66(6): 1241–1266.

[46] Wei J. Handbook of differential equations: stationary partial differential equations [M]. 5th Ed. Amsterdam: Elsevier, 2008: 487–585.

[47] Ames W F. Numerical Methods for Partial Differential Equations [M]. 2nd Ed. Thomas Melson Sons, 1977.

[48] 伍卓群, 尹景学, 王春朋. 椭圆与抛物型方程引论 [M]. 北京: 科学出版社, 2003.

[49] 谢克特 M. 偏微分方程的现代方法 [M]. 叶其孝, 译. 北京: 科学出版社, 1983.

[50] 叶其孝, 李正元, 王明新, 等. 反应扩散方程引论 [M]. 2 版. 北京: 科学出版社, 2011.

[51] 应隆安, 滕振寰. 双曲型守恒律方程及其差分方法 [M]. 北京: 科学出版社, 1991.

[52] 朱长江, 阮立志. 偏微分方程简明教程 [M]. 2 版. 北京: 高等教育出版社, 2022.

读者意见反馈

为收集对教材的意见建议，进一步完善教材编写并做好服务工作，读者可将对本教材的意见建议通过如下渠道反馈至我社。

咨询电话　400-810-0598

反馈邮箱　hepsci@pub.hep.cn

通信地址　北京市朝阳区惠新东街4号富盛大厦1座
高等教育出版社理科事业部

邮政编码　100029